装修数据、尺寸与布局快学速用

双色版

阳鸿钧 等编著

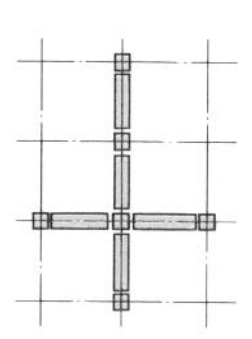

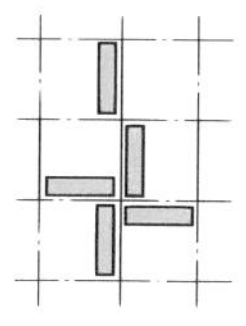

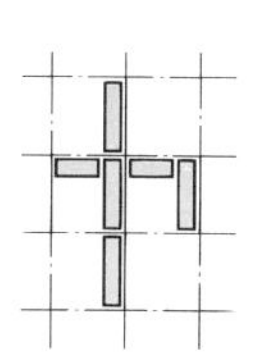

化学工业出版社

·北京·

内容简介

本书紧跟时代要求，介绍了目前几大流行的、趋势性装修和新装修的数据、尺寸和空间布局等内容，具体涵盖人体工程学装修、模数装修、装配化装修、整体装修、建筑要求与空间布局、住宅要求与空间布局、流行装修与施工工艺、材料与配件、设施与设备等方向。本书内容丰富全面，文字精炼，以图表的形式讲解，对关键的、重点的尺寸以颜色直接在图上区分表达，以达到清晰明了，简单易懂的目的。

本书适合装修施工安装装配人员、装修设计人员、装修监督监理人员、相关院校师生、灵活就业人员、装饰装修相关人员等参考阅读，也适合建筑设计施工人员、家具生产设计销售及安装人员、建材生产设计销售及安装人员等参考阅读。

图书在版编目（CIP）数据

装修数据、尺寸与布局快学速用：双色版 / 阳鸿钧等编著 .—北京：化学工业出版社，2022.7
ISBN 978-7-122-41239-3

Ⅰ. ①装… Ⅱ. ①阳… Ⅲ. ①住宅 - 室内装修 - 数据 Ⅳ. ① TU767.7

中国版本图书馆 CIP 数据核字（2022）第 065217 号

责任编辑：彭明兰　　文字编辑：徐照阳　陈小滔
责任校对：宋　夏　　装帧设计：史利平

出版发行：化学工业出版社（北京市东城区青年湖南街 13 号　邮政编码 100011）
印　　装：三河市延风印装有限公司
880mm × 1230mm　1/32　印张 9　字数 240 千字
2022 年 9 月北京第 1 版第 1 次印刷

购书咨询：010-64518888　　售后服务：010-64518899
网　　址：http：//www.cip.com.cn
凡购买本书，如有缺损质量问题，本社销售中心负责调换。

定　　价：58.00 元

前 言

目前，住宅室内装饰装修设计、施工与应用推行模数化、标准化、智能化以及装配式装饰装修，同时新技术、新材料、新工艺、新产品的不断出现和应用，使得住宅室内装饰装修呈现出多样性与个性化的特点，这也促使着住宅产业化的不断发展与升级。为适应这一趋势与变化，相关从业者急需掌握与其相关的知识与技能，为此，我们特组织编写了本书。

本书主要根据装修新要求，同时兼顾经典装修、传统装修的特点进行编写，包括人体工程学装修、模数装修、装配化装修、整体装修、流行装修，以及建筑要求与空间布局、住宅要求与空间布局、施工工艺、材料、配件、设施与设备等内容，以数据、尺寸、空间布局为主线进行讲述，从而达到突出重点、难点和要点，起到一点就通的效果。

本书的主要特点如下。

（1）内容新且全面——本书介绍的人体工程学装修、模数装修、装配化装修、整体装修、流行装修、简约装修、全屋定制、产业化装修、标准化装修、绿色装修、安全装修等，基本都是装修新要求、新标准、新趋势中的优先尺寸和常用尺寸。

（2）易学易记且易查——本书全部以图表的形式呈现，清晰明了，查阅方便。

（3）阅读体验感好——书中对关键尺寸和内容，以双色形式表现，重点突出，简单直观。

总之，本书力求实现内容丰富、满足急需、图表速查、文字精讲、图解剖析，使读者对装修数据、尺寸与布局达到快学速用的效果。

本书由阳鸿钧、阳许倩、阳育杰、欧小宝、许四一、阳红珍、许满菊、许小菊、阳梅开、阳苟妹、许秋菊、唐许静等人员参加编写或支持编写。

本书在编写过程中，还得到了其他相关同志的支持，在此一并表示感谢。同时，本书在编写中参考了相关技术资料，特别是一些现行标准、规范，在此也向这些资料的作者表示感谢。

由于时间有限，书中难免存在不足之处，敬请广大读者批评、指正。

编著者

2022 年 3 月

目录

第一部分 人体工程学装修 1

第 2 章 15
柜类家具与人体工程学

第 3 章 23
椅子、照明与人体工程学

第三部分 装配化装修与整体装修 75

第 7 章 装配化装修 76

第 18 章 服饰、衣柜与鞋柜 209

第 19 章 餐饮、书柜、文件柜、电脑桌、写字桌与投影机布 226

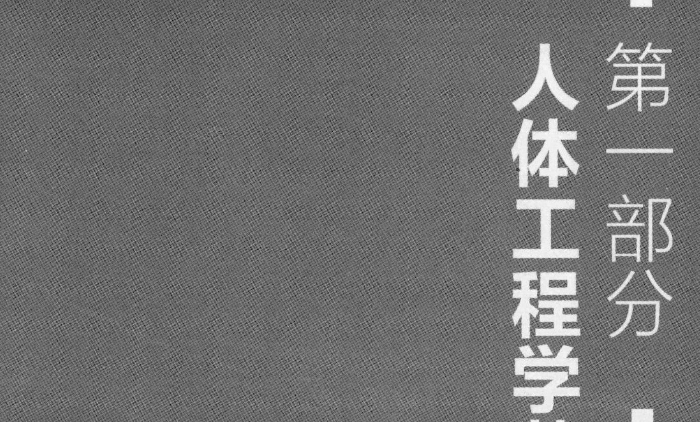

第一部分 人体工程学装修

第1章 人体工程学基础

1.1 人体身高等级

表 1.1 人体身高等级

单位：mm

身高等级		小身材	中等身材	大身材
百分位数 *P*		*P*=5	*P*=50	*P*=95
男子	身高	1583	1678	1775
	采用数据	1608	1703	1800
女子	身高	1484	1570	1659
	采用数据	1504	1590	1679

注：男子身高等级采用数据在“身高”基础上增加 25mm 鞋跟尺寸，女子身高等级采用数据在“身高”基础上增加 20mm 鞋跟尺寸。

1.2 人体模板功能尺寸设置

表 1.2 人体模板功能尺寸设置

单位：mm

项目	女子			男子		
	P=5	*P*=50	*P*=95	*P*=5	*P*=50	*P*=95
1 坐高	818	856	892	866	909	949
2 坐姿眼高	706	739	773	759	799	837
3 坐姿颈椎点高	588	618	646	624	658	689
4 坐姿肩高	532	556	580	568	599	627
5 坐姿肘高	243	251	258	251	263	271
6 头全高	208	215	224	217	223	230

续表

项目	女子			男子		
	P=5	P=50	P=95	P=5	P=50	P=95
7 上肢长	639	675	711	696	729	771
8 全臂长	470	498	527	521	549	583
9 上臂长	269	284	301	297	313	331
10 前臂长	201	214	225	224	236	252
11 手长	163	171	179	175	183	191
12 上肢前伸长	725	763	802	795	832	875
13 上肢功能前伸长	624	656	689	693	728	767
14 前臂加手功能长	290	305	321	323	342	363
15 坐姿大转子点高	74	76	77	71	72	75
16 坐姿臂、大转子点距离	106	106	111	106	110	114
17 坐姿下肢长	881	932	985	960	1016	1076
18 臂膝距	505	529	561	524	554	587
19 坐深	415	433	458	431	458	484
20 坐姿膝高	453	478	512	487	518	552
21 小腿加足高	373	401	419	416	438	465
22 内踝点高	83	86	89	96	99	103
23 足长	218	229	240	236	246	259
24 坐姿大腿厚	129	130	136	123	131	139
25 胸厚	197	201	207	206	211	219
26 胸宽	256	262	267	272	281	291
27 肩宽	334	350	364	360	374	389
28 最大肩宽	384	397	409	416	430	446
29 坐姿臀宽	332	345	358	308	321	336
30 两肘间宽	400	405	413	411	424	438
31 两肘展开宽	770	812	852	833	874	923
32 两臂展开宽	1472	1559	1639	1601	1689	1785

注：1. 表中第 17 及 20 ～ 22 项数值含鞋跟高，男 25mm，女 20mm。

2. P 为百分位数。

1.3 男性立姿人体尺寸百分位数

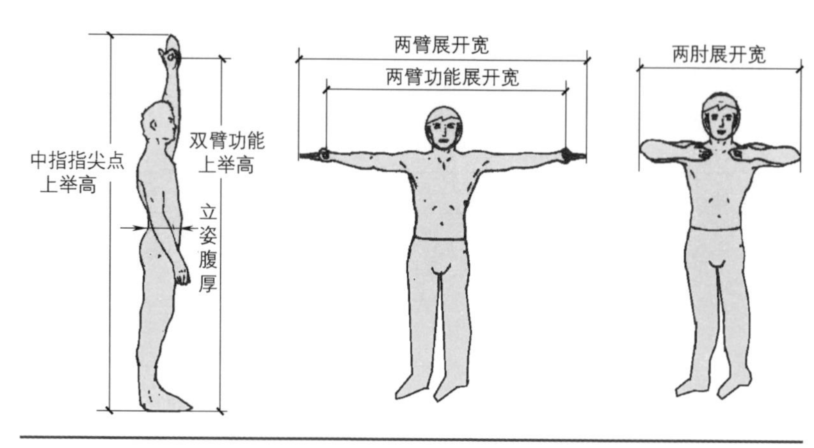

中指指尖点上举高
双臂功能上举高
立姿腹厚
两臂展开宽
两臂功能展开宽
两肘展开宽

图 1.1 男性立姿人体图

表 1.3 男性立姿人体尺寸百分位数

单位：mm

项目	18 ~ 60 岁						
	P=1	*P*=5	*P*=10	*P*=50	*P*=90	*P*=95	*P*=99
中指指尖点上举高	1913	1971	2002	2108	2214	2245	2309
双臂功能上举高	1815	1869	1899	2003	2108	2138	2203
两臂展开宽	1528	1579	1605	1691	1776	1802	1849
两臂功能展开宽	1325	1374	1398	1483	1568	1593	1640
两肘展开宽	791	816	828	875	921	936	966
立姿腹厚	149	160	166	192	227	237	262

项目	18 ~ 25 岁						
	P=1	*P*=5	*P*=10	*P*=50	*P*=90	*P*=95	*P*=99
中指指尖点上举高	1930	1990	2014	2122	2231	2264	2329
双臂功能上举高	1828	1889	1913	2018	2125	2155	2220
两臂展开宽	1532	1585	1607	1695	1782	1810	1861
两臂功能展开宽	1328	1378	1403	1486	1570	1600	1651
两肘展开宽	795	818	831	877	925	941	976
立姿腹厚	143	157	162	180	206	215	240

续表

项目	26 ~ 35岁						
	P=1	P=5	P=10	P=50	P=90	P=95	P=99
中指指尖点上举高	1917	1977	2007	2113	2218	2246	2312
双臂功能上举高	1817	1872	1903	2009	2111	2141	2205
两臂展开宽	1534	1587	1610	1698	1781	1805	1851
两臂功能展开宽	1331	1378	1402	1489	1571	1594	1639
两肘展开宽	794	818	830	877	924	937	966
立姿腹厚	149	160	166	191	218	230	245
项目	36 ~ 60岁						
	P=1	P=5	P=10	P=50	P=90	P=95	P=99
中指指尖点上举高	1907	1959	1988	2090	2191	2224	2282
双臂功能上举高	1806	1856	1885	1987	2088	2117	2178
两臂展开宽	1522	1572	1599	1683	1767	1794	1837
两臂功能展开宽	1319	1368	1392	1477	1560	1584	1635
两肘展开宽	788	812	825	870	915	929	956
立姿腹厚	156	171	178	204	238	249	267

注：P 为百分位数。

1.4 男性立姿操作最佳位置

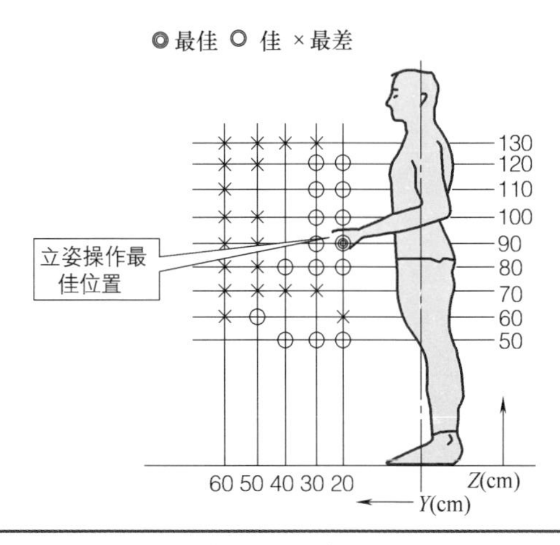
◎最佳 ○ 佳 ×最差
立姿操作最佳位置
130
120
110
100
90
80
70
60
50
60 50 40 30 20
Z(cm)
Y(cm)

图 1.2 男性立姿操作最佳位置（单位：cm）

1.5 女性立姿人体尺寸百分位数

表 1.4　女性立姿人体尺寸百分位数　　单位：mm

测量项目	18 ~ 55 岁						
	P=1	*P*=5	*P*=10	*P*=50	*P*=90	*P*=95	*P*=99
中指指尖点上举高	1798	1845	1870	1968	2063	2089	2143
双臂功能上举高	1696	1741	1766	1860	1952	1976	2030
两臂展开宽	1414	1457	1479	1559	1637	1659	1701
两臂功能展开宽	1206	1248	1269	1344	1418	1438	1480
两肘展开宽	733	756	770	811	856	869	892
立姿腹厚	139	151	158	186	226	238	258
测量项目	18 ~ 25 岁						
	P=1	*P*=5	*P*=10	*P*=50	*P*=90	*P*=95	*P*=99
中指指尖点上举高	1812	1852	1882	1981	2070	2098	2154
双臂功能上举高	1711	1751	1779	1874	1960	1986	2041
两臂展开宽	1422	1460	1482	1562	1639	1663	1709
两臂功能展开宽	1216	1254	1274	1348	1420	1441	1486
两肘展开宽	739	760	772	815	859	873	899
立姿腹厚	135	145	151	175	204	211	230
测量项目	26 ~ 35 岁						
	P=1	*P*=5	*P*=10	*P*=50	*P*=90	*P*=95	*P*=99
中指指尖点上举高	1796	1846	1874	1969	2065	2091	2150
双臂功能上举高	1692	1742	1769	1861	1955	1980	2031
两臂展开宽	1412	1459	1482	1562	1640	1661	1703
两臂功能展开宽	1206	1250	1274	1348	1421	1440	1481
两肘展开宽	731	758	770	812	859	870	892
立姿腹厚	140	153	159	187	223	233	250

续表

测量项目	36 ~ 55 岁						
	P=1	*P*=5	*P*=10	*P*=50	*P*=90	*P*=95	*P*=99
中指指尖点上举高	1790	1834	1859	1953	2047	2075	2126
双臂功能上举高	1686	1732	1753	1845	1937	1964	2008
两臂展开宽	1412	1450	1472	1551	1628	1652	1689
两臂功能展开宽	1203	1241	1261	1335	1410	1430	1470
两肘展开宽	732	753	766	805	850	863	887
立姿腹厚	146	161	168	201	239	250	272

注：*P* 为百分位数。

1.6 男性坐姿人体尺寸百分位数

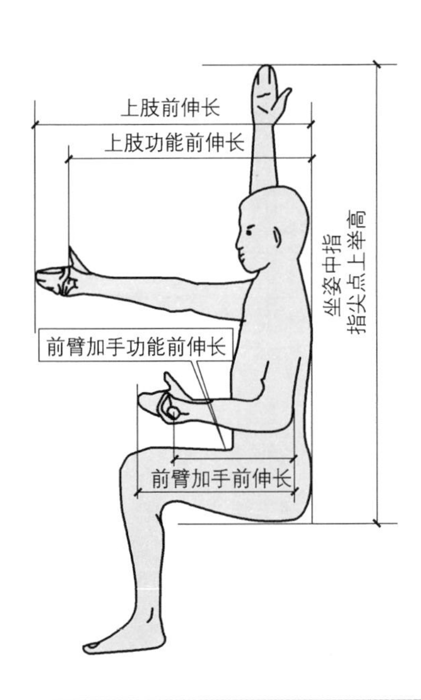

上肢前伸长
上肢功能前伸长
坐姿中指指尖点上举高
前臂加手功能前伸长
前臂加手前伸长

图 1.3　男性坐姿人体图

表 1.5 男性坐姿人体尺寸百分位数 单位：mm

测量项目	18 ~ 60 岁						
	P=1	P=5	P=10	P=50	P=90	P=95	P=99
前臂加手前伸长	402	416	422	447	471	478	492
前臂加手功能前伸长	295	310	318	343	369	376	391
上肢前伸长	755	777	789	834	879	892	918
上肢功能前伸长	650	673	685	730	776	789	816
坐姿中指指尖点上举高	1210	1249	1270	1339	1407	1426	1467
测量项目	18 ~ 25 岁						
	P=1	P=5	P=10	P=50	P=90	P=95	P=99
前臂加手前伸长	401	416	423	448	472	480	494
前臂加手功能前伸长	295	311	319	344	369	378	393
上肢前伸长	748	773	784	829	875	889	915
上肢功能前伸长	648	669	682	725	772	785	810
坐姿中指指尖点上举高	1218	1264	1281	1348	1416	1435	1481
测量项目	26 ~ 35 岁						
	P=1	P=5	P=10	P=50	P=90	P=95	P=99
前臂加手前伸长	404	417	424	448	471	478	489
前臂加手功能前伸长	296	311	318	344	369	375	390
上肢前伸长	758	779	790	835	879	892	916
上肢功能前伸长	650	675	686	731	776	788	814
坐姿中指指尖点上举高	1213	1255	1275	1343	1411	1428	1470
测量项目	36 ~ 60 岁						
	P=1	P=5	P=10	P=50	P=90	P=95	P=99
前臂加手前伸长	401	414	421	446	469	476	490
前臂加手功能前伸长	296	309	317	343	368	375	390
上肢前伸长	757	778	792	836	880	894	920
上肢功能前伸长	652	676	688	733	779	793	819
坐姿中指指尖点上举高	1202	1238	1259	1327	1393	1412	1448

注：P 为百分位数。

1.7 女性坐姿人体尺寸百分位数

表 1.6 女性坐姿人体尺寸百分位数 单位：mm

项目	18 ~ 55 岁						
	P=1	P=5	P=10	P=50	P=90	P=95	P=99
前臂加手前伸长	368	383	390	413	435	442	454
前臂加手功能前伸长	262	277	283	306	327	333	346
上肢前伸长	690	712	724	764	805	818	841
上肢功能前伸长	586	607	619	657	696	707	729
坐姿中指指尖点上举高	1142	1173	1190	1251	1311	1328	1361
项目	18 ~ 25 岁						
	P=1	P=5	P=10	P=50	P=90	P=95	P=99
前臂加手前伸长	368	382	389	411	434	441	454
前臂加手功能前伸长	262	276	283	305	326	333	345
上肢前伸长	689	710	722	762	802	813	841
上肢功能前伸长	581	607	617	655	693	704	730
坐姿中指指尖点上举高	1153	1179	1196	1259	1316	1332	1364
项目	26 ~ 35 岁						
	P=1	P=5	P=10	P=50	P=90	P=95	P=99
前臂加手前伸长	369	383	391	414	437	443	455
前臂加手功能前伸长	262	278	284	307	328	334	347
上肢前伸长	690	712	723	765	808	820	841
上肢功能前伸长	585	606	619	658	697	710	732
坐姿中指指尖点上举高	1143	1176	1193	1253	1313	1331	1363
项目	36 ~ 55 岁						
	P=1	P=5	P=10	P=50	P=90	P=95	P=99
前臂加手前伸长	369	384	390	412	435	442	453
前臂加手功能前伸长	263	276	283	305	326	332	345
上肢前伸长	692	714	726	765	806	818	840
上肢功能前伸长	590	609	619	658	696	707	728
坐姿中指指尖点上举高	1135	1166	1183	1242	1302	1319	1348

注：P 为百分位数。

1.8 男性跪姿、俯卧姿、爬姿人体尺寸百分位数

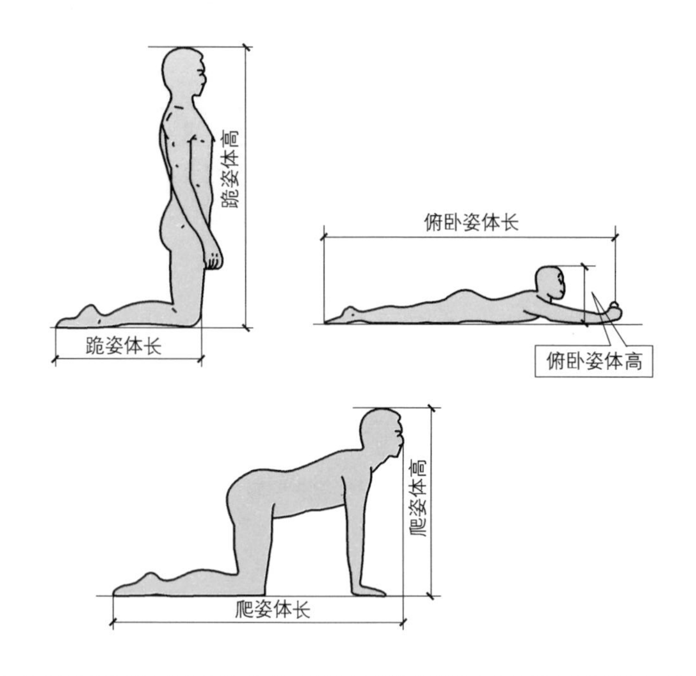
跪姿体高
跪姿体长
俯卧姿体长
俯卧姿体高
爬姿体高
爬姿体长

图 1.4 男性跪姿、俯卧姿、爬姿人体图

表 1.7 男性跪姿、俯卧姿、爬姿人体尺寸百分位数 单位：mm

项目	18 ~ 60 岁						
	P=1	P=5	P=10	P=50	P=90	P=95	P=99
跪姿体长	577	592	599	626	654	661	675
跪姿体高	1161	1190	1206	1260	1315	1330	1359
俯卧姿体长	1946	2000	2028	2127	2229	2257	2310
俯卧姿体高	361	364	366	372	380	383	389
爬姿体长	1218	1247	1262	1315	1369	1384	1412
爬姿体高	745	761	769	798	828	836	851

注：P 为百分位数。

1.9 女性跪姿、俯卧姿、爬姿人体尺寸百分位数

表 1.8 女性跪姿、俯卧姿、爬姿人体尺寸百分位数 单位：mm

项目	18 ~ 55 岁						
	P=1	P=5	P=10	P=50	P=90	P=95	P=99
跪姿体长	544	557	564	589	615	622	636
跪姿体高	1113	1137	1150	1196	1244	1258	1284
俯卧姿体长	1820	1857	1892	1982	2076	2102	2153
俯卧姿体高	355	359	361	369	381	384	392
爬姿体长	1161	1183	1195	1239	1284	1296	1321
爬姿体高	677	694	704	738	773	783	802

注：P 为百分位数。

1.10 男子尺寸项目推算表

表 1.9 男子尺寸项目推算表 单位：mm

静态姿势	尺寸项目	推算公式
跪姿	跪姿体长	$18.8+0.362H$①
	跪姿体高	$38.0+0.728H$
俯卧姿	俯卧姿体长	$-124.6+1.342H$
	俯卧姿体高	$330.7+0.698W$②
爬姿	爬姿体长	$115.1+0.715H$
	爬姿体高	$140.1+0.392H$

① H 为身高，mm。
② W 为体重，kg。

1.11 女子尺寸项目推算表

表 1.10 女子尺寸项目推算表 单位：mm

静态姿势	尺寸项目	推算公式
跪姿	跪姿体长	$5.2+0.372H$①
	跪姿体高	$112.8+0.690H$

续表

静态姿势	尺寸项目	推算公式
俯卧姿	俯卧姿体长	$-124.7+1.342H$
	俯卧姿体高	$314.5+1.048W$②
爬姿	爬姿体长	$223.0+0.647H$
	爬姿体高	$-56.6+0.506H$

① H 为身高，mm。

② W 为体重，kg。

1.12 女子伸展尺寸

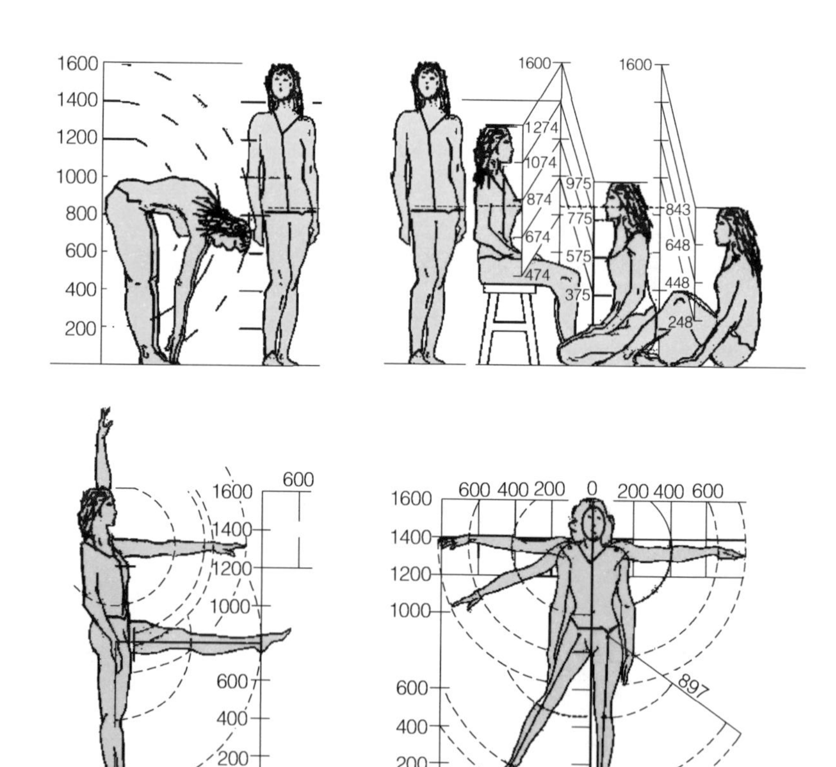
1600
1400
1200
1000
800
600
400
200
1600
1274
1074
874
674
474
975
775
575
375
1600
843
648
448
248
600
1600
1400
1200
1000
600
400
200
600 400 200
0
200 400 600
1600
1400
1200
1000
600
400
200
897

图 1.5　女子伸展尺寸

1.13 倾斜作业情况下的人与家具

作业时，人的视觉注意区域决定了头的姿势。
头的姿势要舒服，则视线与水平线的夹角需要在相应范围内：
坐姿时，该夹角为32°～44°；
站姿时，该夹角为23°～34°。
考虑头的倾斜、眼球转动，则坐姿时，该夹角为17°～29°；站姿时，该夹角为8°～9°

绘图桌的要求:桌面前缘的高度应在65～130cm内可调，桌面倾斜度应在0°～75°内可调

图 1.6　倾斜作业情况下的人与家具

1.14 坐姿作业情况下的人与家具

一般坐姿作业，作业面的高度为肘高坐姿以下 5 ～ 10cm 比较合适。在办公室工作时，由于受到视觉距离与手的较精密工作的要求，一般办公桌的高度均应在肘高以上。

一般坐姿作业，作业面的高度为肘高坐姿以下5～10cm比较合适
女性70～74cm
男性74～78cm
女性65cm
男性68cm

图 1.7　坐姿作业情况下的人与家具

1.15 站立作业情况下的人与家具

工作面就是指作业时手的活动面。工作面的高度决定于作业时手的活动面的高度。

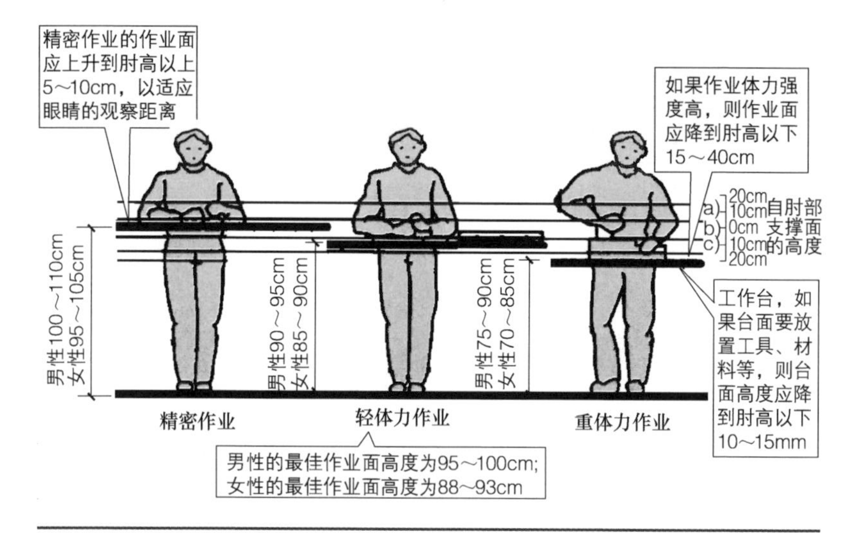

精密作业的作业面应上升到肘高以上5~10cm，以适应眼睛的观察距离
如果作业体力强度高，则作业面应降到肘高以下15~40cm
a) 20cm 10cm
b) 0cm
c) 10cm 20cm
自肘部支撑面的高度
男性100~110cm
女性95~105cm
男性90~95cm
女性85~90cm
男性75~90cm
女性70~85cm
工作台，如果台面要放置工具、材料等，则台面高度应降到肘高以下10~15mm
精密作业
轻体力作业
重体力作业
男性的最佳作业面高度为95~100cm;
女性的最佳作业面高度为88~93cm

图1.8 站立作业情况下的人与家具

第2章

柜类家具与人体工程学

2.1 柜类家具储存区域与人体动作特征——上肢的工作范围

上肢各部分工作尺寸，包括肩关节、肘关节、腕关节等工作范围。

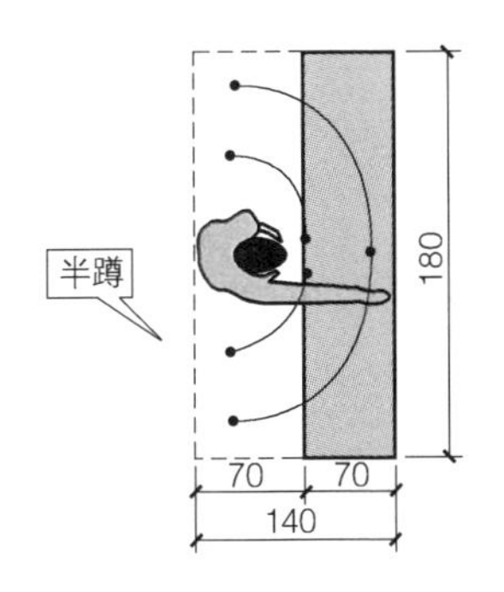

半蹲
180
70
70
140

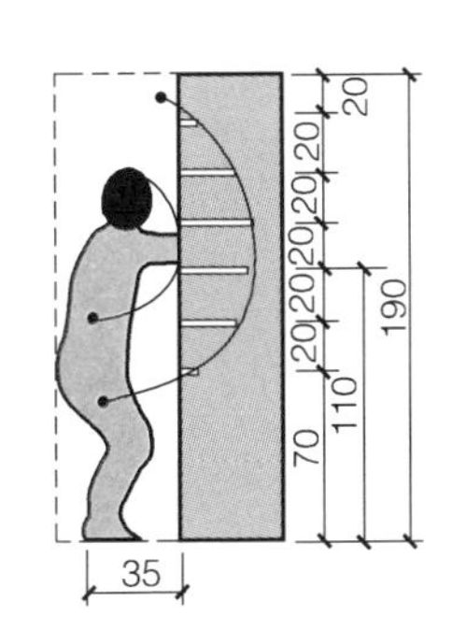

20
20
20
20
20
20
190
110
70
35

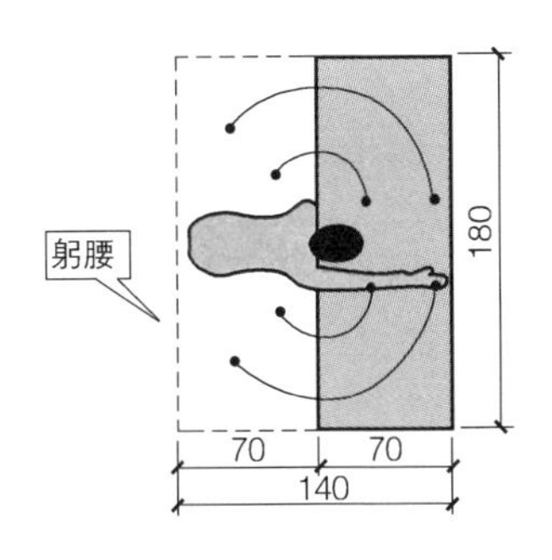

躬腰
180
70
70
140

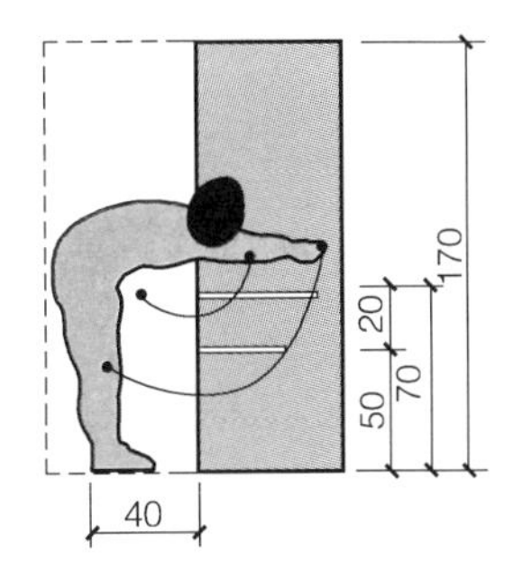

170
20
70
50
40

图 2.1

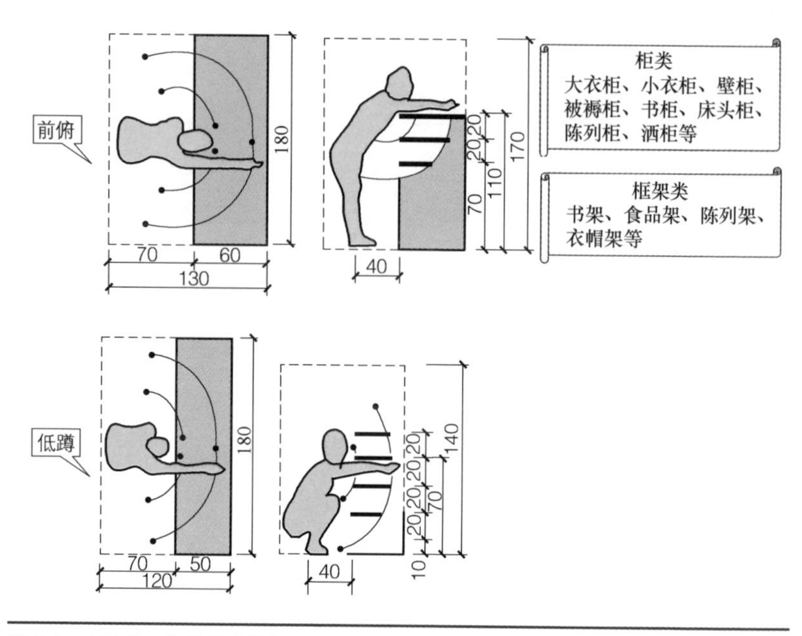
前俯
70
60
130
180
40
20
20
110
70
170
柜类
大衣柜、小衣柜、壁柜、被褥柜、书柜、床头柜、陈列柜、酒柜等
框架类
书架、食品架、陈列架、衣帽架等
低蹲
70
50
120
180
40
20
20
20
20
70
140
10

图 2.1　上肢的工作范围（单位：cm）

2.2 柜类家具的动作尺度——我国成年妇女动作尺度

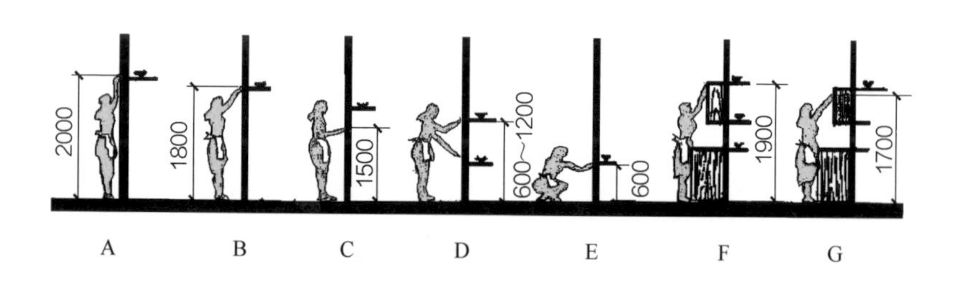
2000
1800
1500
600~1200
600
1900
1700
A
B
C
D
E
F
G

我国成年妇女动作尺度

A	B	C	D	E	F	G
2000	1800	1500	600~1200	600	1900	1700

图 2.2　我国成年妇女动作尺度

2.3 柜类家具储存区域与人体动作特征——柜类家具储物高度

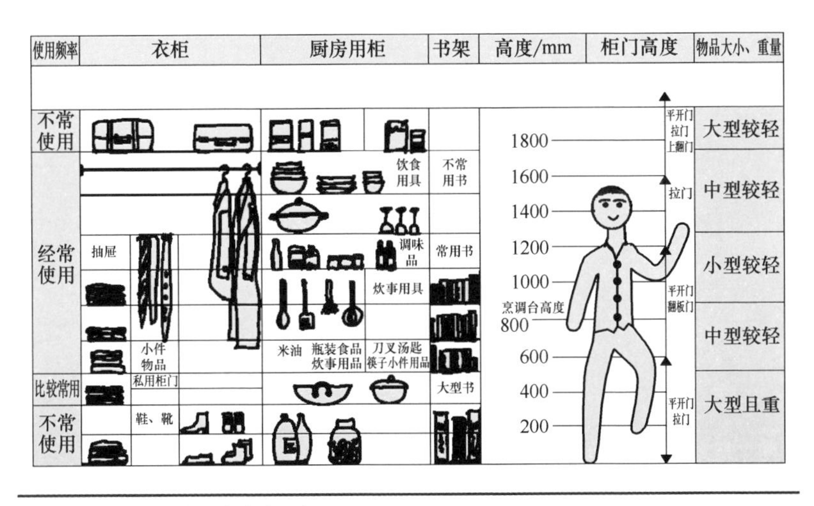

使用频率
衣柜
厨房用柜
书架
高度/mm
柜门高度
物品大小、重量
不常使用
经常使用
比较常用
不常使用
抽屉
小件物品
私用柜门
鞋、靴
饮食用具
调味品
炊事用具
米油
瓶装食品炊事用品
刀叉汤匙筷子小件用品
不常用书
常用书
大型书
1800
1600
1400
1200
1000
烹调台高度
800
600
400
200
平开门拉门上翻门
拉门
平开门翻板门
平开门拉门
大型较轻
中型较轻
小型较轻
中型较轻
大型且重

图 2.3　柜类家具储物高度（一）

高度/mm	储存区划分						门的形式
2400～2200	被褥类	衣服类	餐具食品	书籍文具	观赏品	音响类	开门、拉门、向上翻门
2200～2000	备用品	稀用品	保存食品 备用餐具	稀用品	稀用品		不宜抽屉
2000～1800	备用品	换季用品	换季食品	库存品	贵重品	稀用品	适宜开门 适宜拉门
1800～1600	客用 枕头	帽子	罐头	中小型物品		扩音机	
1600～1200	被褥毯子 被褥睡衣	常用衣服挂放衣服	中小瓶类 调味品 餐具 熟食品	常用书籍	观赏品	音箱	适宜拉门 适宜卷门
1200～600				文具	小型观赏品	收录机 音箱 电视机	适宜开门 翻门
600～0		折叠存放衣服鞋类	大瓶罐 炊具食品	大尺寸文具 合订书刊	稀用品	音箱	适宜开门 拉门
	脚座						

柜类家具储物高度

图 2.4　柜类家具储物高度（二）

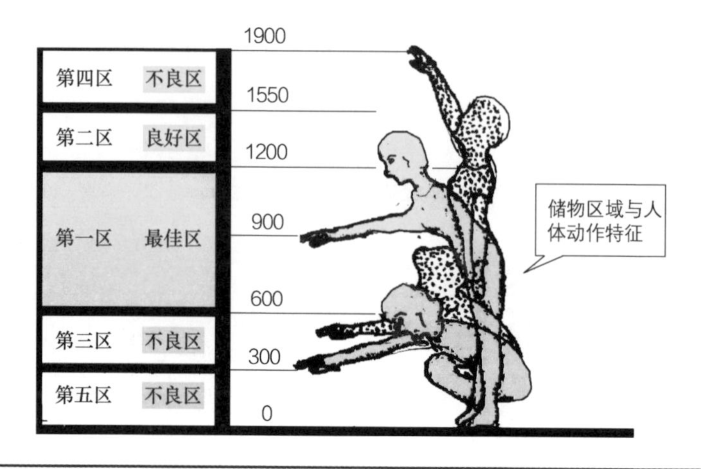
1900
第四区　不良区
1550
第二区　良好区
1200
900
第一区　最佳区
600
第三区　不良区
300
第五区　不良区
0
储物区域与人体动作特征

图 2.5　储物区域与人体动作特征

2.4 柜类家具储存区域与人体动作特征——柜类深度的可视性尺寸

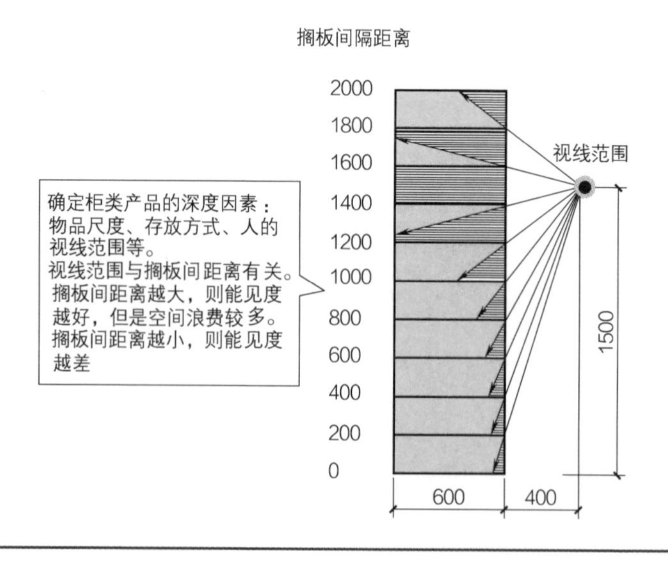
搁板间隔距离
2000
1800
1600
1400
1200
1000
800
600
400
200
0
视线范围
确定柜类产品的深度因素：物品尺度、存放方式、人的视线范围等。
视线范围与搁板间距离有关。搁板间距离越大，则能见度越好，但是空间浪费较多。搁板间距离越小，则能见度越差
1500
600
400

图 2.6　柜类深度的可视性尺寸

2.5 柜类家具储存区域与人体动作特征——柜类家具主要部件的高度范围

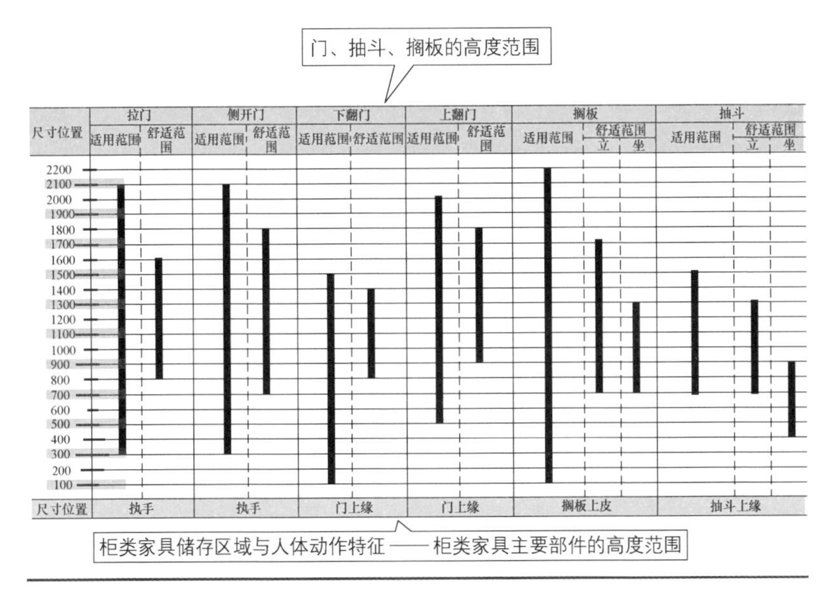

门、抽斗、搁板的高度范围
尺寸位置
拉门
侧开门
下翻门
上翻门
搁板
抽斗
适用范围
舒适范围
立
坐
2200
2100
2000
1900
1800
1700
1600
1500
1400
1300
1200
1100
1000
900
800
700
600
500
400
300
200
100
执手
执手
门上缘
门上缘
搁板上皮
抽斗上缘
柜类家具储存区域与人体动作特征 —— 柜类家具主要部件的高度范围

图 2.7 柜类家具主要部件的高度范围

2.6 衣柜——挂衣空间

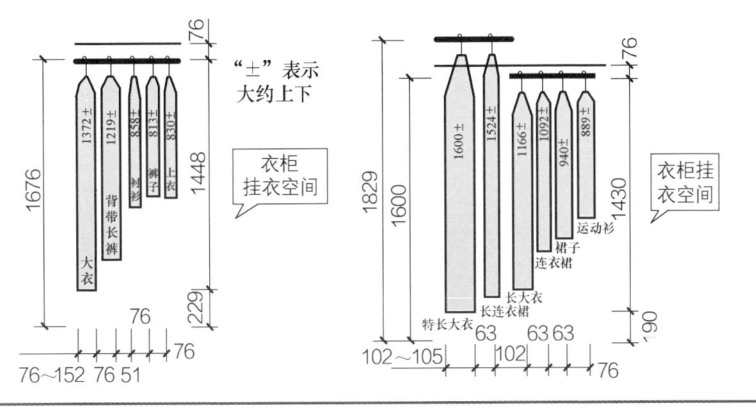

"±"表示
大约上下
衣柜
挂衣空间
1676
1448
76
229
1372±
1219±
838±
813±
830±
大衣
背带长裤
衬衫
裤子
上衣
76~152
76
51
76
1829
1600
1430
76
90
1600±
1524±
1166±
1092±
940±
889±
特长大衣
长连衣裙
长大衣
裙子
连衣裙
运动衫
衣柜挂
衣空间
63
63
63
102~105
102
76

图 2.8

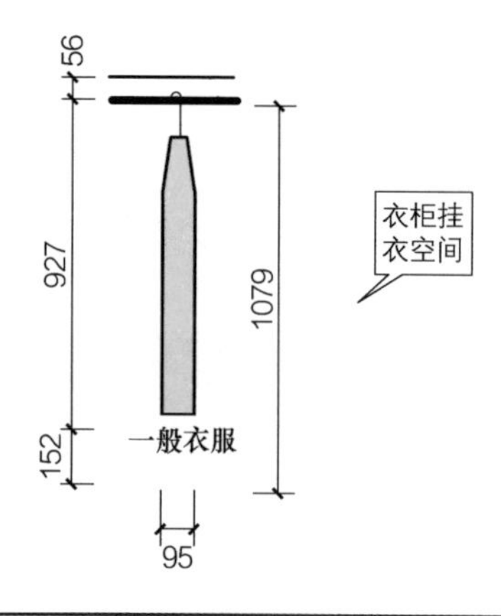
56
927
152
1079
95
一般衣服
衣柜挂
衣空间

图 2.8　衣柜——挂衣空间

2.7　衣柜——衬衣叠放空间

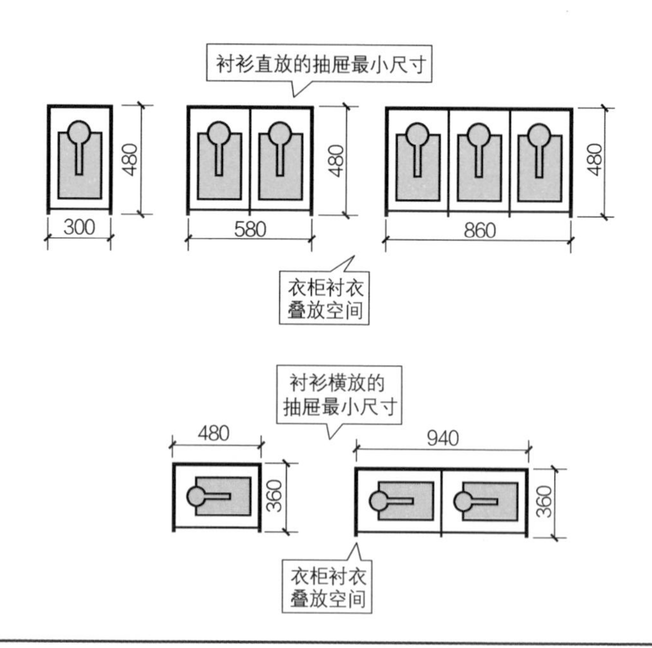
衬衫直放的抽屉最小尺寸
480
480
480
300
580
860
衣柜衬衣
叠放空间
衬衫横放的
抽屉最小尺寸
480
940
360
360
衣柜衬衣
叠放空间

图 2.9　衣柜——衬衣叠放空间

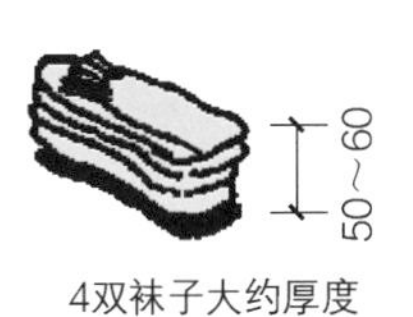
50～60
4双袜子大约厚度

30
6条手帕大约厚度

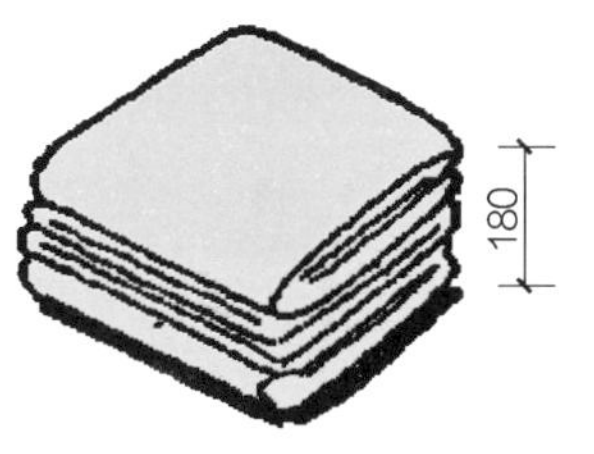
180
3条浴巾大约厚度

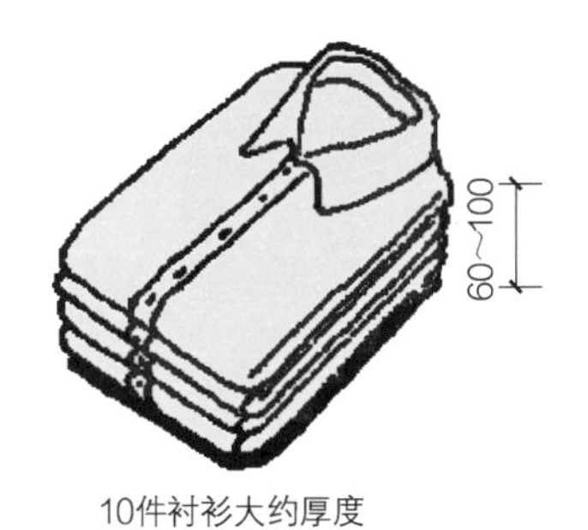
60～100
10件衬衫大约厚度

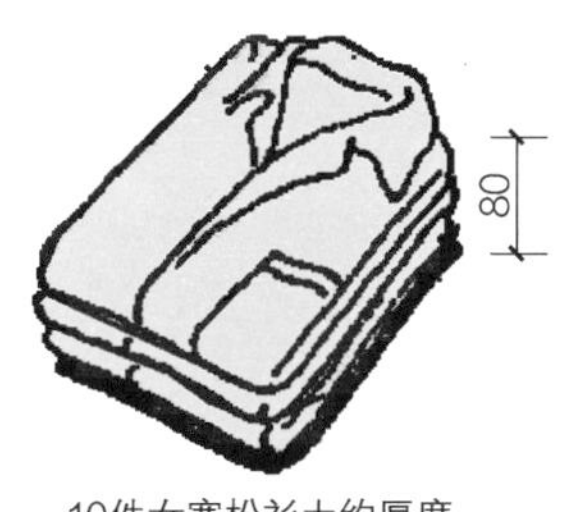
80
10件女宽松衫大约厚度

图 2.10　衣物叠放厚度

2.8 衣柜衣服储存方式

衣柜衣服储存方式有抽屉叠放、搁板叠放、盒式叠放、横杆挂放、纵杆挂放、推拉式挂放、环形挂放等。

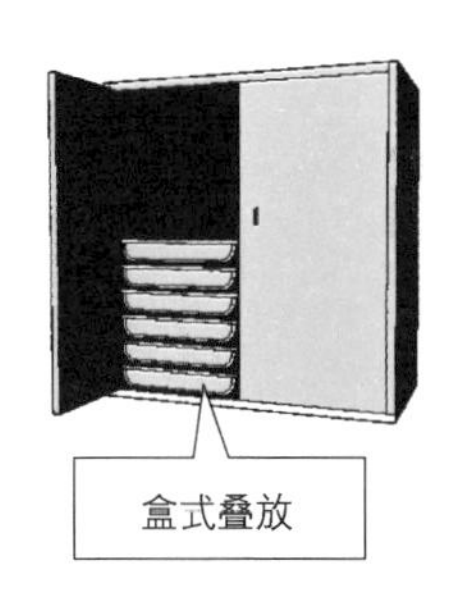
盒式叠放

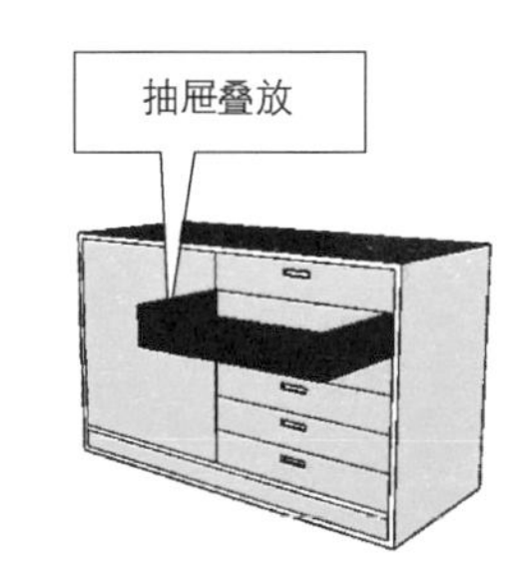
抽屉叠放

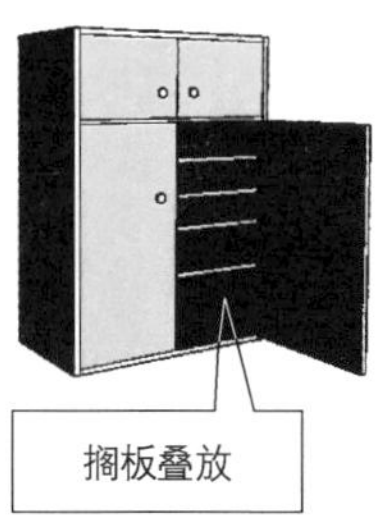
搁板叠放

图 2.11

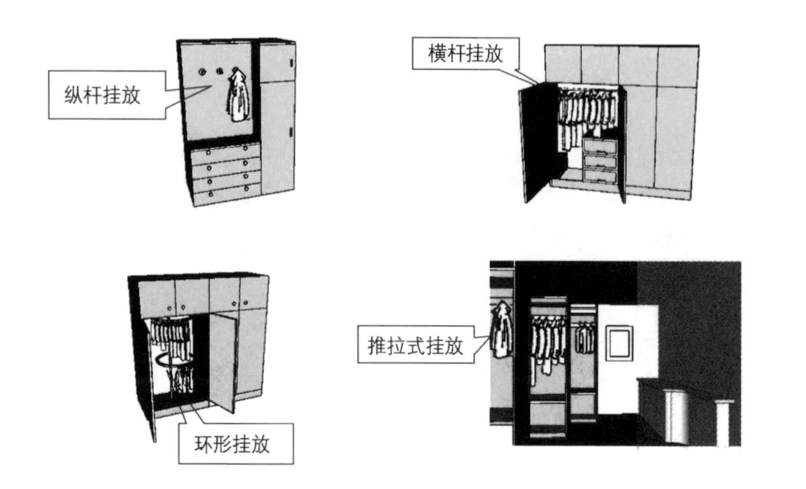
纵杆挂放
横杆挂放
环形挂放
推拉式挂放

图 2.11　衣柜衣服储存方式

2.9 靠墙橱柜空间尺寸

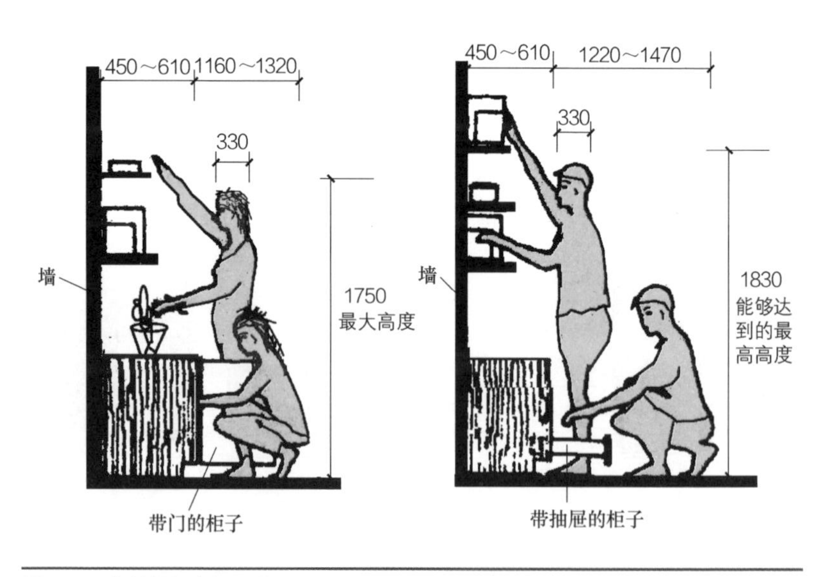
450～610
1160～1320
330
1750
最大高度
墙
带门的柜子
450～610
1220～1470
330
1830
能够达
到的最
高高度
墙
带抽屉的柜子

图 2.12　靠墙橱柜空间尺寸

第3章

椅子、照明与人体工程学

3.1 一般工作座椅的基本要求

工作座椅的座高、腰靠高必须是可调节的。座高调节范围为“小腿加足高”，也就是女性(18～55岁)、男性(18～60岁)为360～480mm之间。

工作座椅座面高度的调节方式，可以是无级的，或者也可以是间隔20mm为一挡的有级调节。

工作座椅腰靠高度的调节方式一般为165～210mm之间的无级调节。

工作座椅腰靠结构，需要具有一定的弹性、足够的刚性。座椅固定不动的情况下，腰靠承受250N的水平方向作用力时，腰靠倾角β不得超过115°

图 3.1 一般工作座椅的基本要求

3.2 工作座椅的主要参数

表 3.1 工作座椅的主要参数

参数	数　值
座高 /mm	360 ～ 480
座宽 /mm	370 ～ 420，推荐值 400
座深 /mm	360 ～ 390，推荐值 380
腰靠长 /mm	320 ～ 340，推荐值 330
腰靠宽 /mm	200 ～ 300，推荐值 250
腰靠厚 /mm	35 ～ 50，推荐值 40

续表

参数	数　值
腰靠高 /mm	165 ～ 210
腰靠圆弧半径 /mm	400 ～ 700，推荐值 550
倾覆半径 /mm	195
座面倾角 /（°）	0 ～ 5，推荐值 3 ～ 4
腰靠倾角 /（°）	95 ～ 115，推荐值 110

注：1. 表中所列参数座高、腰靠厚、腰靠高、座面倾角、腰靠倾角为操作者坐在椅上后形成的尺寸、角度。测量时，需要使用规定参数的重物代替坐姿状态的人。

2. 表中参数的确定，考虑了操作者穿鞋（女性鞋跟高 20mm，男性鞋跟高 25 ～ 30mm）与着冬装的因素。

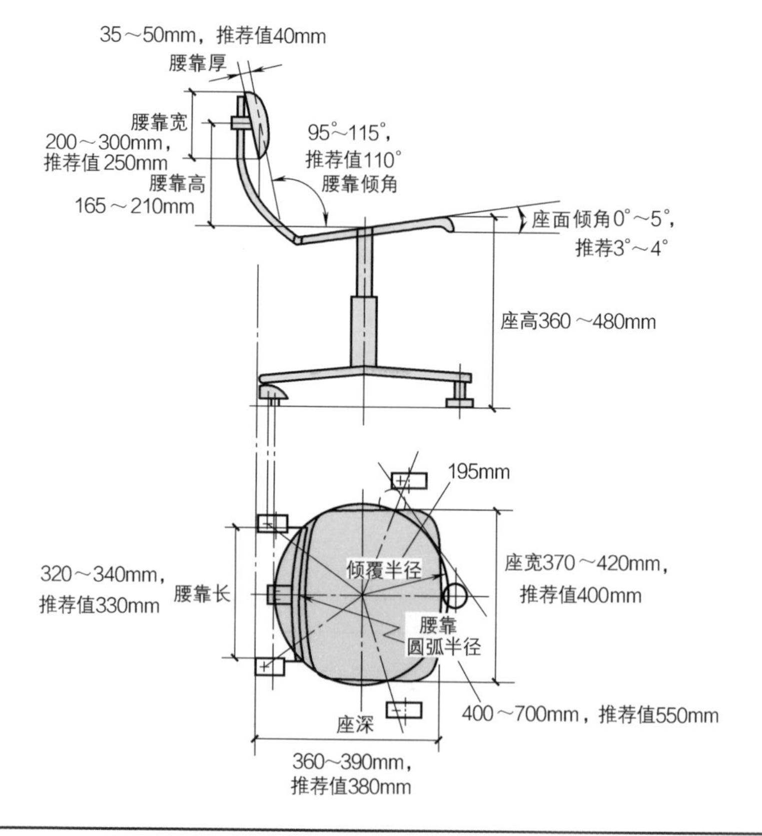
35～50mm，推荐值40mm
腰靠厚
腰靠宽
200～300mm，
推荐值250mm
腰靠高
165～210mm
95°～115°，
推荐值110°
腰靠倾角
座面倾角0°～5°，
推荐3°～4°
座高360～480mm
195mm
倾覆半径
320～340mm，
推荐值330mm
腰靠长
座宽370～420mm，
推荐值400mm
腰靠
圆弧半径
400～700mm，推荐值550mm
座深
360~390mm，
推荐值380mm

图 3.2　工作座椅的主要参数

3.3 工作座椅的座面的要求

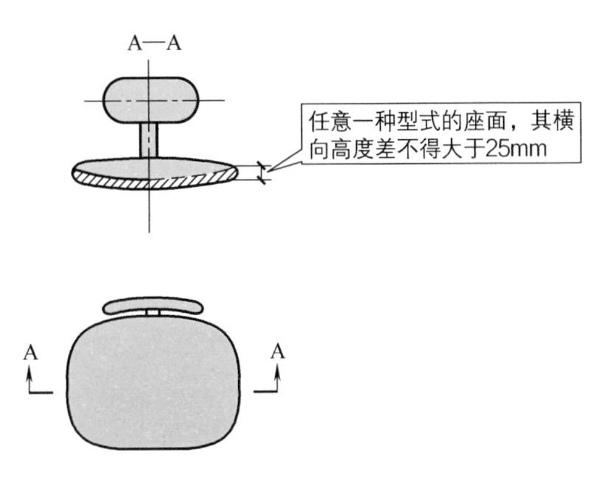
A—A
任意一种型式的座面，其横向高度差不得大于25mm
A
A

纵向(座深方向)平展的座面，其倾角为0°~5°

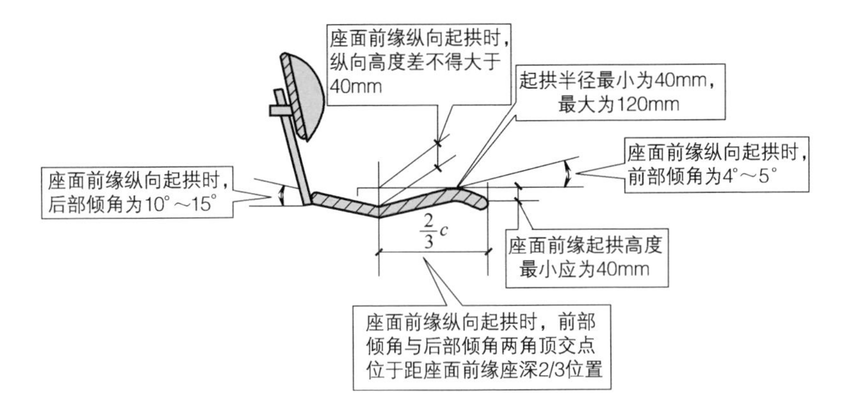
座面前缘纵向起拱时，纵向高度差不得大于40mm
起拱半径最小为40mm，最大为120mm
座面前缘纵向起拱时，前部倾角为4°~5°
座面前缘纵向起拱时，后部倾角为10°~15°
$\frac{2}{3}c$
座面前缘起拱高度最小应为40mm
座面前缘纵向起拱时，前部倾角与后部倾角两角顶交点位于距座面前缘座深2/3位置

当座垫为弹性结构时，最下层支撑部分应有一定的刚性，中间弹性层变形量不宜过大(座垫厚度不宜大于30mm)。座面留有通气孔或带排气沟槽时，孔、沟槽的存在不应影响座面其他参数

图 3.3　工作座椅的坐面的要求

3.4 工作座椅的腰靠、支架

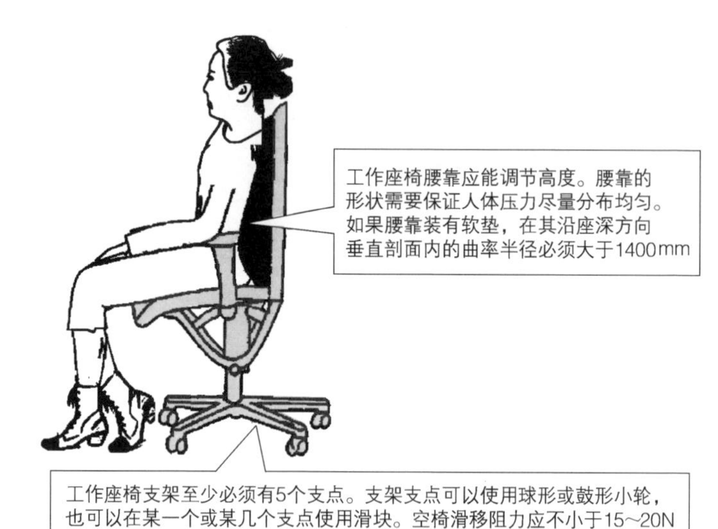

工作座椅腰靠应能调节高度。腰靠的
形状需要保证人体压力尽量分布均匀。
如果腰靠装有软垫，在其沿座深方向
垂直剖面内的曲率半径必须大于1400mm
工作座椅支架至少必须有5个支点。支架支点可以使用球形或鼓形小轮，
也可以在某一个或某几个支点使用滑块。空椅滑移阻力应不小于15~20N

图 3.4　工作座椅的腰靠、支架

3.5 工作座椅扶手的要求

如果工作座椅设扶手时，则其有关尺寸需要满足条件。

表 3.2　工作座椅扶手的要求

项目	尺寸数据
扶手上缘与座面的垂直距离	230mm±20mm
两扶手内缘间的水平最大距离	500mm
扶手长度	200 ～ 280mm
扶手前缘与座面前缘的水平距离	90 ～ 170mm
扶手倾角	固定式 0°～ 5°、可调式 0°～ 20°

3.6 座面要求

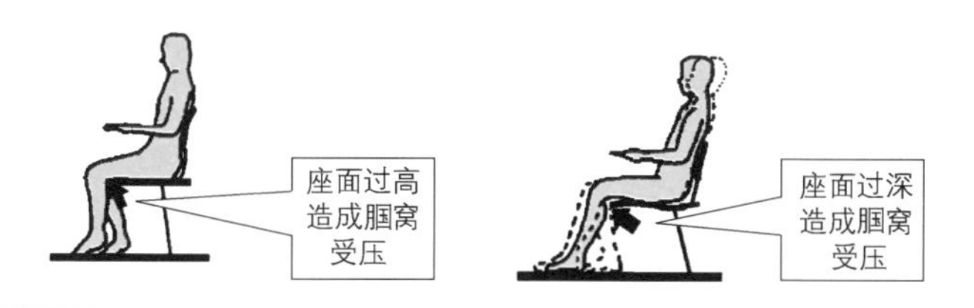

座面过高
造成腘窝
受压
座面过深
造成腘窝
受压

图 3.5　座面要求

3.7 前倾工作座面倾角与椅面体压的关系

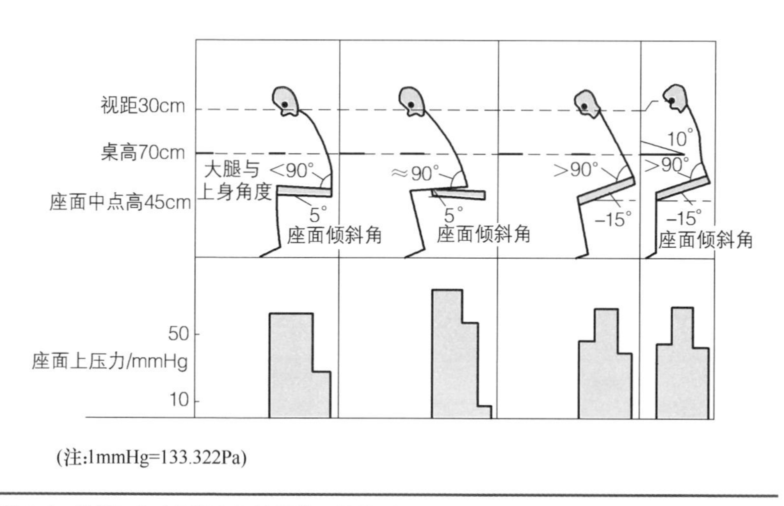

视距30cm
桌高70cm
座面中点高45cm
大腿与
上身角度
<90°
≈90°
>90°
>90°
10°
5°
5°
−15°
−15°
座面倾斜角
座面倾斜角
座面倾斜角
50
座面上压力/mmHg
10
(注:1mmHg=133.322Pa)

图 3.6　前倾工作座面倾角与椅面体压的关系

3.8 座深要求

座深主要指座面的前沿到后沿的距离。一般座深要小于坐姿时大腿的水平长度，这样能够使座面前沿离开小腿有一定的距离，保证小腿的活动自由。

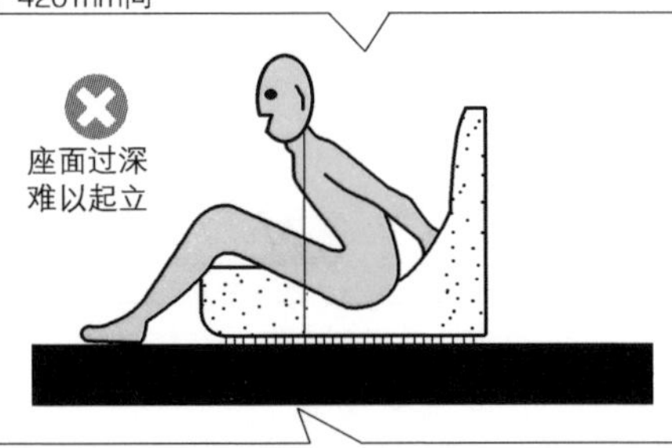
我国人体坐姿的大腿水平长度平均值：男性为445mm，女性为425mm。保证座面前沿离开膝盖内部有一定的距离(约60mm)，这样一般情况下座深尺寸在380～420 mm间
座面过深
难以起立
座面过深，超过大腿水平长度，人体会挨上靠背，有很大的倾斜度，此时腰部缺乏支撑点而悬空，加剧了腰部肌肉的活动强度而使疲劳产生，并且使膝窝处产生麻木的反应，以及难以起立

图 3.7　座深要求

3.9 座宽

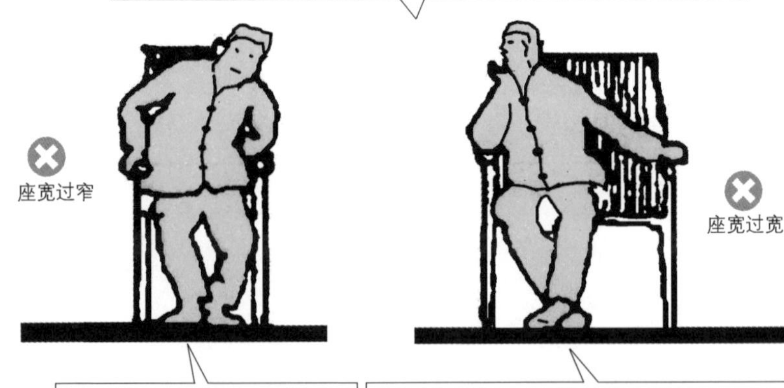
一般座宽不小于370～420mm，推荐数值为400mm。有扶手的靠椅，需要考虑手臂的扶靠，以扶手的内宽来作为座宽的尺寸，根据人体平均肩宽尺寸加适当的余量，一般不小于460mm
座宽过窄
座宽过宽
座宽过窄，会出现坐不下去的情况
座宽也不得过宽，以自然垂臂的舒适姿态肩宽为准

图 3.8　座宽

3.10 扶手的高度

扶手的高度，需要与人体坐骨结点到上臂自然下垂的肘下端的垂直距离相近。如果扶手过高，则两臂不能自然下垂；如果扶手过低，则两肘不能自然落靠。扶手过高过低，都容易使上臂疲劳。

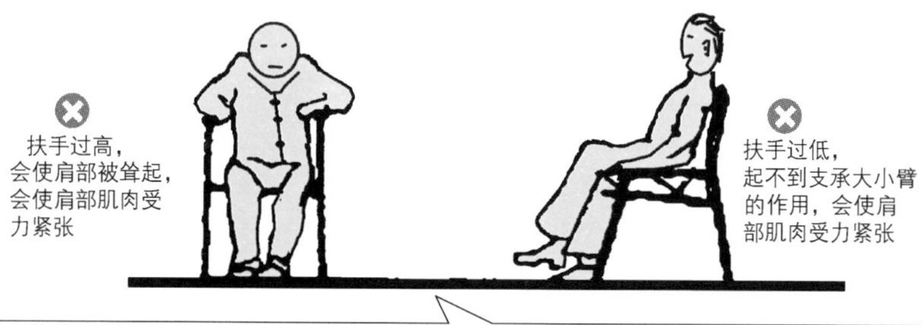

中国人“坐姿肘高”：
男=263mm。
女=251mm。
中国人“坐姿肘高”平均值为257mm，
公用座椅的扶手高度宜略小于这个数值。
座椅的扶手高度推荐值为230mm±20mm
扶手过高，
会使肩部被耸起，
会使肩部肌肉受
力紧张
扶手过低，
起不到支承大小臂
的作用，会使肩
部肌肉受力紧张
根据人体尺度，扶手上表面到座面的垂直距离为200～250mm,同时扶手前端略为升高。随着座面倾角与靠背斜角的变化，扶手倾斜度一般级差为10°～20°；扶手在水平左右偏角侧级差大约以10°范围内为宜

图 3.9　扶手的高度

3.11 座高要求

座高一般根据低身材人群来设计。合适的座高，一般为小腿窝到足底高度加上 25 ～ 35mm 的鞋跟厚，再减去 10 ～ 20mm 的活动余量。

座高 = 小腿窝高度 + 鞋跟厚度 − 适当间隙

另外，建议座面前缘应比人体膝窝高度低 3 ～ 5cm，以及有半径为 2.5 ～ 5cm 的弧度。有关规定推荐座高为 400 ～ 440mm，尺寸级差为 10mm。

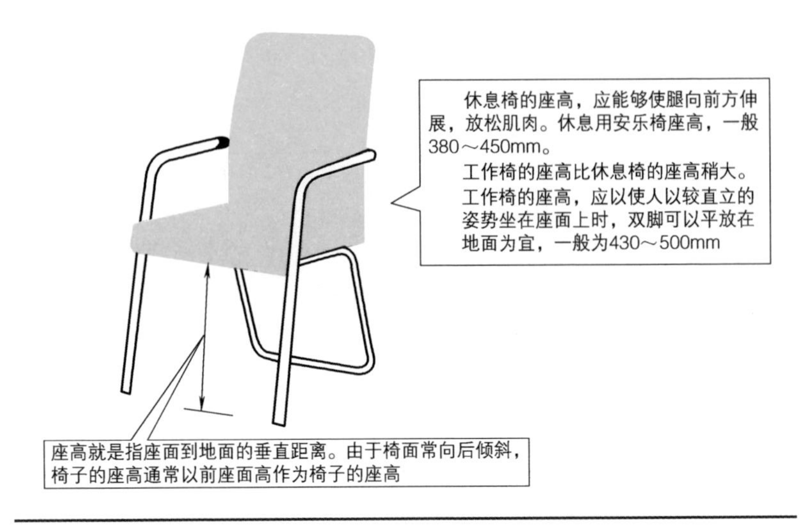
休息椅的座高，应能够使腿向前方伸展，放松肌肉。休息用安乐椅座高，一般380～450mm。
工作椅的座高比休息椅的座高稍大。工作椅的座高，应以使人以较直立的姿势坐在座面上时，双脚可以平放在地面为宜，一般为430～500mm
座高就是指座面到地面的垂直距离。由于椅面常向后倾斜，椅子的座高通常以前座面高作为椅子的座高

图 3.10　座高要求

3.12 座面的倾斜度

座面的大部分设计，一般都向后倾斜，倾斜角度为3°～5°。座面倾角，就是指座面与水平面所夹的角度。一般的工作椅，则不希望座面存在向后倾斜度，以水平为好
休息椅座面倾角，一般为19°～20°。工作椅座面倾角，小于3°

图 3.11　座面的倾斜度

3.13 座面与靠背不同倾斜度

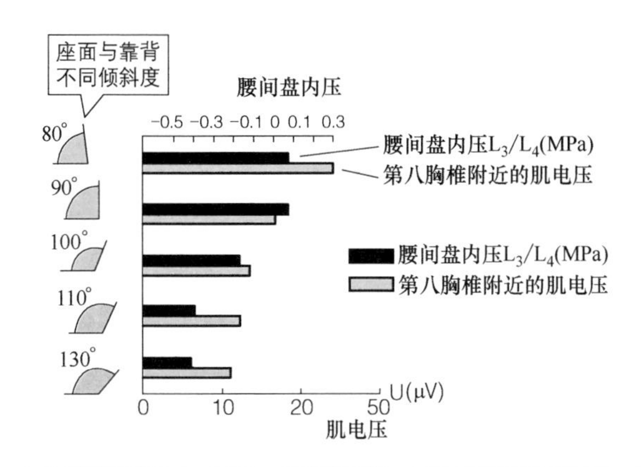

座面与靠背
不同倾斜度
腰间盘内压
−0.5 −0.3 −0.1 0 0.1 0.3
80°
90°
100°
110°
130°
腰间盘内压L_3/L_4(MPa)
第八胸椎附近的肌电压
腰间盘内压L_3/L_4(MPa)
第八胸椎附近的肌电压
0 10 20 50
U(μV)
肌电压

图 3.12　座面与靠背不同倾斜度

3.14 椅靠背

椅靠背起到使躯干得到充分的支撑等作用。靠背的尺寸，主要与臀部底面到肩部的高度（决定靠背高）、肩宽（决定靠背宽）有关。椅靠背的形状基本上与人体坐姿时的脊椎形状相吻合。

为了使背部下方骶骨与臀部有适当的后凸空间，座面上方与靠背下部之间，一般需要有凹入或留一开口部分，其高度为 125 ～ 200mm。

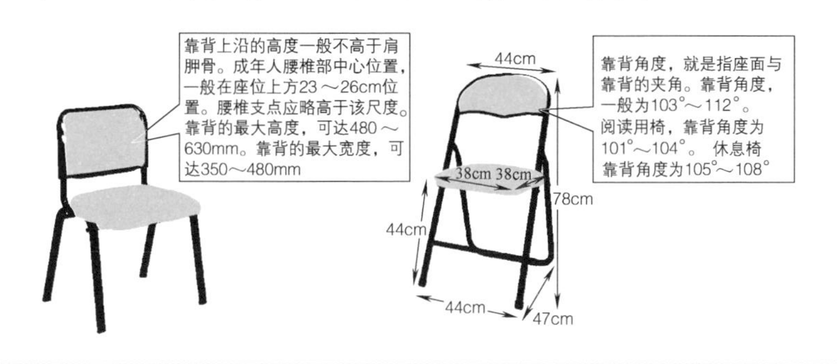

靠背上沿的高度一般不高于肩胛骨。成年人腰椎部中心位置，一般在座位上方23～26cm位置。腰椎支点应略高于该尺度。靠背的最大高度，可达480～630mm。靠背的最大宽度，可达350～480mm
44cm
38cm 38cm
78cm
44cm
44cm
47cm
靠背角度，就是指座面与靠背的夹角。靠背角度，一般为103°～112°。阅读用椅，靠背角度为101°～104°。休息椅靠背角度为105°～108°

图 3.13　椅靠背

3.15 座面形状、座垫有效厚度

座面形状，一般希望与人体呈现坐姿时，大腿、臀部与座面承压时形成的状态吻合。

座面座垫有效厚度为 210 ～ 220mm 以上。

3.16 工作椅与休息椅的参数

表 3.3　工作椅与休息椅的参数

参数	人体相关尺寸	百分位	工作椅 /mm	休息椅参考数值 /mm
座高	小腿窝到地面垂直距离	小百分位	370 ～ 400	轻度 330 ～ 360 中度 280 ～ 340 高度 210 ～ 290
座宽	女性群体坐姿臀宽	大百分位	400 ～ 500	430 ～ 450（衣服修正值）
座深	女性大腿长	小百分位	350 ～ 400	380 ～ 420
扶手	人体重心高度	50 百分位	210 ～ 220	210 ～ 220

3.17 轻度休息椅的设计尺寸

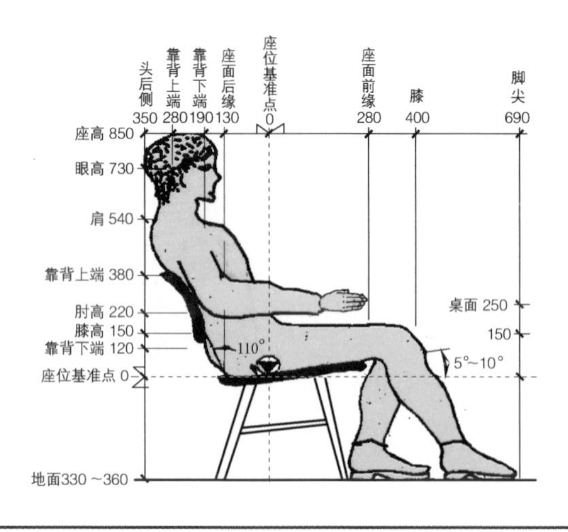

头后侧 350
靠背上端 280
靠背下端 190
座面后缘 130
座位基准点 0
座面前缘 280
膝 400
脚尖 690
座高 850
眼高 730
肩 540
靠背上端 380
肘高 220
膝高 150
靠背下端 120
座位基准点 0
地面330 ~360
桌面 250
150
110°
5°~10°

图 3.14　轻度休息椅的设计尺寸

3.18 室内表面适宜照明亮度反射比范围

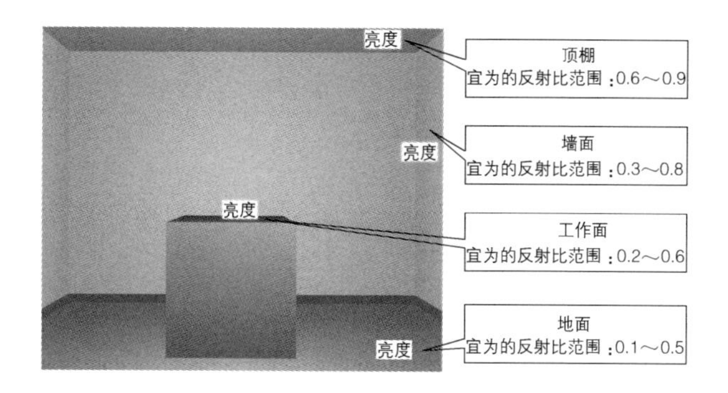

亮度
顶棚
宜为的反射比范围：0.6～0.9
亮度
墙面
宜为的反射比范围：0.3～0.8
亮度
工作面
宜为的反射比范围：0.2～0.6
亮度
地面
宜为的反射比范围：0.1～0.5

图 3.15 室内表面适宜照明亮度反射比范围

3.19 邻近周围照度与作业区照度的要求

表 3.4 邻近周围照度与作业区照度的要求

作业区域照度 /lx	邻近周围区域照度 /lx
≥ 750	500
500	300
300	200
≤ 200	与作业区域照度相同

注：1. 作业区域的照度均匀度不应低于 0.7。
2. 邻近周围的照度均匀度不应低于 0.5。

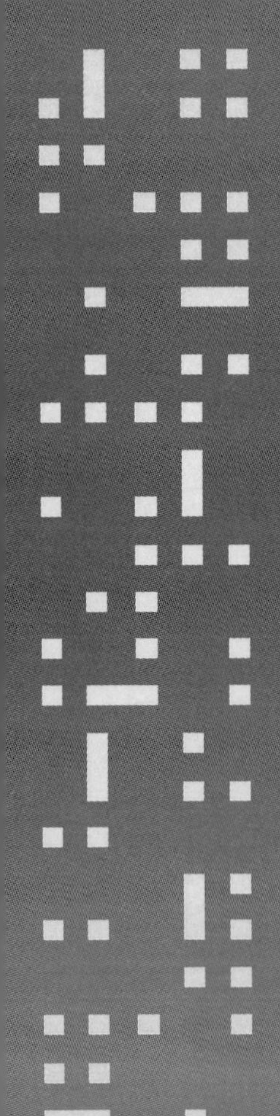

第二部分

模数装修

第4章

建筑模数

4.1 建筑基本模数、导出模数

基本模数，就是模数协调中的基本尺寸单位，其数值为100mm，符号为M，即1M等于100mm。

分模数，就是导出模数的一种，其数值是基本模数的分倍数，分别是M/10（10mm）、M/5（20mm）、M/2（50mm）等。

表4.1 建筑基本模数、导出模数

类型	项目	模数特点	备注
基本模数	基本模数的数值	100mm（1M等于100mm）	整个建筑物、建筑物的一部分以及建筑部件的模数化尺寸，应是基本模数的倍数
导出模数	扩大模数基数	2M、3M、6M、9M、12M……	—
	分模数基数	M/10、M/5、M/2	—

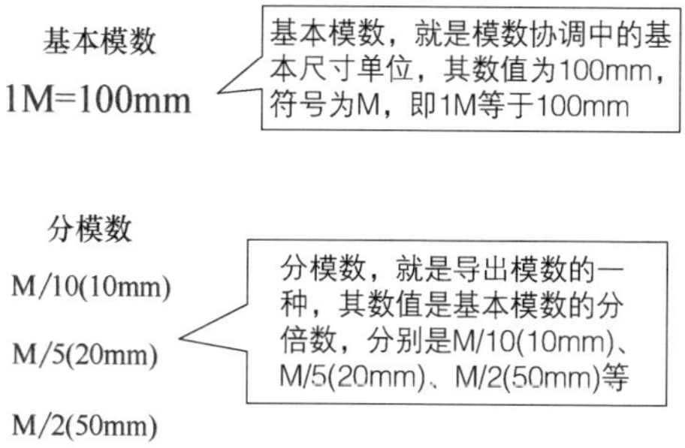

基本模数
1M=100mm
基本模数，就是模数协调中的基本尺寸单位，其数值为100mm，符号为M，即1M等于100mm
分模数
M/10(10mm)
M/5(20mm)
M/2(50mm)
分模数，就是导出模数的一种，其数值是基本模数的分倍数，分别是M/10(10mm)、M/5(20mm)、M/2(50mm)等

图4.1 建筑基本模数、导出模数

4.2 模数的数列

表 4.2 模数的数列

项目	特点	备注
建筑物开间、柱距、进深、跨度，梁、板、隔墙和门窗洞口宽度等分部件的截面尺寸	水平扩大模数数列宜采用 2*n*M、3*n*M（*n* 为自然数）	宜采用水平基本模数、水平扩大模数数列
建筑物的高度、层高、门窗洞口高度等	竖向扩大模数数列宜采用 *n*M	宜采用竖向基本模数、竖向扩大模数数列
构造节点、分部件的接口尺寸等	分模数数列宜采用 M/10、M/5、M/2	宜采用分模数数列

4.3 模数网格类型的特点

模数网格可由正交、斜交或弧线的网格基准线（面）构成，连续基准线（面）间的距离需要符合模数。

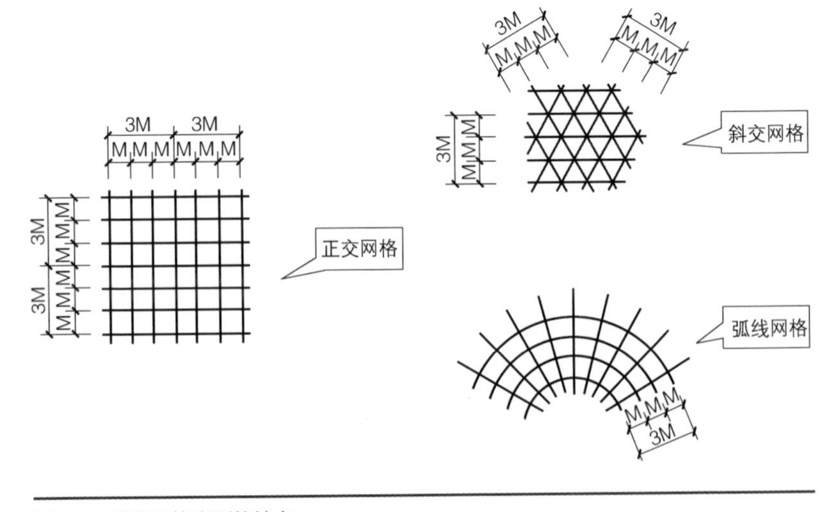

3M
M M M
正交网格
斜交网格
弧线网格

图 4.2 模数网格类型的特点

4.4 非等距模数数列的采用

不同方向连续基准线（面）间的距离，可以采用非等距的模数数列。

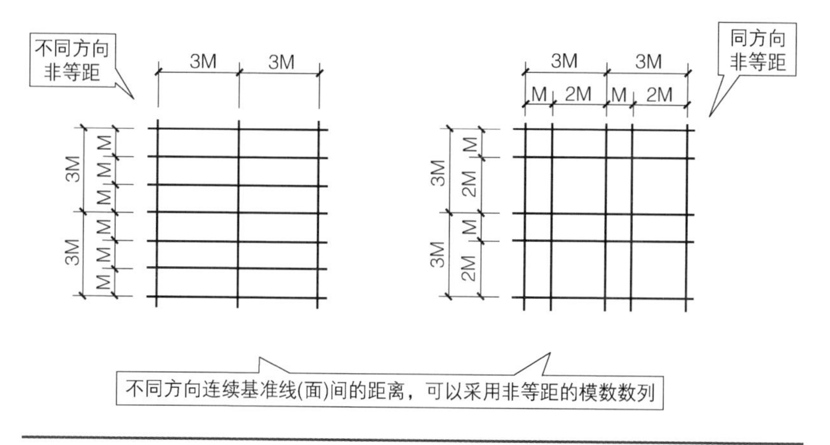

不同方向
非等距
同方向
非等距
3M
3M
M
2M
M
2M
不同方向连续基准线(面)间的距离，可以采用非等距的模数数列

图 4.3 非等距模数数列的采用

4.5 相邻网格基准面（线）间距离的模数

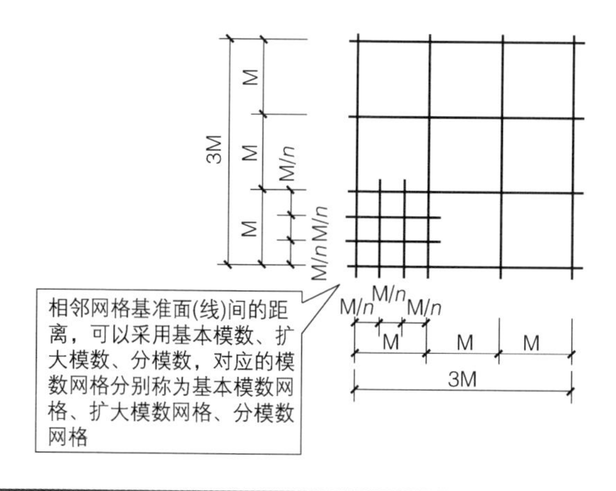

3M
M
M/n
M
3M
相邻网格基准面(线)间的距离，可以采用基本模数、扩大模数、分模数，对应的模数网格分别称为基本模数网格、扩大模数网格、分模数网格

图 4.4 相邻网格基准面（线）间距离的模数

4.6 三维坐标空间模数

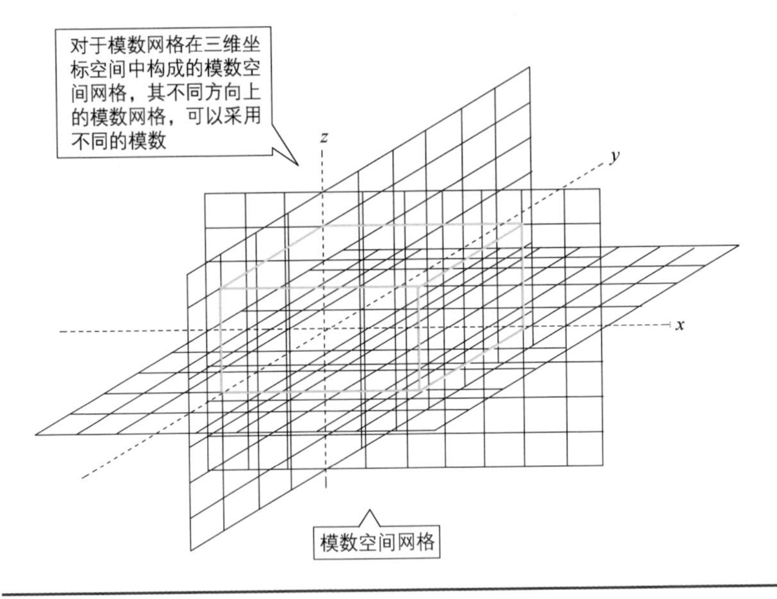

对于模数网格在三维坐标空间中构成的模数空间网格，其不同方向上的模数网格，可以采用不同的模数
z
y
x
模数空间网格

图 4.5 三维坐标空间模数

4.7 模数网格的选择采用

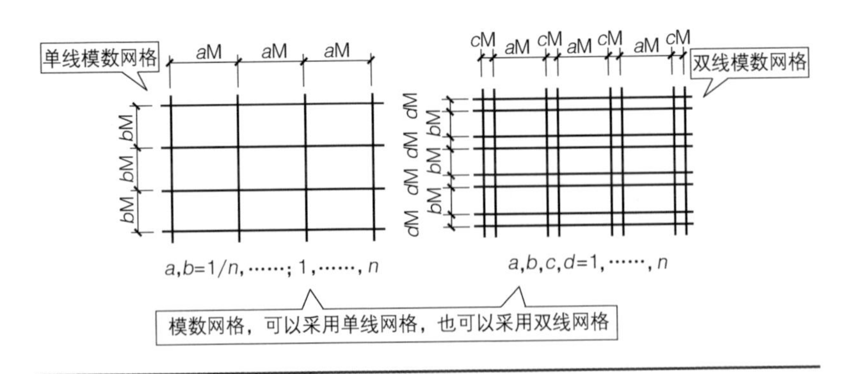

单线模数网格
aM aM aM
bM bM bM
a,b=1/n,……; 1,……, n
cM aM cM aM cM aM cM
双线模数网格
dM bM dM bM dM bM dM
a,b,c,d=1,……, n
模数网格，可以采用单线网格，也可以采用双线网格

图 4.6 模数网格的选择采用

↘ 速看贴士——模数网格的选用应符合的规定

★结构网格，宜采用扩大模数网格，优先尺寸为 2nM、3nM 模数系列。

★装修网格，宜采用基本模数网格、分模数网格。构造做法、接口、填充件等分部件，宜采用分模数网格。隔墙、固定橱柜、设备、管井等部件，宜采用基本模数网格。分模数的优先尺寸应为 M/2、M/5。

4.8 部件定位的规定

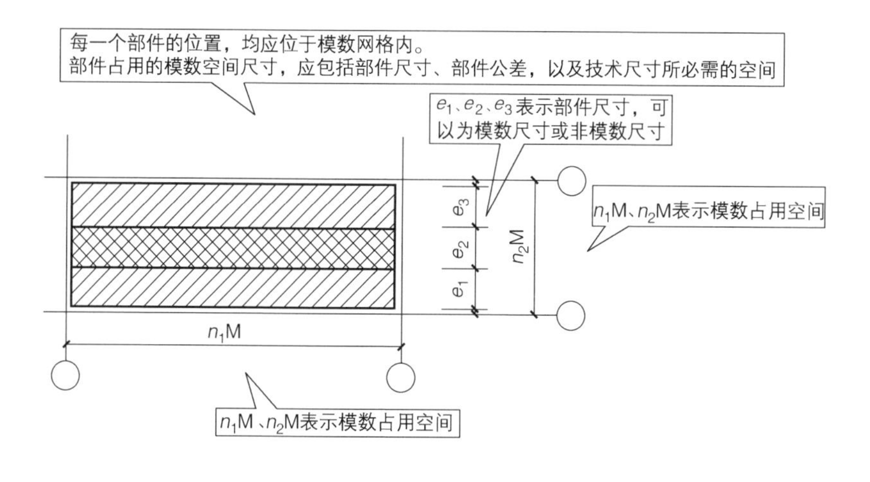

每一个部件的位置，均应位于模数网格内。
部件占用的模数空间尺寸，应包括部件尺寸、部件公差，以及技术尺寸所必需的空间
e_1、e_2、e_3表示部件尺寸，可以为模数尺寸或非模数尺寸
e_3
e_2
e_1
n_2M
n_1M、n_2M表示模数占用空间
n_1M
n_1M、n_2M表示模数占用空间

图 4.7 部件定位的规定

4.9 定位方法的选择要求

部件定位，可以采用中心线定位法、界面定位法、中心线与界面定位法混合法。

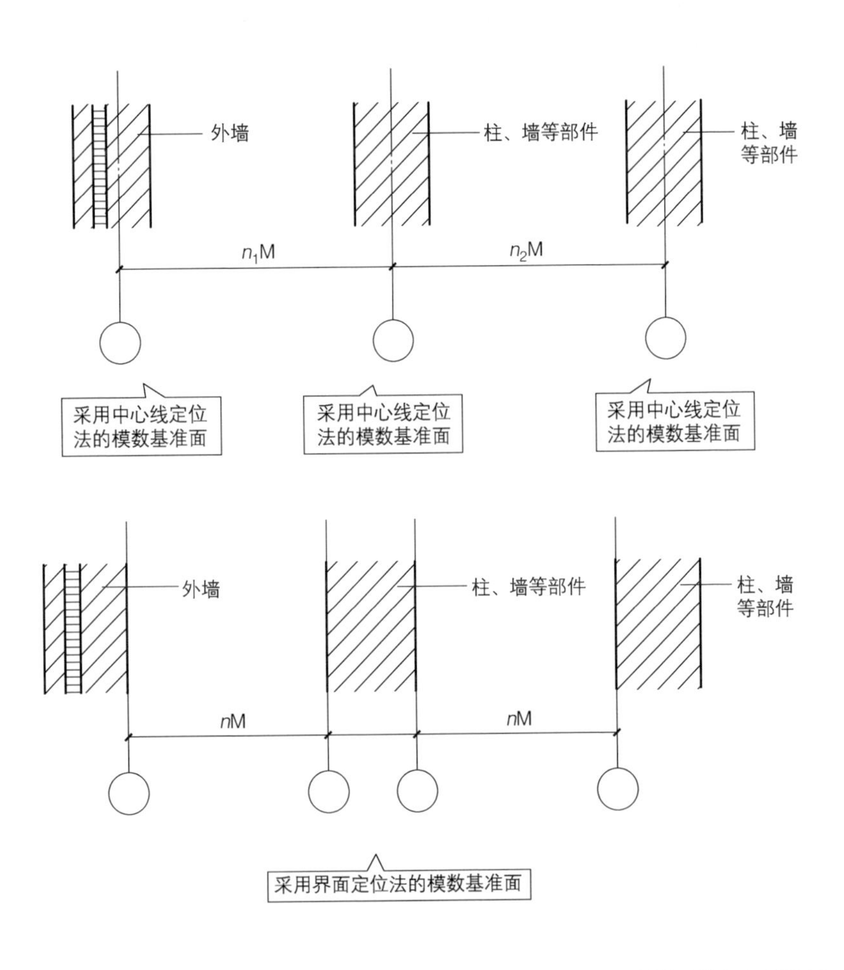
部件定位，需要符合部件受力合理、生产简便、优化尺寸、减少部件种类的需要，满足部件的互换、位置可变的要求。优先保证部件安装空间符合模数，或者满足一个及以上部件间净空尺寸符合模数
外墙
柱、墙等部件
柱、墙等部件
n_1M
n_2M
采用中心线定位法的模数基准面
采用中心线定位法的模数基准面
采用中心线定位法的模数基准面
外墙
柱、墙等部件
柱、墙等部件
nM
nM
采用界面定位法的模数基准面

图 4.8　定位方法的选择要求

4.10 确定部件基准面的要求

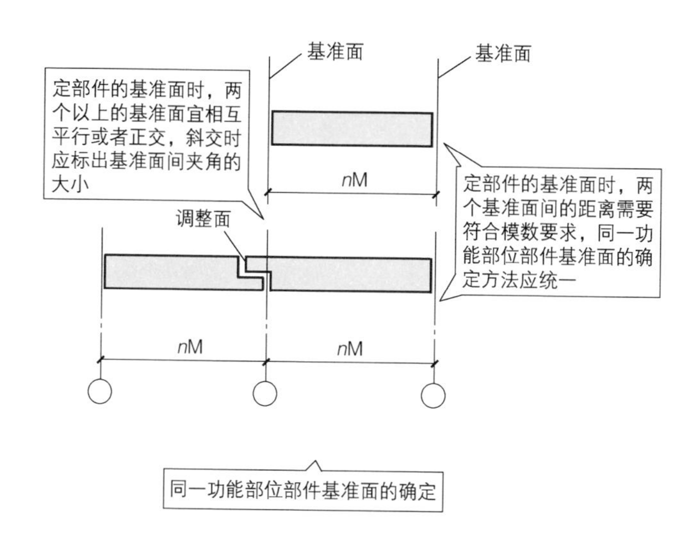
基准面
基准面
定部件的基准面时，两个以上的基准面宜相互平行或者正交，斜交时应标出基准面间夹角的大小
nM
定部件的基准面时，两个基准面间的距离需要符合模数要求，同一功能部位部件基准面的确定方法应统一
调整面
nM
nM
同一功能部位部件基准面的确定

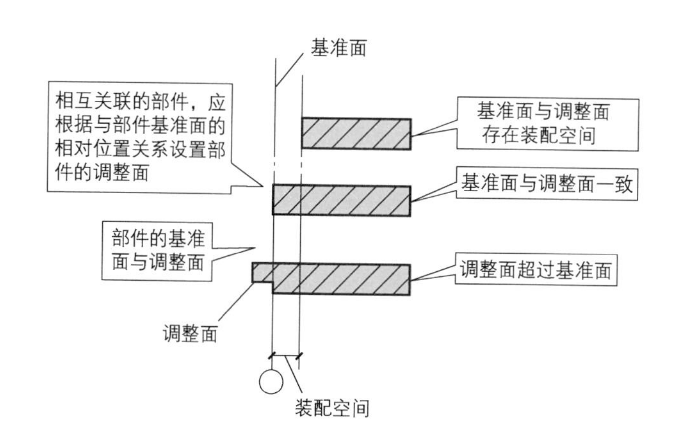
基准面
相互关联的部件，应根据与部件基准面的相对位置关系设置部件的调整面
基准面与调整面存在装配空间
基准面与调整面一致
部件的基准面与调整面
调整面超过基准面
调整面
装配空间

图 4.9　确定部件基准面的要求

4.11 安装基准面确定的规定

部件的安装，应根据设立的安装基准面进行。

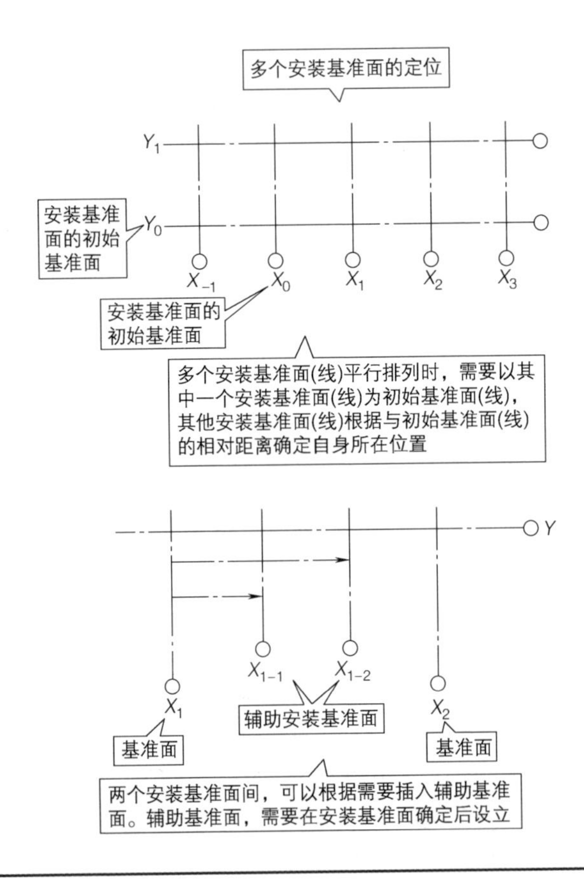

多个安装基准面的定位
Y_1
Y_0
安装基准面的初始基准面
X_{-1}
X_0
X_1
X_2
X_3
安装基准面的初始基准面
多个安装基准面(线)平行排列时，需要以其中一个安装基准面(线)为初始基准面(线)，其他安装基准面(线)根据与初始基准面(线)的相对距离确定自身所在位置
Y
X_{1-1}
X_{1-2}
X_1
辅助安装基准面
X_2
基准面
基准面
两个安装基准面间，可以根据需要插入辅助基准面。辅助基准面，需要在安装基准面确定后设立

图 4.10　安装基准面的确定规定

4.12 部件尺寸的要求

部件的标志尺寸，要根据部件安装的互换性确定，并采用优先尺寸系列。

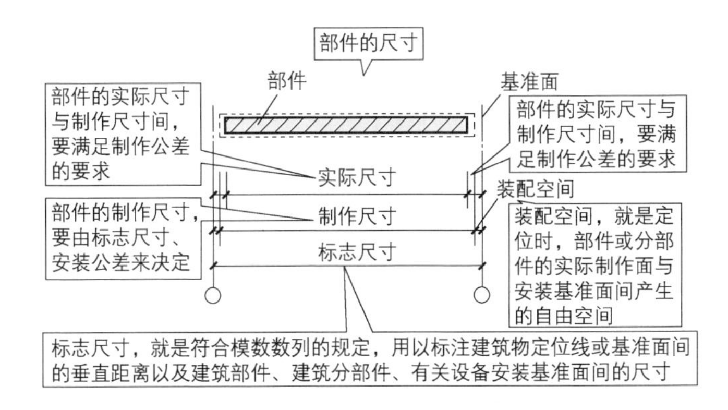
部件的尺寸
部件
基准面
部件的实际尺寸与制作尺寸间，要满足制作公差的要求
部件的实际尺寸与制作尺寸间，要满足制作公差的要求
实际尺寸
装配空间
部件的制作尺寸，要由标志尺寸、安装公差来决定
制作尺寸
装配空间，就是定位时，部件或分部件的实际制作面与安装基准面间产生的自由空间
标志尺寸
标志尺寸，就是符合模数数列的规定，用以标注建筑物定位线或基准面间的垂直距离以及建筑部件、建筑分部件、有关设备安装基准面间的尺寸

图 4.11　部件尺寸的要求

4.13 部件优先尺寸确定的规定

表 4.3　部件优先尺寸确定的规定

项目	要求
承重墙和外围护墙厚度的优先尺寸系列	宜根据 1M 的倍数及其与 M/2 的组合确定，宜为 150mm、200mm、250mm、300mm
内隔墙和管道井墙厚度优先尺寸系列	宜根据分模数或 1M 与分模数的组合确定，宜为 50mm、100mm、150mm
层高和室内净高的优先尺寸系列	宜为 nM
柱、梁截面的优先尺寸系列	宜根据 1M 的倍数与 M/2 的组合确定
门窗洞口水平、垂直方向定位的优先尺寸系列	宜为 nM

↘ 速看贴士——优先尺寸

★部件的优先尺寸，应由部件中通用性强的尺寸系列来确定，且应指定其中若干尺寸作为优先尺寸系列。

★部件基准面间的尺寸，应选用优先尺寸。

★优先尺寸，可以分解和组合，分解或组合后的尺寸可作为优先尺寸。

4.14 部件在模数网格中定位的要求

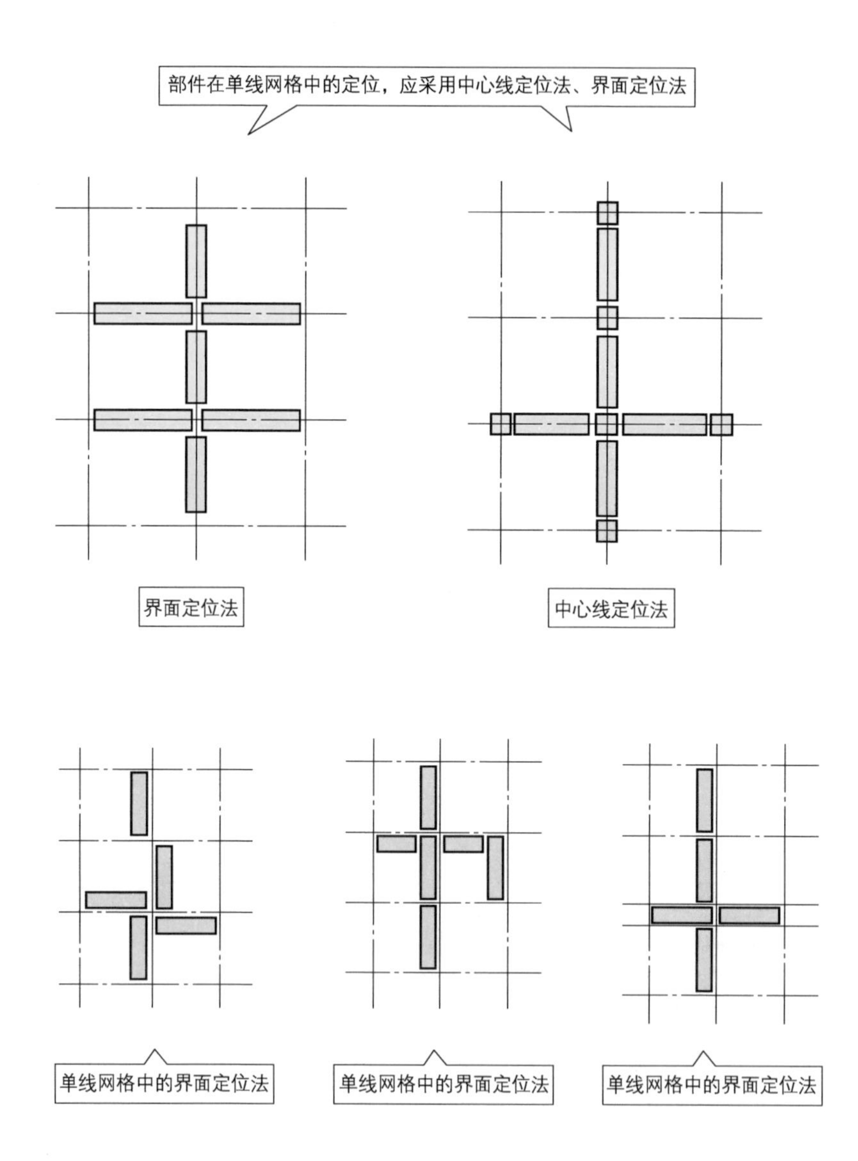
部件在单线网格中的定位，应采用中心线定位法、界面定位法
界面定位法
中心线定位法
单线网格中的界面定位法
单线网格中的界面定位法
单线网格中的界面定位法

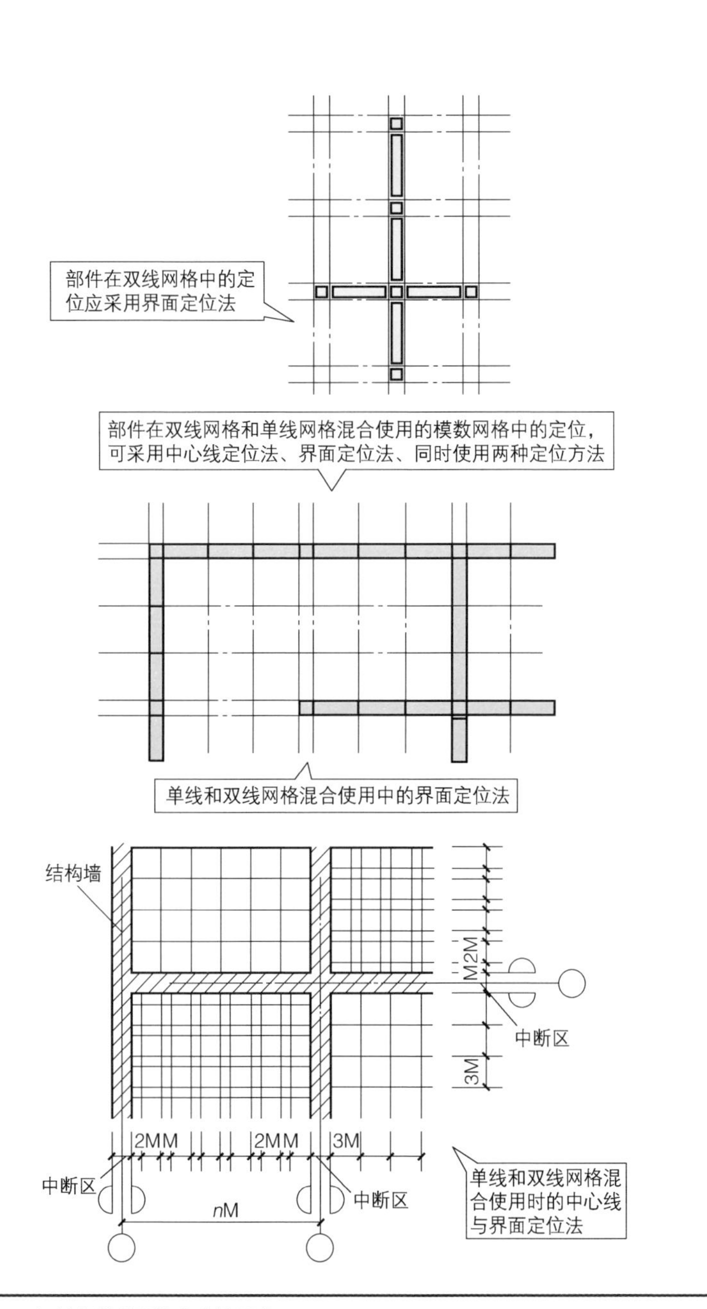
部件在双线网格中的定
位应采用界面定位法
部件在双线网格和单线网格混合使用的模数网格中的定位，
可采用中心线定位法、界面定位法、同时使用两种定位方法
单线和双线网格混合使用中的界面定位法
结构墙
M2M
中断区
3M
2MM
2MM
3M
中断区
中断区
nM
单线和双线网格混
合使用时的中心线
与界面定位法

图 4.12　部件在模数网格中定位要求

4.15 部件模数的调整要求

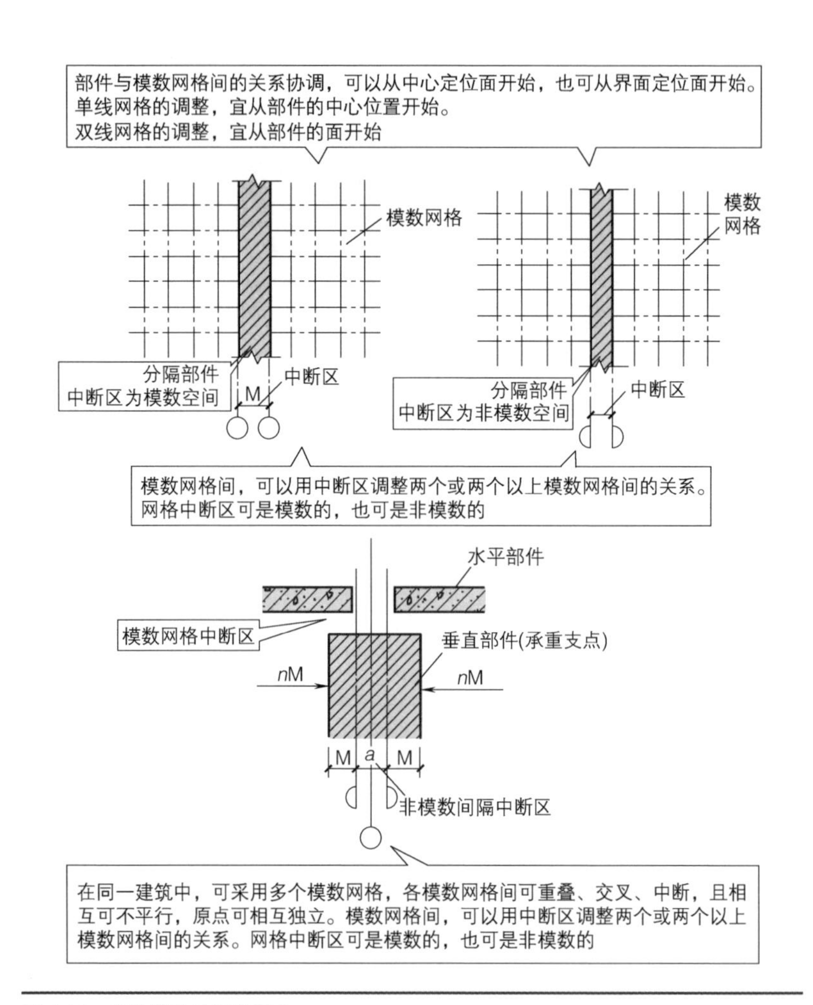
部件与模数网格间的关系协调，可以从中心定位面开始，也可从界面定位面开始。
单线网格的调整，宜从部件的中心位置开始。
双线网格的调整，宜从部件的面开始
模数网格
模数网格
分隔部件
中断区为模数空间
中断区
M
分隔部件
中断区为非模数空间
中断区
模数网格间，可以用中断区调整两个或两个以上模数网格间的关系。
网格中断区可是模数的，也可是非模数的
水平部件
模数网格中断区
垂直部件(承重支点)
nM
nM
M
a
M
非模数间隔中断区
在同一建筑中，可采用多个模数网格，各模数网格间可重叠、交叉、中断，且相互可不平行，原点可相互独立。模数网格间，可以用中断区调整两个或两个以上模数网格间的关系。网格中断区可是模数的，也可是非模数的

图 4.13　部件模数的调整要求

4.16 部件所占空间的模数协调处理

（1）需要装配并填满模数部件的空间，应优先保证为模数空间。

（2）不需要填满或不严格要求填满模数部件的空间，可以是非模数空间。

（3）模数部件用于填满非模数空间时，应采用技术尺寸空间处理。

4.17 部件安装后剩余空间的模数协调处理

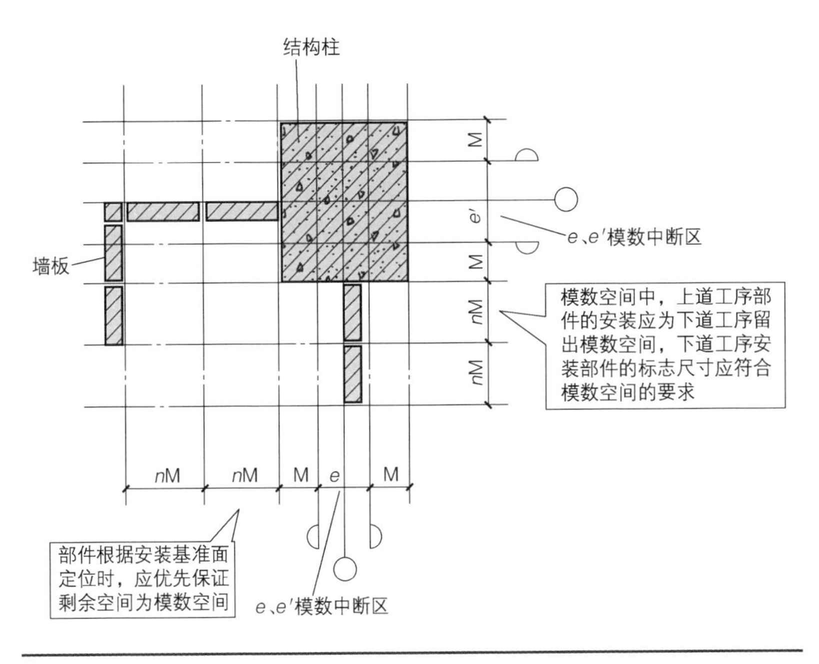
结构柱
墙板
M
e′
M
nM
nM
e、e′模数中断区
模数空间中，上道工序部件的安装应为下道工序留出模数空间，下道工序安装部件的标志尺寸应符合模数空间的要求
nM
nM
M
e
M
部件根据安装基准面定位时，应优先保证剩余空间为模数空间
e、e′模数中断区

图 4.14　部件安装后剩余空间的模数协调处理

4.18 基本公差的规定

（1）部件或分部件的加工或装配，应符合基本公差的规定。基本公差应包括制作公差、安装公差、位形公差、连接公差。

（2）部件、分部件的基本公差，应按国家现行有关标准确定。

（3）部件、分部件的基本公差，应按其重要性、尺寸大小进行确定，并宜符合表 4.4 的规定。

表 4.4　部件、分部件的基本公差　　单位：mm

级别	部件尺寸					
	< 50	≥ 50 < 160	≥ 160 < 500	≥ 500 < 1600	≥ 1600 < 5000	≥ 5000
1 级	0.5	1.0	2.0	3.0	5.0	8.0
2 级	1.0	2.0	3.0	5.0	8.0	12.0
3 级	2.0	3.0	5.0	8.0	12.0	20.0
4 级	3.0	5.0	8.0	12.0	20.0	30.0
5 级	5.0	8.0	12.0	20.0	30.0	50.0

4.19 公差与配合的要求

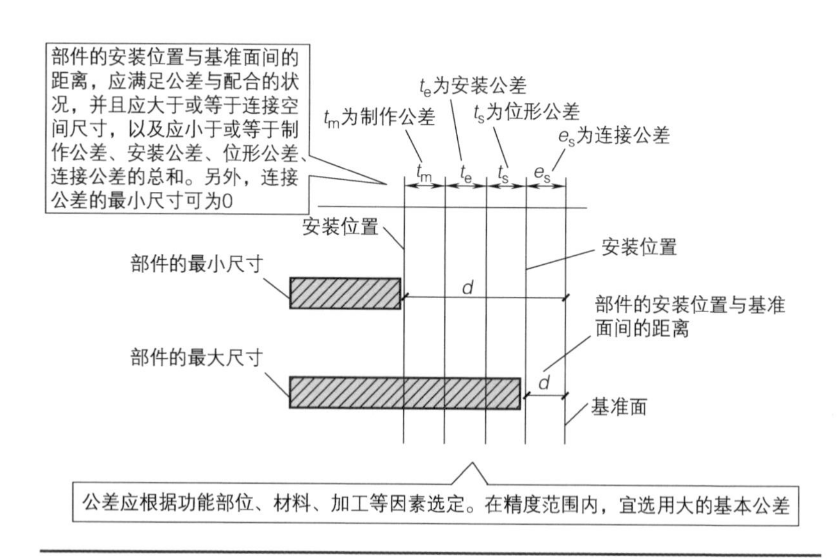
部件的安装位置与基准面间的距离，应满足公差与配合的状况，并且应大于或等于连接空间尺寸，以及应小于或等于制作公差、安装公差、位形公差、连接公差的总和。另外，连接公差的最小尺寸可为0
t_e为安装公差
t_m为制作公差
t_s为位形公差
e_s为连接公差
t_m
t_e
t_s
e_s
安装位置
部件的最小尺寸
安装位置
d
部件的安装位置与基准面间的距离
部件的最大尺寸
d
基准面
公差应根据功能部位、材料、加工等因素选定。在精度范围内，宜选用大的基本公差

图 4.15　公差与配合的要求

4.20 模数协调的应用

（1）模数协调，应利用模数数列调整建筑与部件或分部件的尺寸关系，减少种类，优化部件或分部件的尺寸。

（2）部件与安装基准面关联到一起时，应利用模数协调明确各部件或分部件的位置，使设计、加工及安装等各个环节的配合简单、明确，达到高效率和经济性。

（3）主体结构部件和内装、外装部件的定位可通过设置模数网格来控制，并应通过部件安装接口要求进行主体结构、内装、外装部件和分部件的安装。

4.21 模数网格的设置

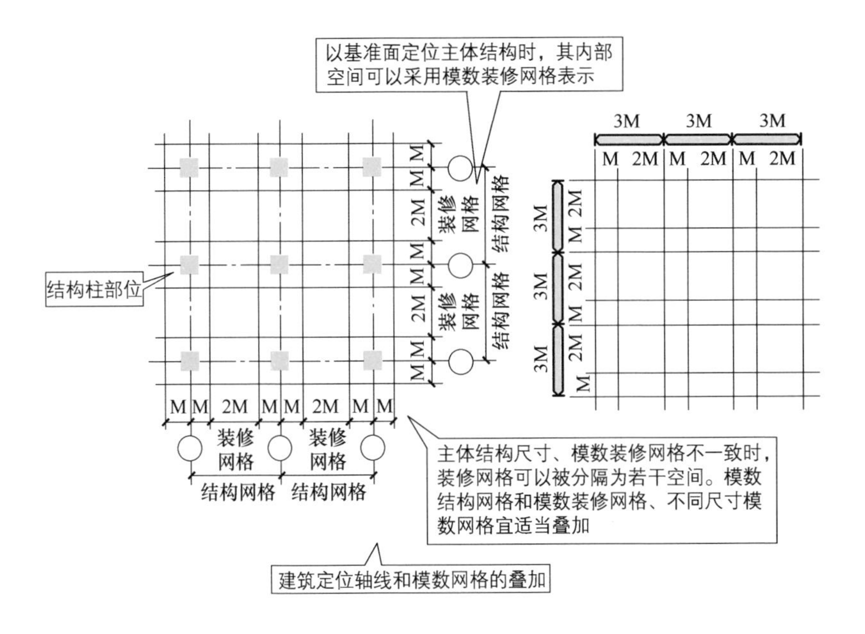

以基准面定位主体结构时，其内部空间可以采用模数装修网格表示
结构柱部位
M M 2M M M 2M M M
装修网格
结构网格
3M 3M 3M
M 2M M 2M M 2M
主体结构尺寸、模数装修网格不一致时，装修网格可以被分隔为若干空间。模数结构网格和模数装修网格、不同尺寸模数网格宜适当叠加
建筑定位轴线和模数网格的叠加

图 4.16　模数网格的设置

4.22 主体结构部件的定位

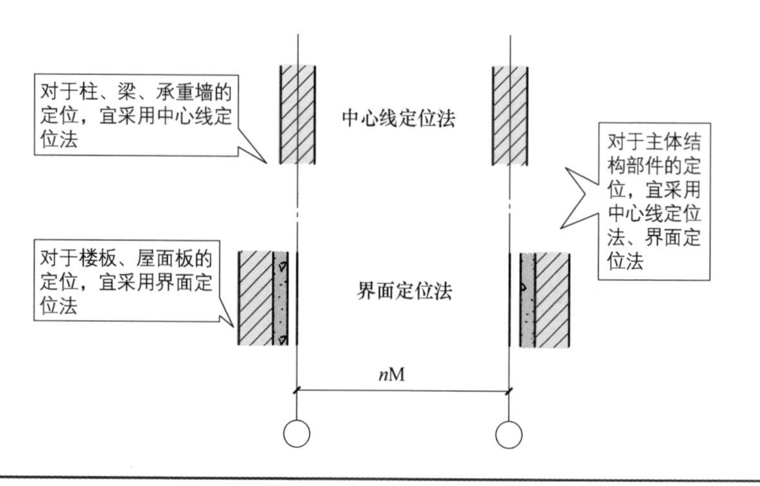
对于柱、梁、承重墙的定位，宜采用中心线定位法
中心线定位法
对于主体结构部件的定位，宜采用中心线定位法、界面定位法
对于楼板、屋面板的定位，宜采用界面定位法
界面定位法
nM

图 4.17　主体结构部件的定位

4.23 安装同时满足基准面的定位

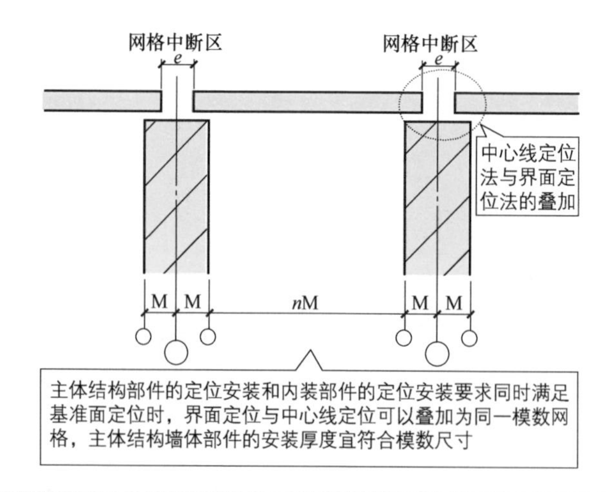
网格中断区
e
网格中断区
e
中心线定位法与界面定位法的叠加
M
M
nM
M
M
主体结构部件的定位安装和内装部件的定位安装要求同时满足基准面定位时，界面定位与中心线定位可以叠加为同一模数网格，主体结构墙体部件的安装厚度宜符合模数尺寸

图 4.18　安装同时满足基准面的定位

4.24 基准面定位

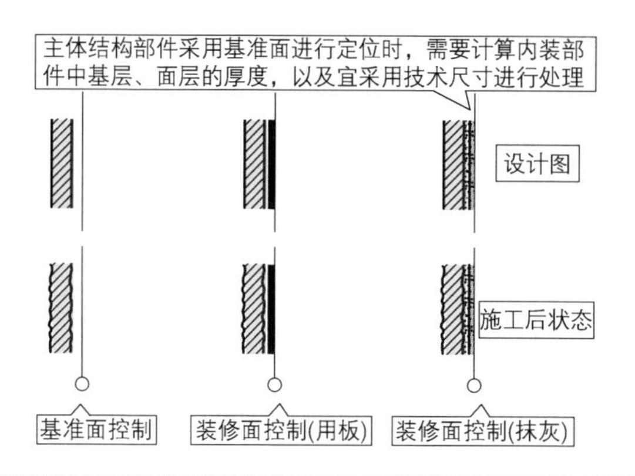

主体结构部件采用基准面进行定位时，需要计算内装部件中基层、面层的厚度，以及宜采用技术尺寸进行处理
设计图
施工后状态
基准面控制
装修面控制(用板)
装修面控制(抹灰)

图 4.19　基准面定位

4.25 沿高度方向部件定位

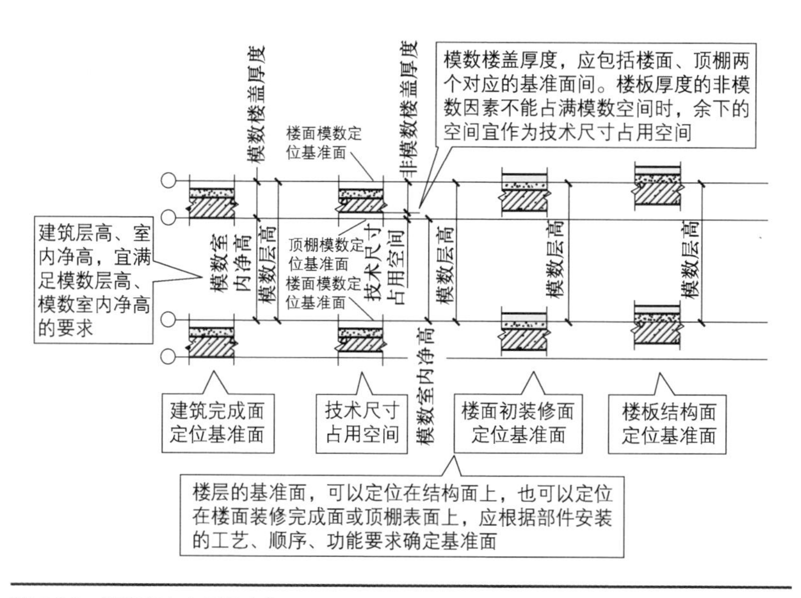

模数楼盖厚度
楼面模数定位基准面
非模数楼盖厚度
模数楼盖厚度，应包括楼面、顶棚两个对应的基准面间。楼板厚度的非模数因素不能占满模数空间时，余下的空间宜作为技术尺寸占用空间
建筑层高、室内净高，宜满足模数层高、模数室内净高的要求
模数室内净高
模数层高
顶棚模数定位基准面
楼面模数定位基准面
技术尺寸占用空间
模数层高
模数层高
模数层高
模数室内净高
建筑完成面定位基准面
技术尺寸占用空间
楼面初装修面定位基准面
楼板结构面定位基准面
楼层的基准面，可以定位在结构面上，也可以定位在楼面装修完成面或顶棚表面上，应根据部件安装的工艺、顺序、功能要求确定基准面

图 4.20　沿高度方向部件定位

4.26 内外装部件的定位

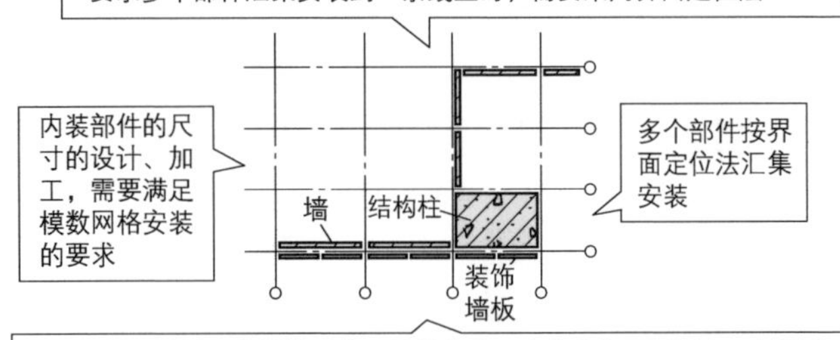

内部空间隔墙部件的安装，可以采用中心线定位法、界面定位法。要求多个部件汇集安装到一条线上时，需要采用界面定位法
内装部件的尺寸的设计、加工，需要满足模数网格安装的要求
墙
结构柱
多个部件按界面定位法汇集安装
装饰墙板
对于板材、块材、卷材等装修面层的安装，当内装修面层所在一侧要求模数空间时，需要采用界面定位法。装修面层的安装面材，需要避免剪裁加工，必要时可以利用技术尺寸进行处理

图 4.21 内外装部件的定位

速看贴士——外装部件的定位

★外装部件的定位方法宜采用界面定位法。

★外装部件的尺寸宜满足模数网格安装的要求。

4.27 部件制作尺寸的要求

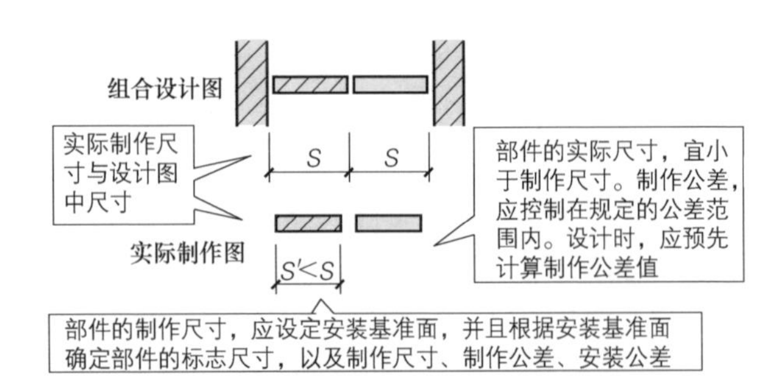

组合设计图
实际制作尺寸与设计图中尺寸
S
S
部件的实际尺寸，宜小于制作尺寸。制作公差，应控制在规定的公差范围内。设计时，应预先计算制作公差值
实际制作图
S'<S
部件的制作尺寸，应设定安装基准面，并且根据安装基准面确定部件的标志尺寸，以及制作尺寸、制作公差、安装公差

图 4.22 部件制作尺寸的要求

4.28 两个或两个以上部件安装的要求

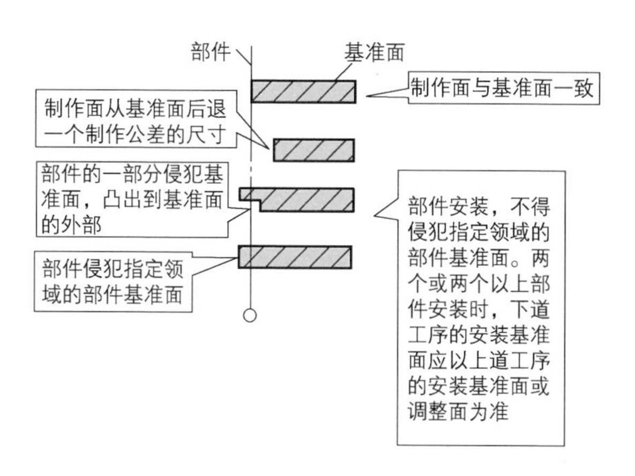
部件
基准面
制作面与基准面一致
制作面从基准面后退一个制作公差的尺寸
部件的一部分侵犯基准面，凸出到基准面的外部
部件安装，不得侵犯指定领域的部件基准面。两个或两个以上部件安装时，下道工序的安装基准面应以上道工序的安装基准面或调整面为准
部件侵犯指定领域的部件基准面

图 4.23　两个或两个以上部件安装的要求

4.29 凸出基准面外部进行接口的要求

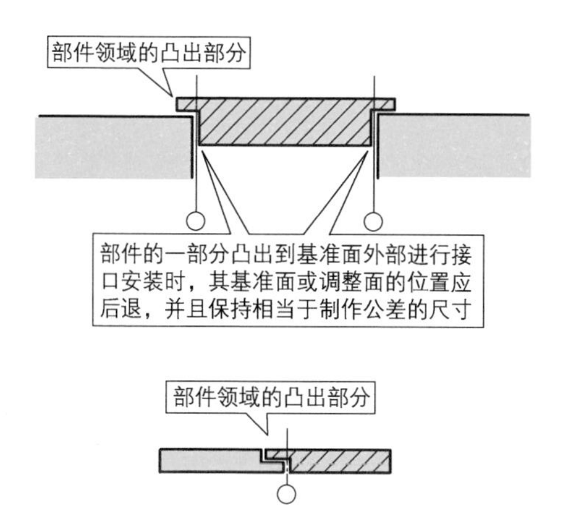
部件领域的凸出部分
部件的一部分凸出到基准面外部进行接口安装时，其基准面或调整面的位置应后退，并且保持相当于制作公差的尺寸
部件领域的凸出部分

图 4.24　凸出基准面外部进行接口的要求

4.30 先后施工部件的要求

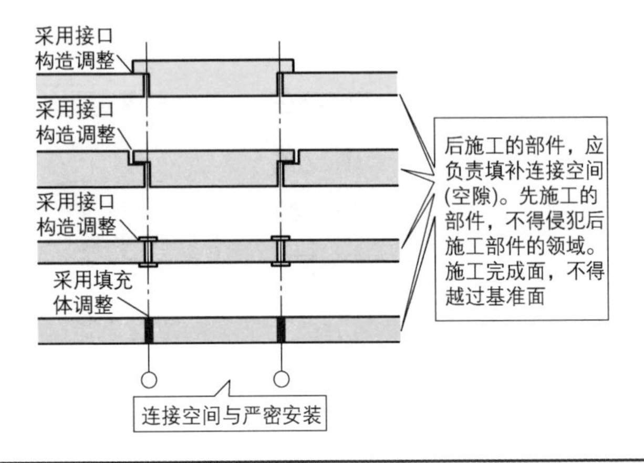
采用接口
构造调整
采用接口
构造调整
采用接口
构造调整
采用填充
体调整
后施工的部件，应负责填补连接空间(空隙)。先施工的部件，不得侵犯后施工部件的领域。施工完成面，不得越过基准面
连接空间与严密安装

图 4.25　先后施工部件的要求

↘ 速看贴士——先施工的要求

★大而重且不易加工的部件，应先施工。没有安装公差或安装公差小的部件，应先施工。

第5章

厨房家具与设备模数

5.1 地柜外形与模数要求

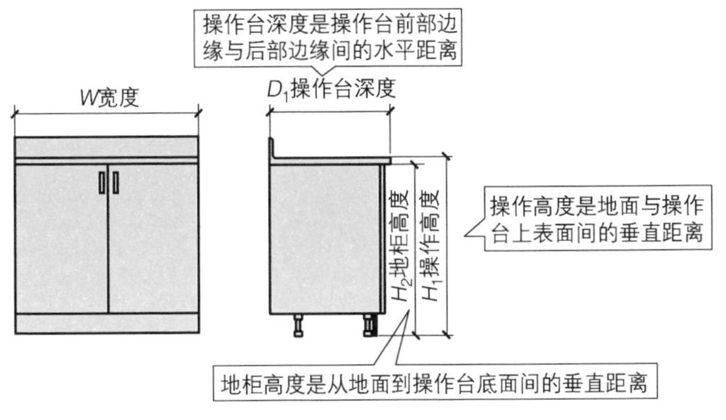

操作台深度是操作台前部边缘与后部边缘间的水平距离
W宽度
D1操作台深度
H2地柜高度
H1操作高度
操作高度是地面与操作台上表面间的垂直距离
地柜高度是从地面到操作台底面间的垂直距离

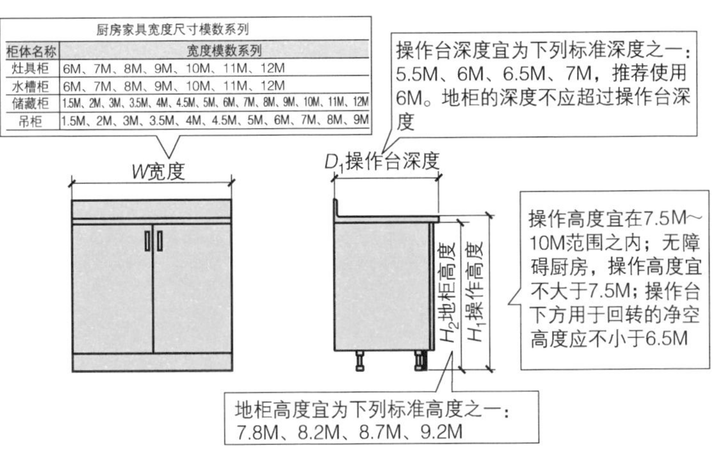

厨房家具宽度尺寸模数系列

柜体名称	宽度模数系列
灶具柜	6M、7M、8M、9M、10M、11M、12M
水槽柜	6M、7M、8M、9M、10M、11M、12M
储藏柜	1.5M、2M、3M、3.5M、4M、4.5M、5M、6M、7M、8M、9M、10M、11M、12M
吊柜	1.5M、2M、3M、3.5M、4M、4.5M、5M、6M、7M、8M、9M

W宽度
操作台深度宜为下列标准深度之一：5.5M、6M、6.5M、7M，推荐使用6M。地柜的深度不应超过操作台深度
D1操作台深度
H2地柜高度
H1操作高度
操作高度宜在7.5M～10M范围之内；无障碍厨房，操作高度宜不大于7.5M；操作台下方用于回转的净空高度应不小于6.5M
地柜高度宜为下列标准高度之一：7.8M、8.2M、8.7M、9.2M

图 5.1 地柜外形与模数要求

5.2 吊柜外形与模数要求

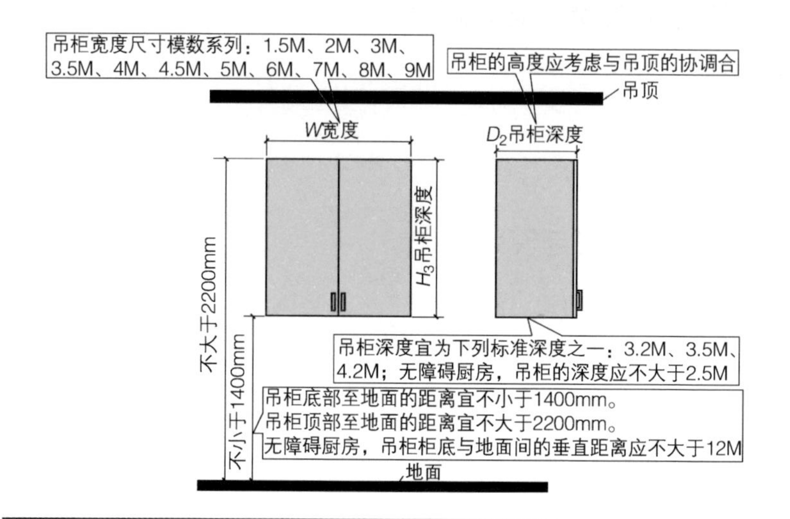

吊柜宽度尺寸模数系列：1.5M、2M、3M、3.5M、4M、4.5M、5M、6M、7M、8M、9M
吊柜的高度应考虑与吊顶的协调合
吊顶
W宽度
D2吊柜深度
H3吊柜深度
不大于2200mm
不小于1400mm
吊柜深度宜为下列标准深度之一：3.2M、3.5M、4.2M；无障碍厨房，吊柜的深度应不大于2.5M
吊柜底部至地面的距离宜不小于1400mm。
吊柜顶部至地面的距离宜不大于2200mm。
无障碍厨房，吊柜柜底与地面间的垂直距离应不大于12M
地面

图 5.2　吊柜外形与模数要求

5.3 高柜外形与模数要求

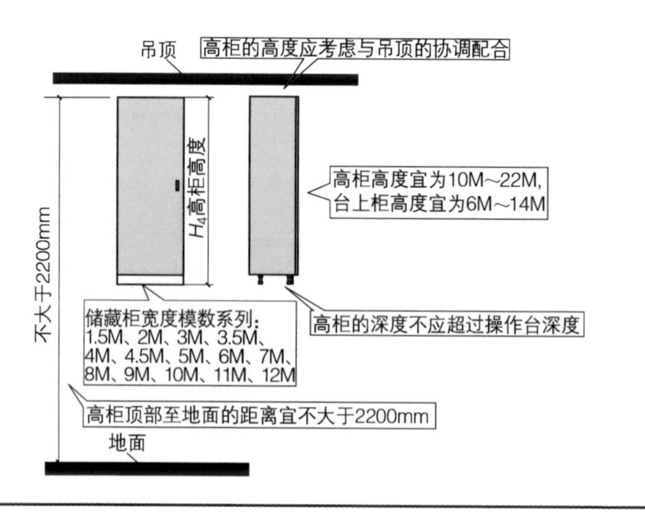

吊顶
高柜的高度应考虑与吊顶的协调配合
H4高柜高度
不大于2200mm
高柜高度宜为10M~22M,
台上柜高度宜为6M~14M
储藏柜宽度模数系列：1.5M、2M、3M、3.5M、4M、4.5M、5M、6M、7M、8M、9M、10M、11M、12M
高柜的深度不应超过操作台深度
高柜顶部至地面的距离宜不大于2200mm
地面

图 5.3　高柜外形与模数要求

5.4 灶具嵌入模数协调要求

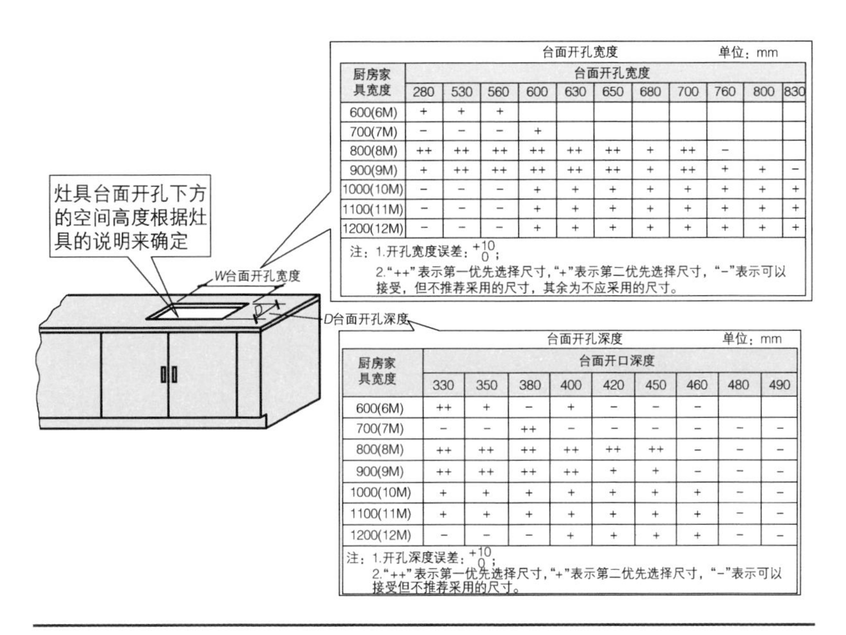

灶具台面开孔下方的空间高度根据灶具的说明来确定
W台面开孔宽度
D台面开孔深度

台面开孔宽度　　单位：mm

厨房家具宽度	台面开孔宽度										
	280	530	560	600	630	650	680	700	760	800	830
600(6M)	+	+	+								
700(7M)	−	−	−	+							
800(8M)	++	++	++	++	++	++	+	++	−		
900(9M)	+	++	++	++	++	++	+	++	+	+	−
1000(10M)	−	−	−	+	+	+	+	+	+	+	+
1100(11M)	−	−	−	+	+	+	+	+	+	+	+
1200(12M)	−	−	−	+	+	+	+	+	+	+	+

注：1.开孔宽度误差：$^{+10}_{0}$；
2.“++”表示第一优先选择尺寸，“+”表示第二优先选择尺寸，“−”表示可以接受，但不推荐采用的尺寸，其余为不应采用的尺寸。

台面开孔深度　　单位：mm

厨房家具宽度	台面开口深度								
	330	350	380	400	420	450	460	480	490
600(6M)	++	+	−	+	−	−	−		
700(7M)	−	−	++	−	−	−	−	−	−
800(8M)	++	++	++	++	++	++	−	−	−
900(9M)	++	++	++	++	+	+	−	−	−
1000(10M)	+	+	+	+	+	+	+	−	−
1100(11M)	+	+	+	+	+	+	+	−	−
1200(12M)	−	−	−	+	+	+	+	−	−

注：1.开孔深度误差：$^{+10}_{0}$；
2.“++”表示第一优先选择尺寸，“+”表示第二优先选择尺寸，“−”表示可以接受但不推荐采用的尺寸。

图 5.4　灶具嵌入模数协调要求

5.5 厨房设备开口空间深度要求

高柜或地柜中嵌入设置厨房设备时，开口空间的深度应不小于550mm。
吊柜中嵌入设置厨房设备时，开口空间的深度应不小于300mm

图 5.5　厨房设备开口空间深度要求

5.6 厨房设备开口空间高度要求

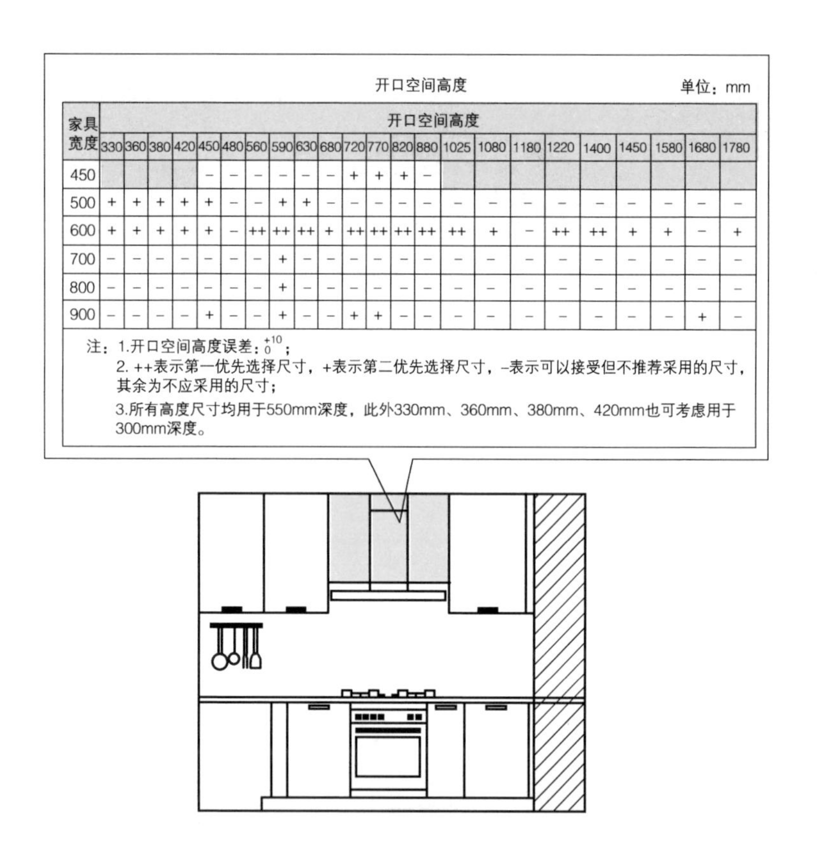

开口空间高度

单位：mm

家具宽度	开口空间高度																						
	330	360	380	420	450	480	560	590	630	680	720	770	820	880	1025	1080	1180	1220	1400	1450	1580	1680	1780
450					–	–	–	–	–	–	+	+	+	–									
500	+	+	+	+	+	–	–	+	+	–	–	–	–	–	–	–	–	–	–	–	–	–	–
600	+	+	+	+	+	–	++	++	++	+	++	++	++	++	++	+	–	++	++	+	+	–	+
700	–	–	–	–	–	–	–	+	–	–	–	–	–	–	–	–	–	–	–	–	–	–	–
800	–	–	–	–	–	–	–	+	–	–	–	–	–	–	–	–	–	–	–	–	–	–	–
900	–	–	–	–	+	–	–	+	–	–	+	+	–	–	–	–	–	–	–	–	–	+	–

注：1.开口空间高度误差：$^{+10}_{0}$；

2. ++表示第一优先选择尺寸，+表示第二优先选择尺寸，–表示可以接受但不推荐采用的尺寸，其余为不应采用的尺寸；

3.所有高度尺寸均用于550mm深度，此外330mm、360mm、380mm、420mm也可考虑用于300mm深度。

图 5.6　厨房设备开口空间高度要求

5.7 厨房设备嵌入厨房家具开口空间宽度要求

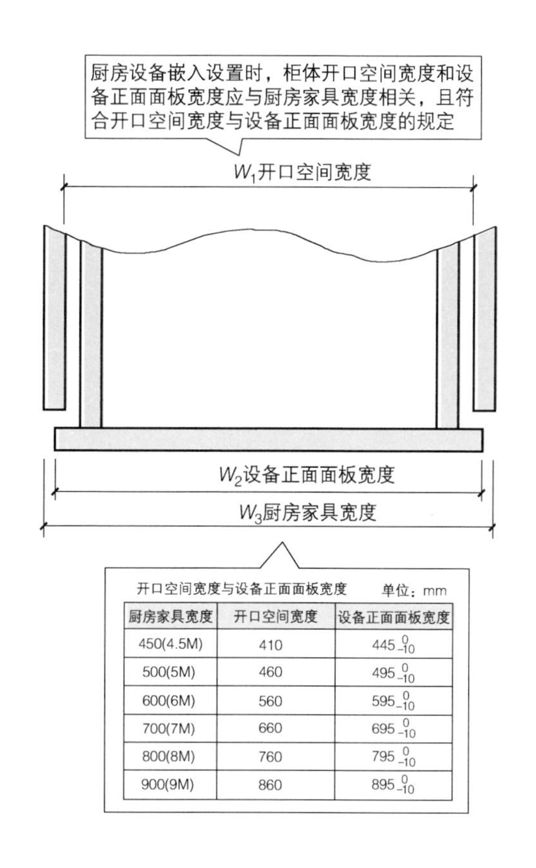
厨房设备嵌入设置时，柜体开口空间宽度和设备正面面板宽度应与厨房家具宽度相关，且符合开口空间宽度与设备正面面板宽度的规定
W_1开口空间宽度
W_2设备正面面板宽度
W_3厨房家具宽度

开口空间宽度与设备正面面板宽度　　单位：mm

厨房家具宽度	开口空间宽度	设备正面面板宽度
450(4.5M)	410	445^{0}_{-10}
500(5M)	460	495^{0}_{-10}
600(6M)	560	595^{0}_{-10}
700(7M)	660	695^{0}_{-10}
800(8M)	760	795^{0}_{-10}
900(9M)	860	895^{0}_{-10}

图 5.7　厨房设备嵌入厨房家具开口空间宽度要求

5.8 厨房设备单独设置的预留空间宽度要求

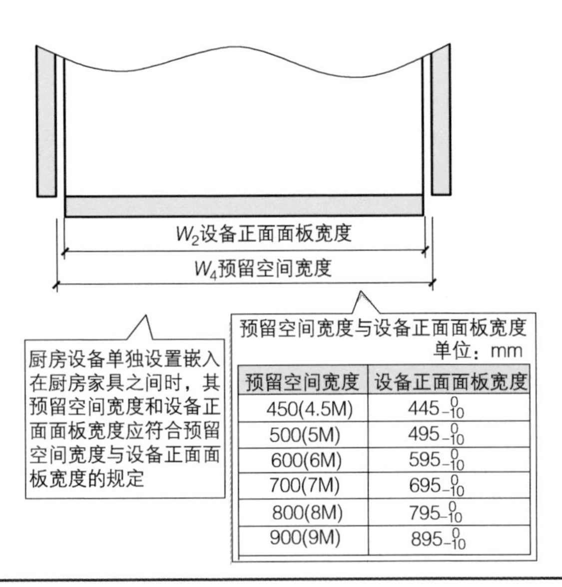

W_2设备正面面板宽度
W_4预留空间宽度
厨房设备单独设置嵌入在厨房家具之间时，其预留空间宽度和设备正面面板宽度应符合预留空间宽度与设备正面面板宽度的规定

预留空间宽度与设备正面面板宽度
单位：mm

预留空间宽度	设备正面面板宽度
450(4.5M)	445_{-10}^{0}
500(5M)	495_{-10}^{0}
600(6M)	595_{-10}^{0}
700(7M)	695_{-10}^{0}
800(8M)	795_{-10}^{0}
900(9M)	895_{-10}^{0}

图 5.8　厨房设备单独设置的预留空间宽度要求

5.9 油烟机与吊柜组合的模数协调要求

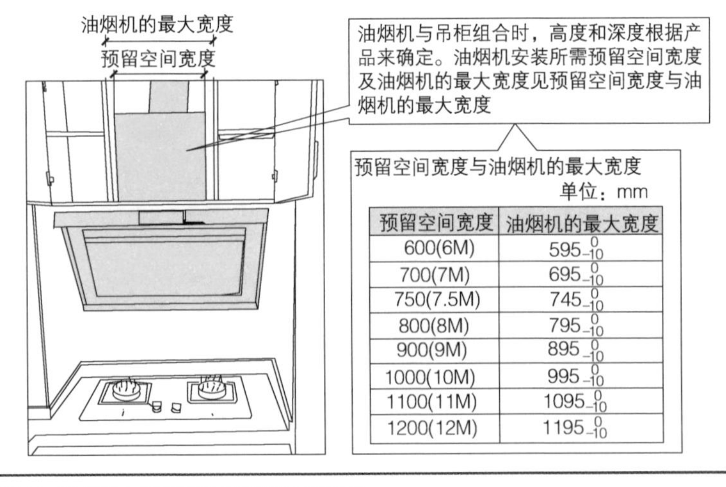

油烟机的最大宽度
预留空间宽度
油烟机与吊柜组合时，高度和深度根据产品来确定。油烟机安装所需预留空间宽度及油烟机的最大宽度见预留空间宽度与油烟机的最大宽度

预留空间宽度与油烟机的最大宽度
单位：mm

预留空间宽度	油烟机的最大宽度
600(6M)	595_{-10}^{0}
700(7M)	695_{-10}^{0}
750(7.5M)	745_{-10}^{0}
800(8M)	795_{-10}^{0}
900(9M)	895_{-10}^{0}
1000(10M)	995_{-10}^{0}
1100(11M)	1095_{-10}^{0}
1200(12M)	1195_{-10}^{0}

图 5.9　油烟机与吊柜组合的模数协调要求

5.10 水槽嵌入的模数协调要求

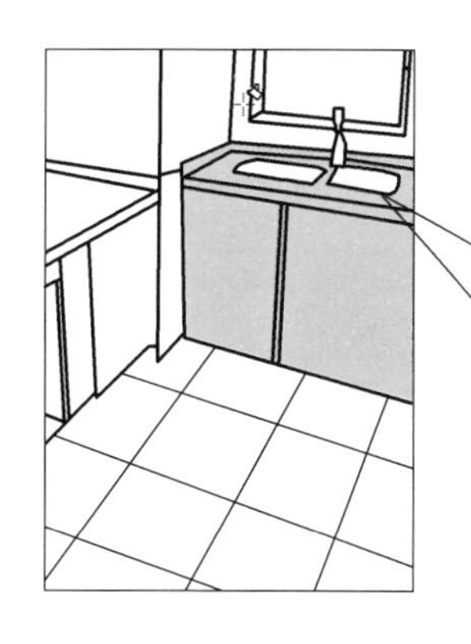

水槽嵌入设置时，台面开孔应符合下面的规定：
台面开孔的宽度、深度应根据水槽的说明设置；
水槽在操作台面的开孔孔缘距邻近垂直表面的距离应不小于60mm；
台面开孔的位置应考虑给排水的要求，并满足厨房炊事操作流程的要求

图 5.10 水槽嵌入的模数协调要求

第6章

卫生间家具与设备模数

6.1 卫生间模数化的基本要求

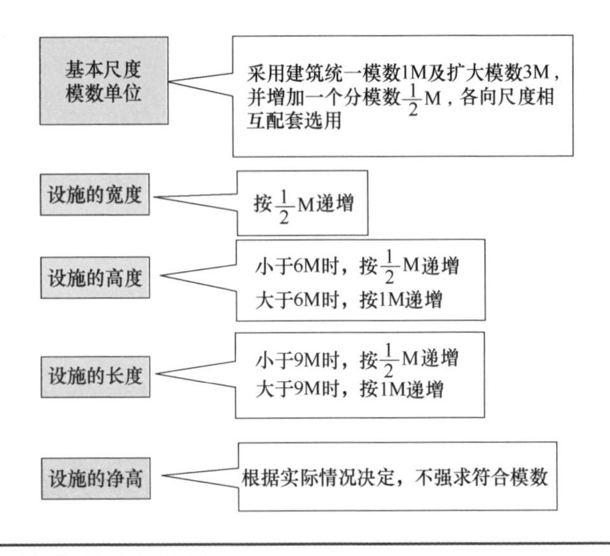

基本尺度模数单位
采用建筑统一模数1M及扩大模数3M，并增加一个分模数$\frac{1}{2}$M，各向尺度相互配套选用
设施的宽度
按$\frac{1}{2}$M递增
设施的高度
小于6M时，按$\frac{1}{2}$M递增
大于6M时，按1M递增
设施的长度
小于9M时，按$\frac{1}{2}$M递增
大于9M时，按1M递增
设施的净高
根据实际情况决定，不强求符合模数

图 6.1　卫生间模数化的基本要求

6.2 卫生间水箱的优选尺寸

蹲式便器配的低水箱，一般高度为 70 ～ 80cm。

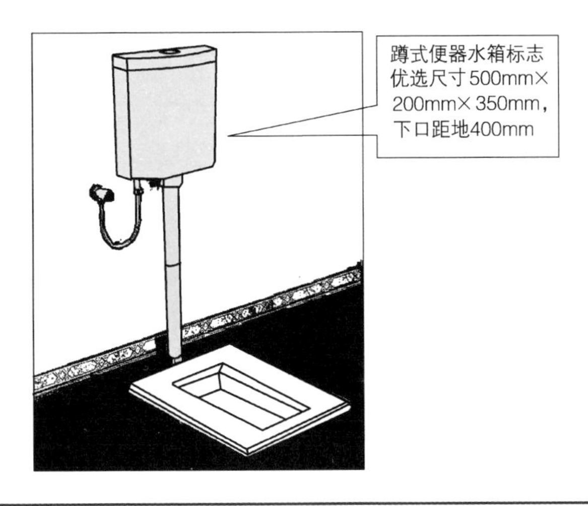
蹲式便器水箱标志优选尺寸500mm×200mm×350mm，下口距地400mm

图 6.2　卫生间水箱的优选尺寸

6.3 蹲式便器的外形尺寸与安装尺寸

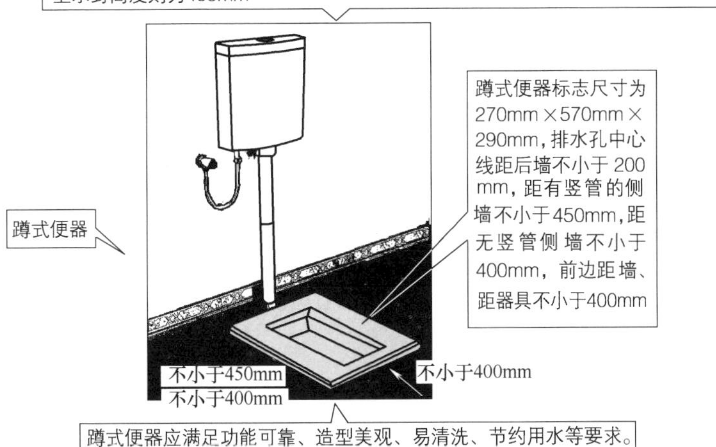
带水封后出水的蹲式便器几何尺寸为570mm × 270mm × 290mm(长×宽×高)。无臭节水蹲式便器几何尺寸为590mm × 260mm × 250mm(包括前挡高度)，加上水封高度则为400mm
蹲式便器
蹲式便器标志尺寸为270mm ×570mm ×290mm，排水孔中心线距后墙不小于 200 mm，距有竖管的侧墙不小于450mm，距无竖管侧墙不小于400mm，前边距墙、距器具不小于400mm
不小于450mm
不小于400mm
不小于400mm
蹲式便器应满足功能可靠、造型美观、易清洗、节约用水等要求。蹲式便器宜采用后出水水封式产品，以减少臭气污染环境

图 6.3　蹲式便器的外形尺寸与安装尺寸

表 6.1　蹲式便器的外形尺寸与安装尺寸　　单位：mm

项目	尺寸与数据
蹲式便器后端离墙安装尺寸	应≥ 300
卫生间便器中心距侧面洁具边缘尺寸	不应小于 350
卫生间便器中心距侧墙尺寸	不应小于 400
卫生间蹲式便器外形尺寸 （长 × 宽 × 高）	（560 ～ 640）×（280 ～ 470）×300 等

6.4　坐式便器的外形尺寸与安装尺寸

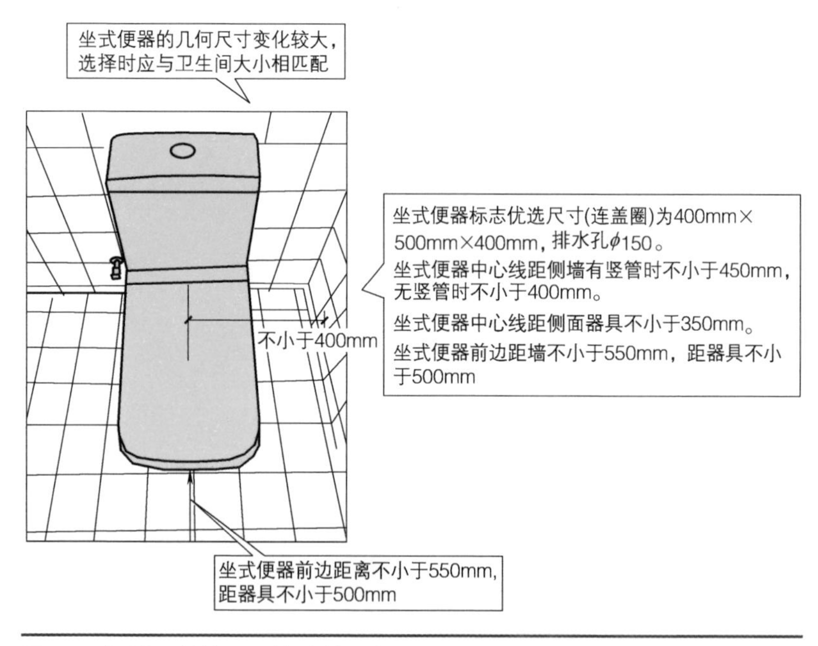
坐式便器的几何尺寸变化较大，
选择时应与卫生间大小相匹配
坐式便器标志优选尺寸(连盖圈)为400mm×
500mm×400mm，排水孔ϕ150。
坐式便器中心线距侧墙有竖管时不小于450mm，
无竖管时不小于400mm。
坐式便器中心线距侧面器具不小于350mm。
坐式便器前边距墙不小于550mm，距器具不小
于500mm
不小于400mm
坐式便器前边距离不小于550mm,
距器具不小于500mm

图 6.4　坐式便器的外形尺寸与安装尺寸

表 6.2　坐式便器的外形尺寸与安装尺寸　　单位：mm

项目	尺寸与数据
卫生间坐式便器采用后排水时，排污口中心距地面高度尺寸	有 100、180 两种，推荐尺寸为 180

续表

项目	尺寸与数据
卫生间坐式便器采用下排水时，排污口中心距后墙尺寸	有 305、400、200 等类型，推荐尺寸为 305
卫生纸盒距便器中心安装尺寸	＜ 700
卫生纸盒距离地安装尺寸	750 ～ 800
坐式便器（低位、整体水箱）、坐式便器（靠墙式、悬挂式）外形尺寸（长 × 宽 × 高）	700×500×（400 ～ 450）、600×400×（400 ～ 450）等
坐式便器前活动空间安装尺寸	800×450
坐式便器中心离地安装尺寸	400

6.5 浴缸（浴盆）的外形尺寸与安装尺寸

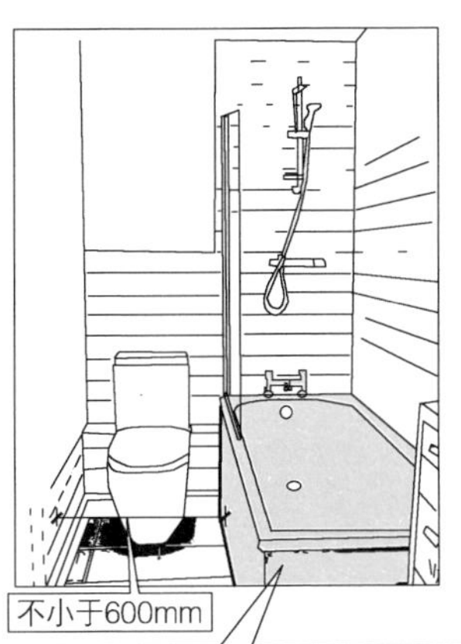
不小于600mm

选用浴缸和配件应注意各种接口形式及尺寸。排水有通过存水弯直接连排水管和通过多通道地漏间接排水两种方式，应确保50mm水封高度并易于清掏。淋浴房（淋浴盘）尺寸应符合模数协调标准。常用800mm、900mm方形淋浴盘，在卫生间中位置以两边靠墙为主。按照卫生间的面积、尺寸配置浴缸。普通浴缸以长度作为主要参数，并注意宽度和高度尺寸，使盛水容量、跨越高度适宜

浴缸应能耐不低于90℃的水温，能承受3kN的静荷载。浴缸人体进出面一边距墙不小于600mm，端头设有污水管时，距墙不小于250mm。
浴缸排水孔距浴缸端头应为200～250mm，孔径宜为ϕ50。
平直式浴缸安装后，上口距地宜400～500mm，给水龙头距浴缸上口200～300mm

浴缸尺寸系列

类别	长度/mm	宽度/mm	高度/mm
系列尺寸	1200,1300,1400,1500,1600,1700	650,700,700～800	300,350,400,450

注：浴缸尺寸应符合模数协调标准。

图 6.5　浴缸（浴盆）的外形尺寸与安装尺寸

表 6.3　浴缸（浴盆）的外形尺寸与安装尺寸

项目	尺寸与数据 /mm
帘棍距地	≥ 2000
淋浴房的尺寸	不能小于 850×850

续表

项目	尺寸与数据 /mm
淋浴扶手距地面	1050
淋浴喷头距地面	≥ 2000
淋浴器开关与肥皂盒下皮距地面	1050
卫生间浴缸外形尺寸（长 × 宽 × 高）	1200×650×400、 1200×700×400、 1550×750×440、 1500×750×440、 1680×770×46、 1700×850（长 × 宽）等
浴缸旁肥皂盒与扶手距盆底	700
浴巾杆距地面	1200

6.6 淋浴设施的常用尺寸

卫生间淋浴（带托盆）外形尺寸（长 × 宽 × 高）为900mm×（700～900）mm×1000mm 等。

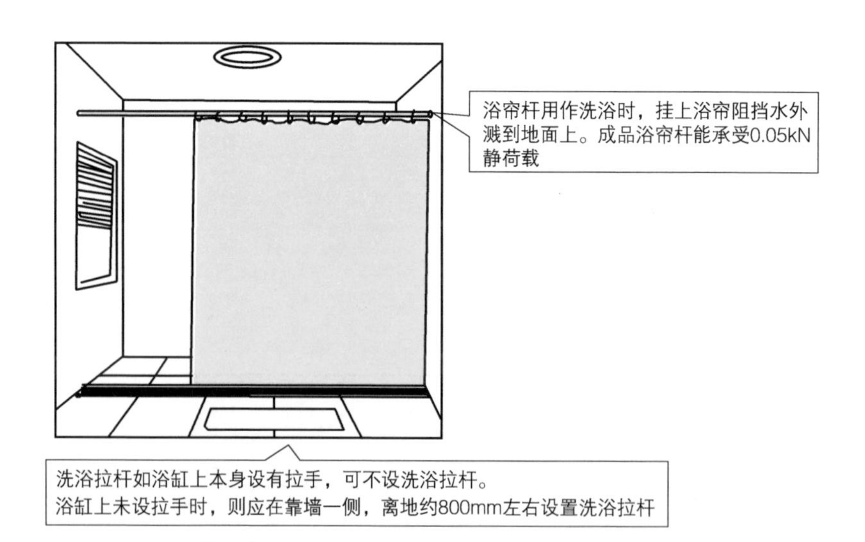
浴帘杆用作洗浴时，挂上浴帘阻挡水外溅到地面上。成品浴帘杆能承受0.05kN静荷载
洗浴拉杆如浴缸上本身设有拉手，可不设洗浴拉杆。
浴缸上未设拉手时，则应在靠墙一侧，离地约800mm左右设置洗浴拉杆

图 6.6　淋浴设施的常用尺寸

↘ 速看贴士——淋浴器喷头的要求

★淋浴器喷头中心距墙不应小于 350mm。

★淋浴器喷头中心与洁具水平距离不应小于 350mm。

6.7 手纸盒、手纸架与厕纸盒的常用尺寸

卫生间手纸盒的位置，一般要根据实际空间位置、距离来确定。确定的基本原则，就是取用纸方便、顺手。

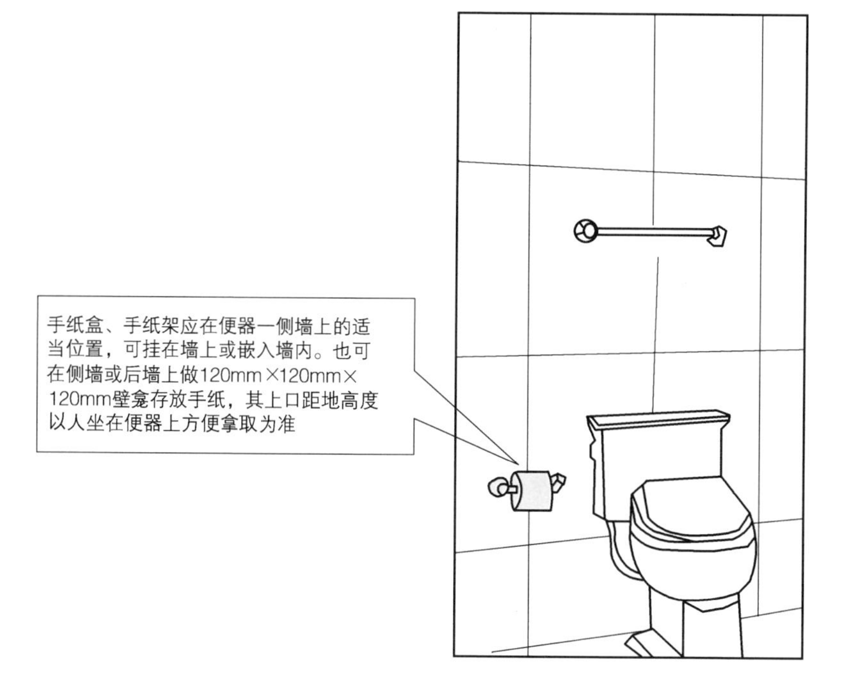
手纸盒、手纸架应在便器一侧墙上的适当位置，可挂在墙上或嵌入墙内。也可在侧墙或后墙上做120mm×120mm×120mm壁龛存放手纸，其上口距地高度以人坐在便器上方便拿取为准

图 6.7　手纸盒、手纸架与厕纸盒的常用尺寸

表6.4　手纸盒、手纸架与厕纸盒的常用尺寸

项目	尺寸与数据 /mm
洗手台旁边的手纸盒安装的高度尺寸	一般为 800 ～ 900 左右
小便器位置的厕纸盒安装的高度尺寸	一般为 990 左右
坐便器位置的厕纸盒安装的高度尺寸	一般为 760 左右
坐便器位置的厕纸盒距离坐便器的尺寸	一般为 300 左右

↘ 速看贴士——干手器（电动或毛巾）外形尺寸与安装尺寸

★干手器（电动或毛巾）外形尺寸：400mm × 300mm。

★干手器（电动或毛巾）距地安装尺寸：1200mm。

6.8 卫生间肥皂盒的常用尺寸

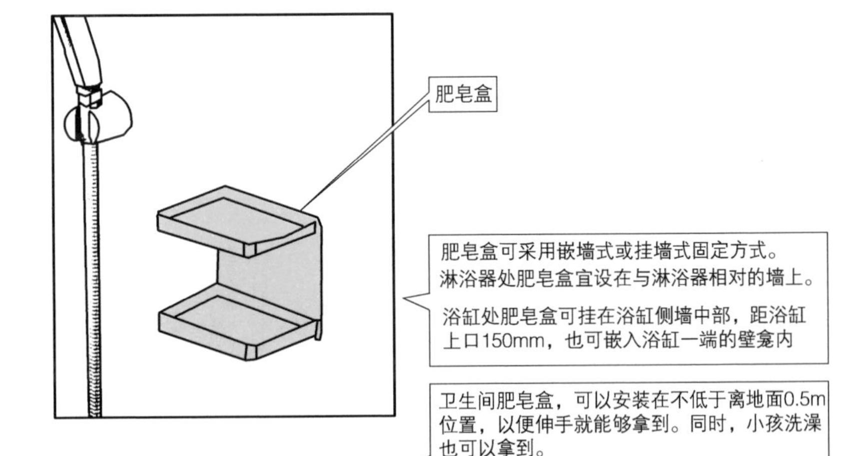

肥皂盒
肥皂盒可采用嵌墙式或挂墙式固定方式。
淋浴器处肥皂盒宜设在与淋浴器相对的墙上。
浴缸处肥皂盒可挂在浴缸侧墙中部，距浴缸上口150mm，也可嵌入浴缸一端的壁龛内
卫生间肥皂盒，可以安装在不低于离地面0.5m位置，以便伸手就能够拿到。同时，小孩洗澡也可以拿到。
肥皂盒，有方形、圆形、椭圆形等类型，方形有(长×宽×高)13cm ×10cm ×4.7cm、14cm×10cm×2.5cm等

图6.8　卫生间肥皂盒的常用尺寸

6.9 毛巾架的常用尺寸

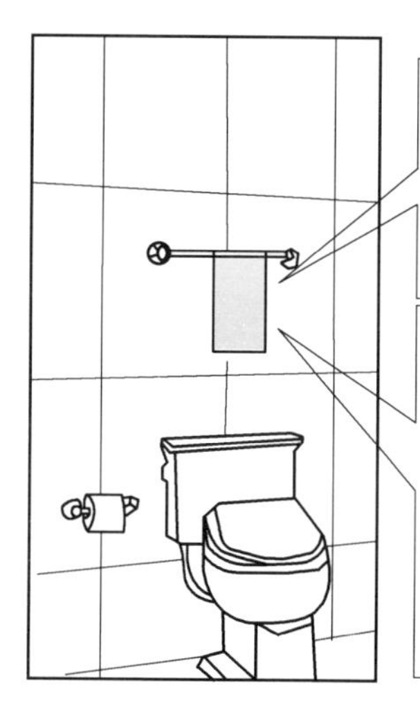

毛巾架尺寸一般有50cm、60cm、70cm、80cm等。
可以根据卫生间大小选配相应的尺寸。
毛巾架多系成品，采用双杆式为好，同时最好设上、下两排，方便挂不同用途的毛巾。
毛巾架长度视位置而定，高度根据人的具体情况按提供的尺寸适当上下移动定位。
毛巾架位于浴缸附近为佳

卫生间毛巾架安装高度
单杆毛巾架离地一般约1.5m。
毛巾环距地高一般900～1400mm。
毛巾杆距地高一般1100～1200mm。
毛巾架底座最下端与盥洗槽台面的距离一般为55cm。
浴缸浴巾架安装在浴缸的上方，一般在龙头的对面，距地高一般1600mm。
卫生间浴巾架安装高度离地约1.8m。
卫生间毛巾架肥皂网可以装在浴室的内墙夹角上以方便沐浴，离地约1.5m。
卫生间毛巾架杯架也可以装在洗脸盘双侧的墙壁上，与化妆架成一条线，多用于放置牙刷和牙膏

图 6.9　毛巾架的常用尺寸

6.10 整衣与卫生设备组合尺度

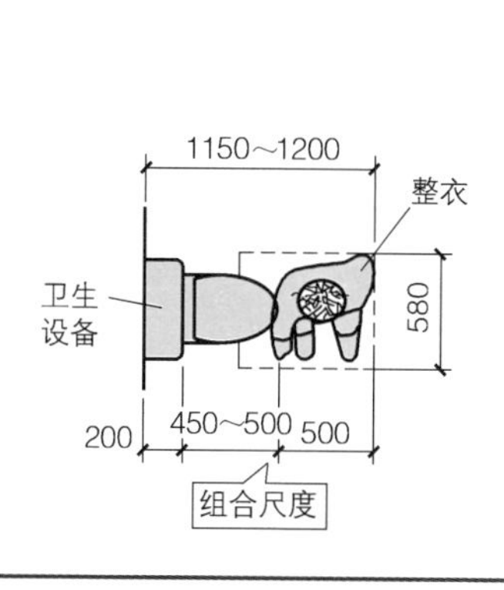

1150～1200
整衣
卫生
设备
580
200
450～500
500
组合尺度

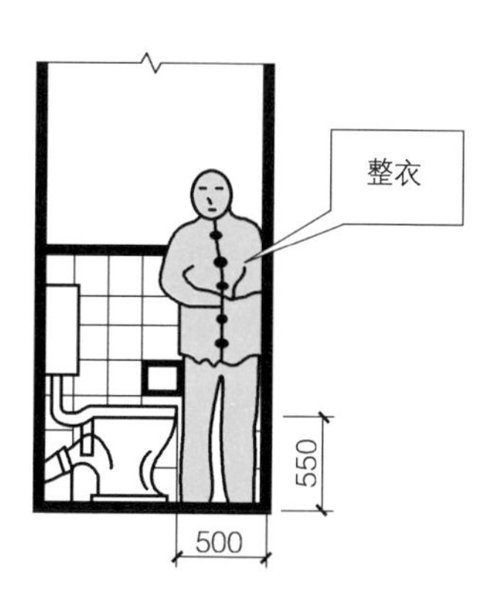

整衣
550
500

图 6.10　整衣与卫生设备组合尺度

6.11 梳理与卫生设备组合尺度

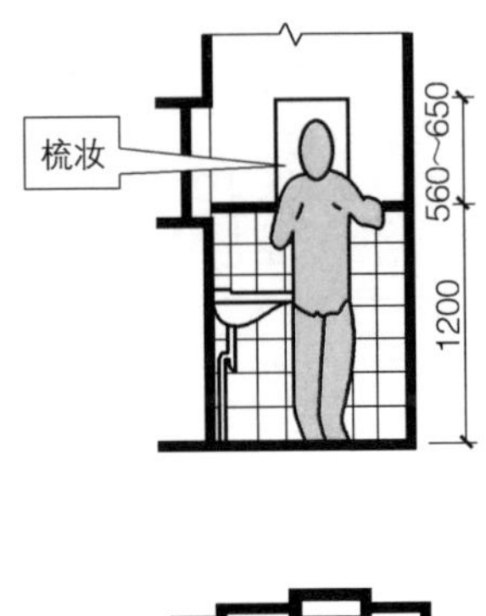
梳妆
560~650
1200

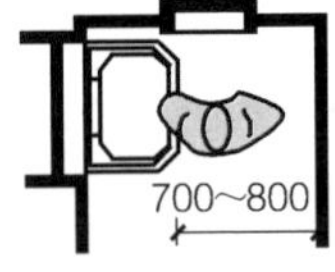
700~800

图 6.11 梳理与卫生设备组合尺度

6.12 蹲式便器与卫生设备组合尺度

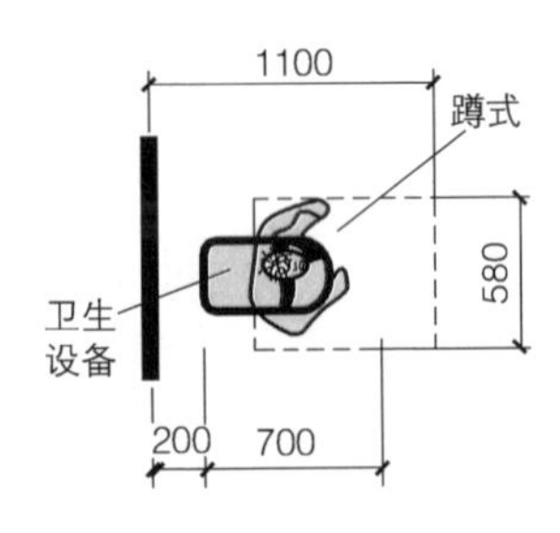
1100
蹲式
580
卫生
设备
200
700

图 6.12 蹲式便器与卫生设备组合尺度

6.13 洗脸与卫生设备组合尺度

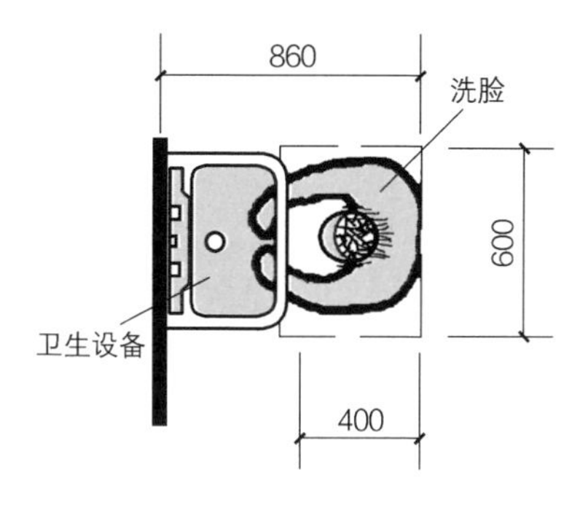

860
洗脸
600
卫生设备
400

图 6.13　洗脸与卫生设备组合尺度

速看贴士——洗面器的要求

★洗面器中心距侧墙不应小于 350mm。

★洗面器侧边距一般洁具不应小于 100mm。

★洗面器前边距墙、距洁具边缘不应小于 600mm。

6.14 洗脚、净身与卫生设备组合尺度

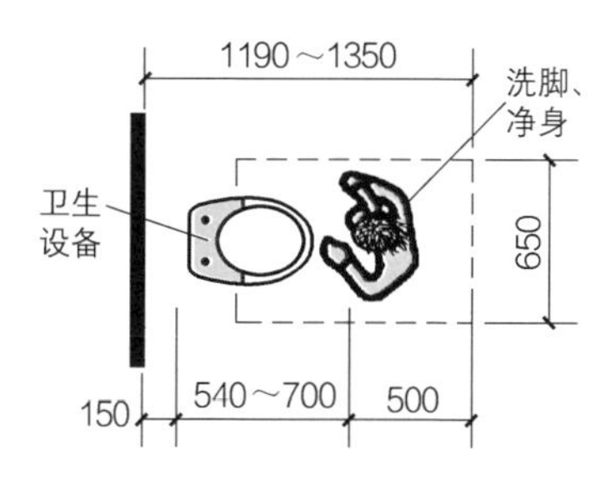

1190～1350
洗脚、
净身
卫生
设备
650
150
540～700
500

图 6.14　洗脚、净身与卫生设备组合尺度

↘ 速看贴士——女用净身盆外形尺寸与安装尺寸

★女用净身盆外形尺寸（长 × 宽 × 高）: 650mm × 400mm × 400mm 等。

★女用净身盆前活动空间安装尺寸 : 800mm × 450mm。

★女用净身盆中心离地安装尺寸 : 400mm。

★卫生纸盒距女用净身盆中心安装尺寸： < 700mm。

★卫生纸盒距离地安装尺寸 : 750 ~ 800mm。

6.15 坐式便器与卫生设备组合尺度

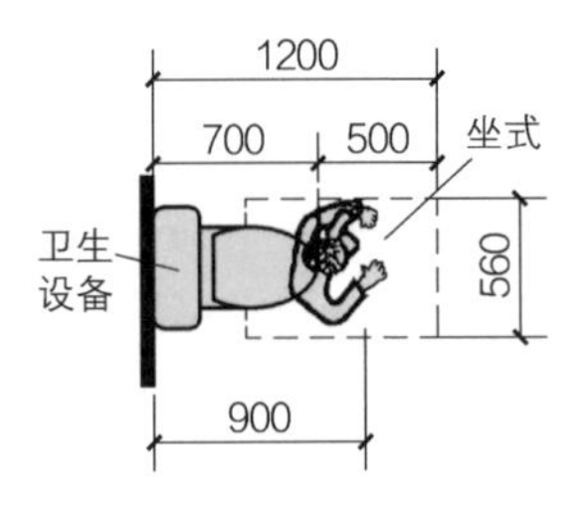
1200
700
500
坐式
卫生
设备
560
900

图 6.15　坐式便器与卫生设备组合尺度

6.16 淋浴与卫生设备组合尺度

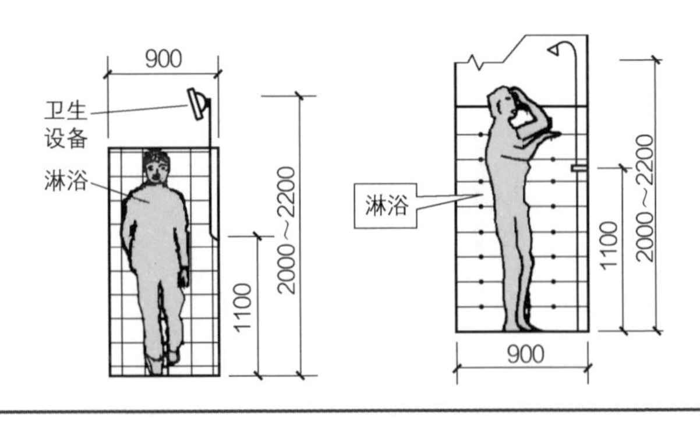
900
卫生
设备
淋浴
1100
2000～2200
淋浴
1100
2000～2200
900

图 6.16　淋浴与卫生设备组合尺度

6.17 镜箱与卫生设备组合尺度

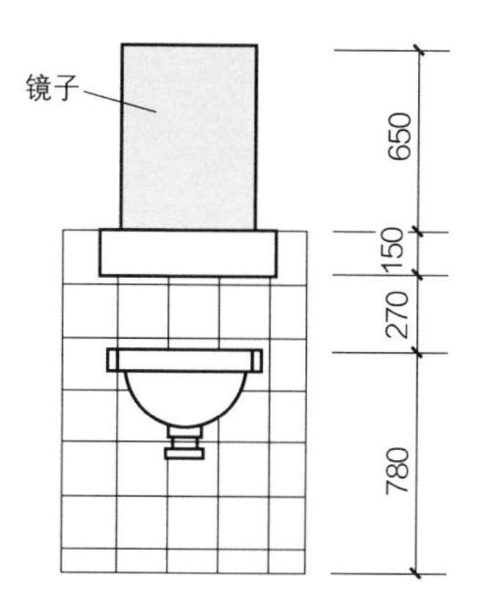
镜子
650
150
270
780

图 6.17　镜箱与卫生设备组合尺度

6.18 卫生设备与管道组合尺度

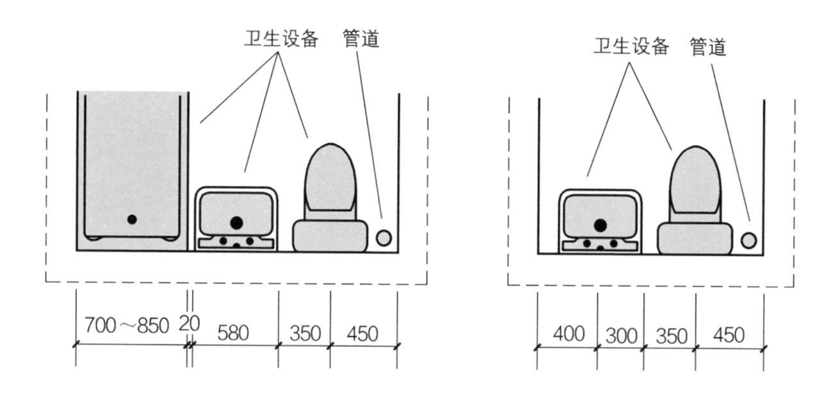
卫生设备
管道
700～850
20
580
350
450
卫生设备
管道
400
300
350
450

图 6.18　卫生设备与管道组合尺度

表 6.5　卫生设备与管道组合尺度

项　目		尺寸与数据 /mm
管道在管井敷设时，管道间安装距离需要符合的要求（根据管道类型、数量来确定）	有压管立管外壁（含保温层）敷设距墙尺寸	不宜小于 100
	有压管立管管道间净距（含保温层）	不宜小于 150
	无压管立管外壁距墙距离	不宜小于 50
	无压管立管管道间净距	不宜小于 150
管道沿墙敷设时，管道间安装距离需要符合的要求	管道沿墙敷设时，供水管外壁（含保温层）距墙尺寸	不应小于 20
	管道沿墙敷设时，排水管外壁一边距墙尺寸	不应小于 80
	管道沿墙敷设时，排水管外壁另一边距墙尺寸	不应小于 50

第三部分

装配化装修与整体装修

第7章

装配化装修

7.1 优先尺寸与预留安装尺寸

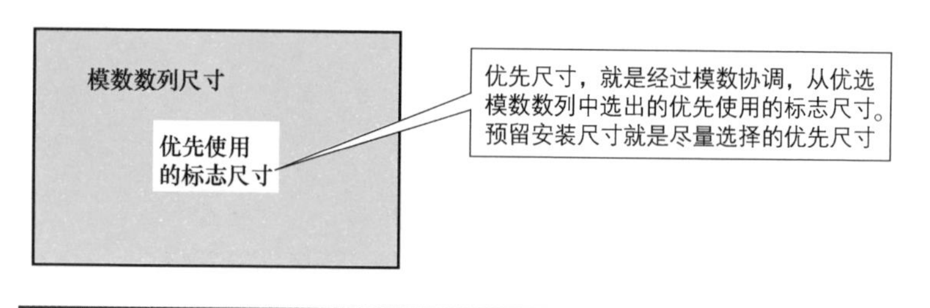

模数数列尺寸
优先使用的标志尺寸
优先尺寸，就是经过模数协调，从优选模数数列中选出的优先使用的标志尺寸。预留安装尺寸就是尽量选择的优先尺寸

图 7.1 优先尺寸与预留安装尺寸

7.2 装配化装修中预留安装尺寸

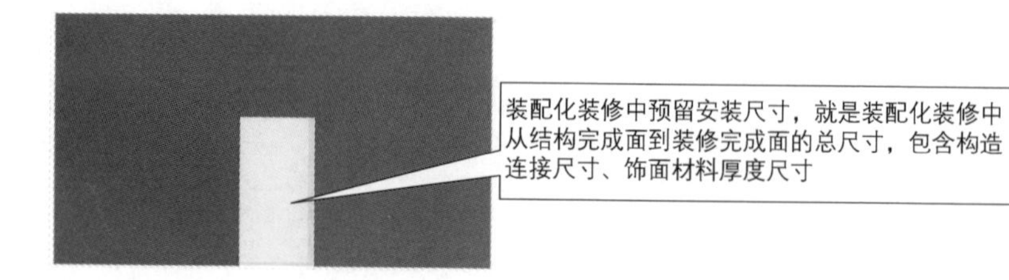

装配化装修中预留安装尺寸，就是装配化装修中从结构完成面到装修完成面的总尺寸，包含构造连接尺寸、饰面材料厚度尺寸

图 7.2 装配化装修中预留安装尺寸

7.3 部品部件的“三”尺寸

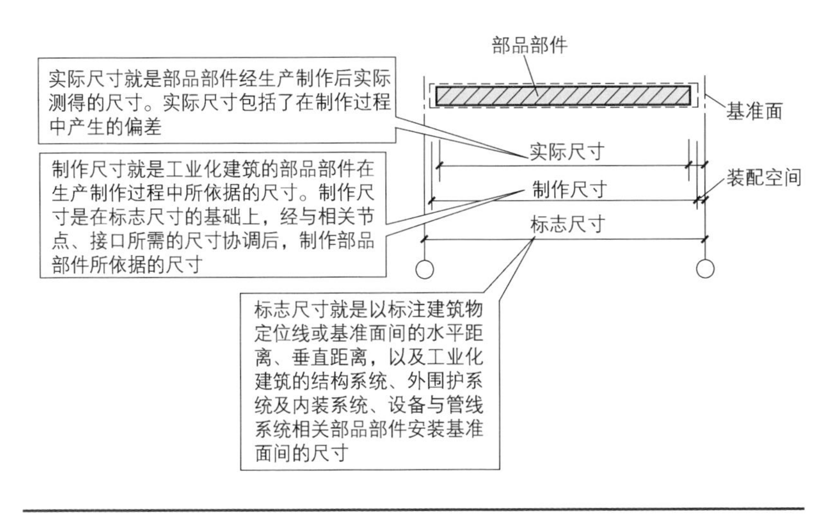
部品部件
实际尺寸就是部品部件经生产制作后实际测得的尺寸。实际尺寸包括了在制作过程中产生的偏差
基准面
实际尺寸
装配空间
制作尺寸就是工业化建筑的部品部件在生产制作过程中所依据的尺寸。制作尺寸是在标志尺寸的基础上，经与相关节点、接口所需的尺寸协调后，制作部品部件所依据的尺寸
制作尺寸
标志尺寸
标志尺寸就是以标注建筑物定位线或基准面间的水平距离、垂直距离，以及工业化建筑的结构系统、外围护系统及内装系统、设备与管线系统相关部品部件安装基准面间的尺寸

图 7.3　部品部件的“三”尺寸

7.4 装配式装修隔墙及墙面系统的优先尺寸

装配式装修，隔墙与墙面系统的尺寸宜符合模数，其宽度宜采用3M 的模数数列；其高度增加以 M/10 为模数增量。

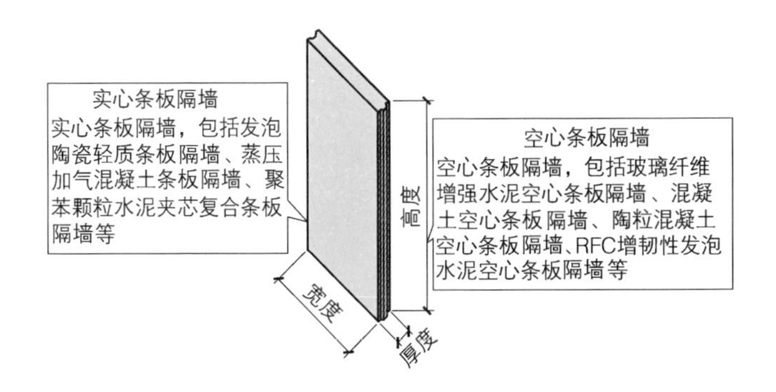
实心条板隔墙
实心条板隔墙，包括发泡陶瓷轻质条板隔墙、蒸压加气混凝土条板隔墙、聚苯颗粒水泥夹芯复合条板隔墙等
高度
空心条板隔墙
空心条板隔墙，包括玻璃纤维增强水泥空心条板隔墙、混凝土空心条板隔墙、陶粒混凝土空心条板隔墙、RFC增韧性发泡水泥空心条板隔墙等
宽度
厚度

种类		优先尺寸/mm		
		宽度	高度	厚度
条板隔墙	空心条板隔墙	600、900	2500、2600、2700、2800、	90 、120
	实心条板隔墙	600、900	2500、2600、2700、2800	90 、120、200

图 7.4　条板隔墙（高度为隔墙部品高度，非墙体高度；厚度不包含饰面做法厚度）

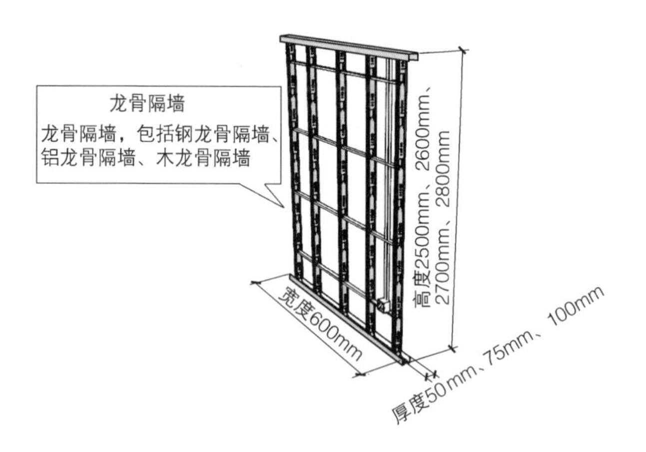

龙骨隔墙
龙骨隔墙，包括钢龙骨隔墙、铝龙骨隔墙、木龙骨隔墙
高度2500mm、2600mm、
2700mm、2800mm
宽度600mm
厚度50 mm、75mm、100mm

图 7.5　龙骨隔墙（高度为隔墙部品高度，非墙体高度；厚度不包含饰面做法厚度）

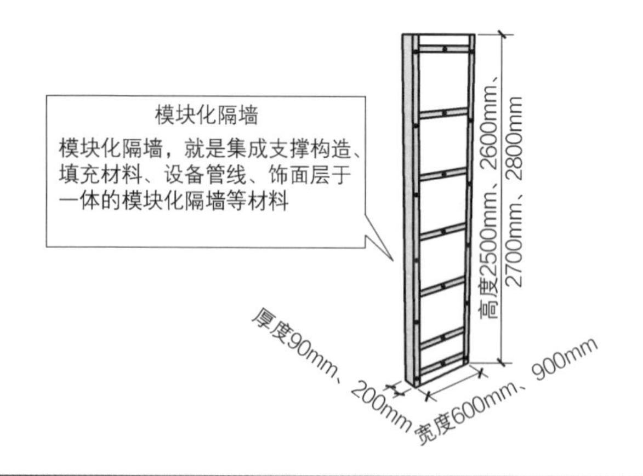

模块化隔墙
模块化隔墙，就是集成支撑构造、填充材料、设备管线、饰面层于一体的模块化隔墙等材料
高度2500mm、2600mm、
2700mm、2800mm
厚度90mm、200mm
宽度600mm、900mm

图 7.6　模块化隔墙（高度为隔墙部品高度，非墙体高度；厚度不包含饰面做法厚度）

7.5 装配式龙骨隔墙系统加固板优先尺寸、安装高度

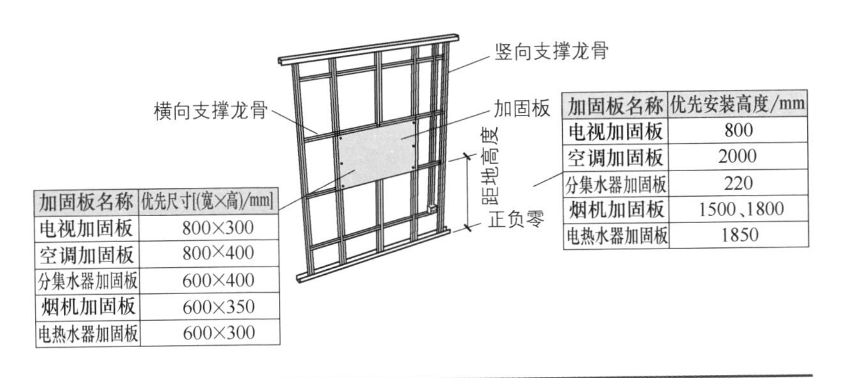
竖向支撑龙骨
横向支撑龙骨
加固板
距地高度
正负零
加固板名称 优先安装高度/mm
电视加固板 800
空调加固板 2000
分集水器加固板 220
烟机加固板 1500、1800
电热水器加固板 1850
加固板名称 优先尺寸[(宽×高)/mm]
电视加固板 800×300
空调加固板 800×400
分集水器加固板 600×400
烟机加固板 600×350
电热水器加固板 600×300

图 7.7 装配式龙骨隔墙系统加固板优先尺寸、安装高度

7.6 装配式隔墙系统强电插座点位配置、安装高度

表 7.1 装配式隔墙系统强电插座点位配置、安装高度

空间	插座功能	高度 /mm
起居室	沙发插座 2 个	700
	电视插座 2 个	300
	空调插座 1 个	300
	扫地机器人插座 1 个	300
餐厅	餐厅插座 1 个	300
	空调插座 1 个	2100
主卧室	床头插座 2 个	700
	电视插座 1 个	300
	空调插座 1 个	2100
次卧室	备用插座 1 个	300
	空调插座 1 个	2100
	床头插座 2 个	700
厨房	抽烟机插座 1 个	2000
	冰箱插座 1 个	300
	燃气热水器插座 1 个	2000

续表

空间	插座功能	高度 /mm
厨房	厨余垃圾处理器插座 1 个	500
	厨宝插座 1 个	500
	灶台插座 2 个	1300
	燃气报警器插座 1 个	500
公共卫生间	吹风机插座 1 个	1300
	洗衣机插座 1 个	1300
	太阳能储水罐插座	2000
	坐式便器插座 1 个	400
主卧卫生间	吹风机插座 1 个	1300
	坐式便器插座 1 个	400
玄关	玄关插座	1300
储物间	备用插座 1 个	300
阳台	备用插座 1 个	300
书桌区域	强电插座 1 个	300

注：电气点位配置高度指底边距地面正负零距离。

7.7 装配式隔墙系统弱电插座点位配置、安装高度

表 7.2　装配式隔墙系统弱电插座点位配置、安装高度

空间	插座功能	高度 /mm
起居室	电视信号插座 1 个	300
	紧急呼叫插座 1 个	700
	电话网络双孔信息插座 1 个	300
玄关	语音对讲 1 个（带可视功能）	1500
主卧室	电视信号插座 1 个	300
	电话、网络双控信息插座 1 个	300
次卧室	电视信号插座 1 个	300
	网络信号插座 1 个	300
书桌区域	网络插座 1 个	300

注：电气点位配置高度指底边距地面正负零距离。

7.8 装配式隔墙系统水点位配置、安装高度

表 7.3 装配式隔墙系统水点位配置、安装高度

空间	插座功能	高度 /mm
卫生间	坐式便器角阀	200
	淋浴器阀门	约 1100
	洗手盆阀门	450
	洗衣机龙头	1200
	电热水器角阀	1600
厨房	洗菜盆角阀	450
	燃气热水器角阀	1400

注：水点位配置高度指中心距地面正负零距离。

7.9 装配式墙面系统安装做法厚度

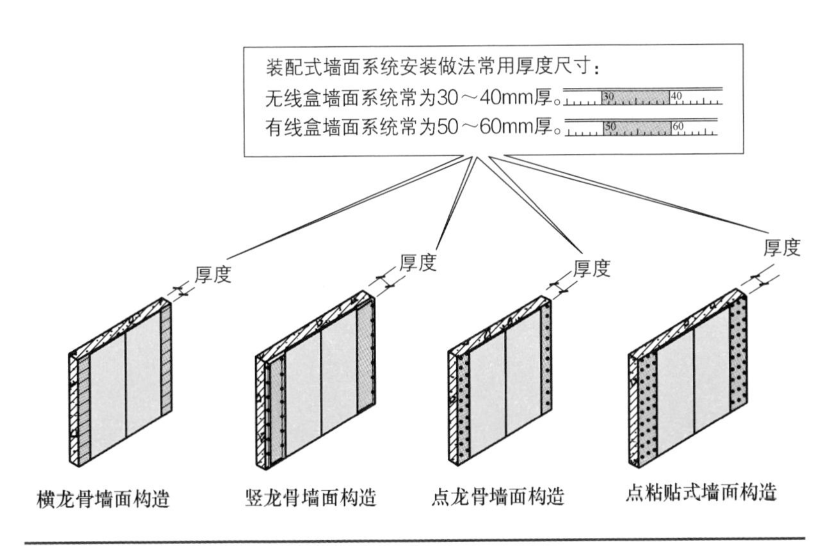
装配式墙面系统安装做法常用厚度尺寸：
无线盒墙面系统常为30～40mm厚。
30
40
有线盒墙面系统常为50～60mm厚。
50
60
厚度
厚度
厚度
厚度
横龙骨墙面构造
竖龙骨墙面构造
点龙骨墙面构造
点粘贴式墙面构造

图 7.8 装配式墙面系统安装做法厚度

7.10 装配式复合墙面板优先尺寸

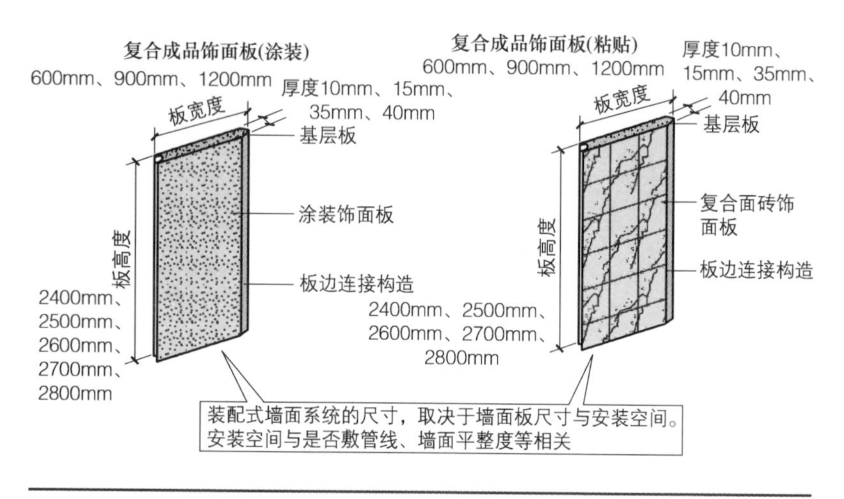
复合成品饰面板(涂装)
600mm、900mm、1200mm
板宽度
厚度10mm、15mm、35mm、40mm
基层板
涂装饰面板
板边连接构造
板高度
2400mm、2500mm、2600mm、2700mm、2800mm
复合成品饰面板(粘贴)
600mm、900mm、1200mm
板宽度
厚度10mm、15mm、35mm、40mm
基层板
复合面砖饰面板
板边连接构造
板高度
2400mm、2500mm、2600mm、2700mm、2800mm
装配式墙面系统的尺寸，取决于墙面板尺寸与安装空间。安装空间与是否敷管线、墙面平整度等相关

图 7.9 装配式复合墙面板优先尺寸

7.11 装配式其他墙面板优先尺寸

表 7.4 装配式其他墙面板优先尺寸

种类	优先尺寸 /mm		
	厚度	宽度	高度
金属基材墙面板	0.8、0.9	900、1200	2400、2500、2600、2700、2800
复合墙面板	10、15、35、40	600、900、1200	2400、2500、2600、2700、2800
有机基材墙面板	8、10、12、15	600、900	2400、2500、2600、2700、2800
无机基材墙面板	8、10、12、15	600、900、1200	2400、2500、2600、2700、2800

7.12 分层类采暖架空地面系统优先尺寸

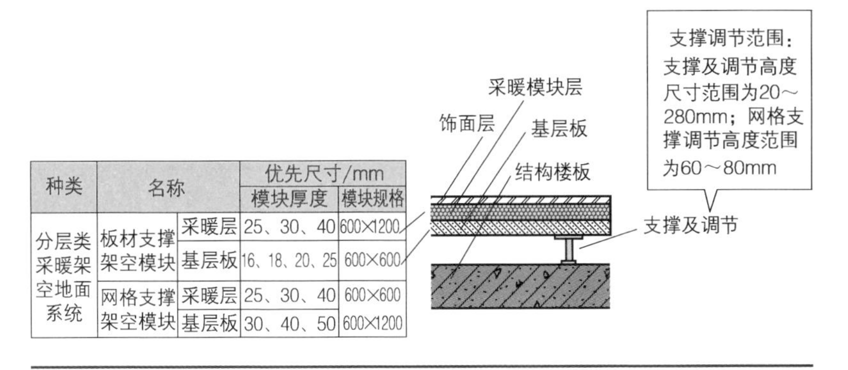

种类	名称		优先尺寸/mm	
			模块厚度	模块规格
分层类采暖架空地面系统	板材支撑架空模块	采暖层	25、30、40	600×1200
		基层板	16、18、20、25	600×600
	网格支撑架空模块	采暖层	25、30、40	600×600
		基层板	30、40、50	600×1200

支撑调节范围：支撑及调节高度尺寸范围为20～280mm；网格支撑调节高度范围为60～80mm
采暖模块层
饰面层
基层板
结构楼板
支撑及调节

图 7.10　分层类采暖架空地面系统优先尺寸

7.13 集成模块类采暖架空地面系统优先尺寸

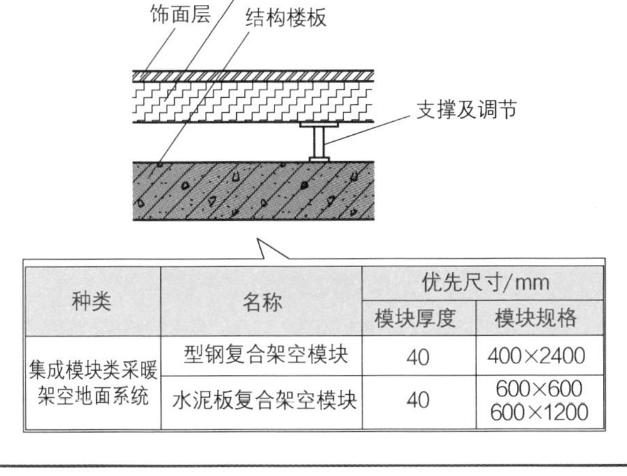

种类	名称	优先尺寸/mm	
		模块厚度	模块规格
集成模块类采暖架空地面系统	型钢复合架空模块	40	400×2400
	水泥板复合架空模块	40	600×600 600×1200

一体化模块
饰面层
结构楼板
支撑及调节

图 7.11　集成模块类采暖架空地面系统优先尺寸

7.14 非采暖架空地面系统优先尺寸

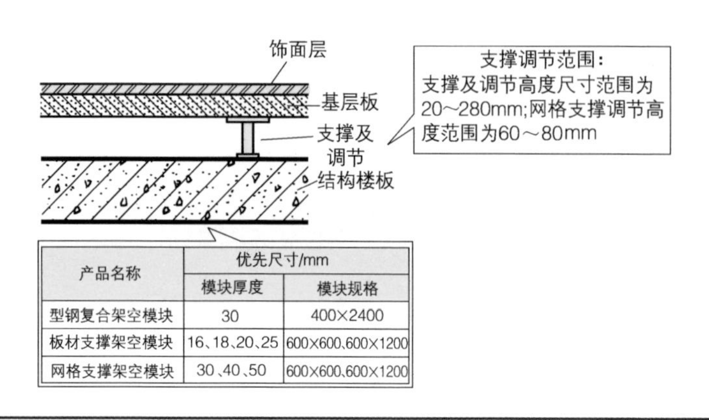
饰面层
基层板
支撑及调节
结构楼板
支撑调节范围：
支撑及调节高度尺寸范围为20～280mm;网格支撑调节高度范围为60～80mm

产品名称	优先尺寸/mm	
	模块厚度	模块规格
型钢复合架空模块	30	400×2400
板材支撑架空模块	16、18、20、25	600×600、600×1200
网格支撑架空模块	30、40、50	600×600、600×1200

图 7.12　非采暖架空地面系统优先尺寸

7.15 住宅装配式石膏板吊顶系统优先尺寸

石膏板吊顶系统安装尺寸：构件连接式最小预留安装尺寸为 80mm；粘接式最小预留安装尺寸为 40mm。

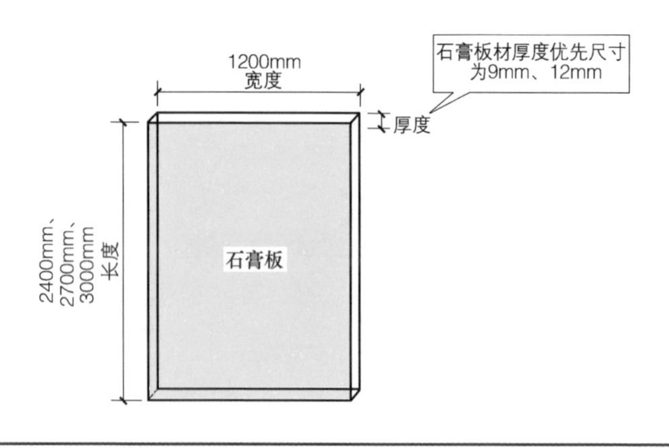
1200mm
宽度
石膏板材厚度优先尺寸为9mm、12mm
厚度
2400mm、
2700mm、
3000mm
长度
石膏板

图 7.13　住宅装配式石膏板吊顶系统优先尺寸

7.16 住宅装配式金属板吊顶系统优先尺寸

金属板单板吊顶系统最小预留安装尺寸为80mm。金属单板厚度优先尺寸为0.6 mm、0.8mm。

表7.5 住宅装配式金属板吊顶系统优先尺寸

类型	基材优先尺寸长度/mm	基材优先尺寸宽度/mm
金属单板	300、450、600、900、1200、1800	300、450、600
金属复合板	2000、2400、3000、3200	1000、1200、1500、1750

7.17 住宅装配式其他无机板吊顶系统优先尺寸

住宅装配式其他无机板吊顶系统最小安装预留尺寸为80mm。由于其他无机板板材类型多样，工艺不同，厚度尺寸可以根据需求选择。

表7.6 住宅装配式其他无机板吊顶系统优先尺寸

类型	基材优先尺寸长度/mm	基材优先尺寸宽度/mm
矿棉板	300、600、900、1200、1500、1800、2100、2400	300、400、600
硅酸钙板	1200、1800、2100、2400	300、400、600
玻镁板	2100、2400、2700	400、600、900

7.18 室内门的优先尺寸

住宅装配式门窗的设计尺寸，需要采用门窗洞口宽度、高度的标志尺寸，也就是门窗洞口的净宽、净高。门窗宽度、高度的尺寸数列宜为基本模数1M的倍数。

表 7.7　室内门的优先尺寸

部位	宽度 /mm	高度 2100mm	高度 2200mm	高度 2300mm
户门	1100	★★★	★★★★★	
	1200	★★★	★★★★★	
	1300		★★★★★	
卧室门	900	★★★	★★★★★	
	1000	★★★	★★★★★	
厨房门	800	★★★	★★★★	
	900	★★★★	★★★★	
	1500	★★★★	★★★★★	
卫生间门	800	★★★	★★★★	/
	900	★★★★	★★★★	/
阳台门（单扇）	700	★★★★	★★★	★★★
	800	★★★★	★★★★★	★★★
	900	★★★★	★★★★★	★★★

注：“★”数量表示推荐程度；“/”表示不建议采用的尺寸。

7.19　住宅装配式装修单元门优先尺寸系列

表 7.8　住宅装配式装修单元门优先尺寸系列

部位	宽度 /mm	高度 2100mm	高度 2200mm	高度 2300mm	高度 2400mm	高度 2500mm
单元门	1500	★★★★★	★★★★	★★★	★★★	★★★
	1800	★★★★★	★★★	★★★	★★★	★★★

注：“★”数量表示推荐程度。

7.20　住宅装配式装修窗的优先尺寸系列

门窗部品与门窗洞口间需要进行尺寸协调。门窗部品与门窗洞口间的接口不应大于 15mm，也不得小于 10mm。

表 7.9　住宅装配式装修窗的优先尺寸系列

部位	宽度 /mm	高度 1400mm	高度 1500mm
卫生间	600	★★★★★	★★★★★
	650	★★★★★	★★★★★
	700	★★★★★	★★★★★
	750	★★★★	★★★★★
厨房	700	★★★★	★★★★★
	900	★★★★★	★★★★★
	1200	★★★★	★★★★★
	1500	★★★★	★★★★★

注：“★”数量表示推荐程度。

7.21 住宅装配式集成厨房橱柜的优先尺寸

表 7.10　住宅装配式集成厨房橱柜的优先尺寸

类型	尺寸 /mm
地柜台面高度（完成面）	800、850、900
地柜深度	550、600、650
辅助台面的高度（完成面）	800、850、900
辅助台面的深度	300、350、400、450
吊柜的高度	700、750、800
吊柜的深度	300、350

速看贴士——集成式厨房橱柜家具其他尺寸

★地柜台面与吊柜底面的净空尺寸不宜小于 700mm，且不宜大于 800mm。

★洗涤池与灶台间的操作区域，有效长度不宜小于 600mm。

★灶具柜设计需要考虑燃气管道、排油烟机排气口位置，灶具柜外缘与燃气主管道水平距离应不小于 300mm，左右外缘至墙面间距离应不小于 150mm，灶具柜两侧宜有存放调料的空间及放置锅具等容器的台位。

★水盆与灶台间的操作区域，有效长度不宜小于 600mm。但是在厨房面积较小的紧凑型户型中，可以采取收纳在橱柜中的抽拉菜板、设置水槽菜板等方式解决。

7.22 住宅装配式单排型集成式厨房优先组合尺寸

集成式厨房尺寸以空间净尺寸为基准，高度不宜低于 2200mm。

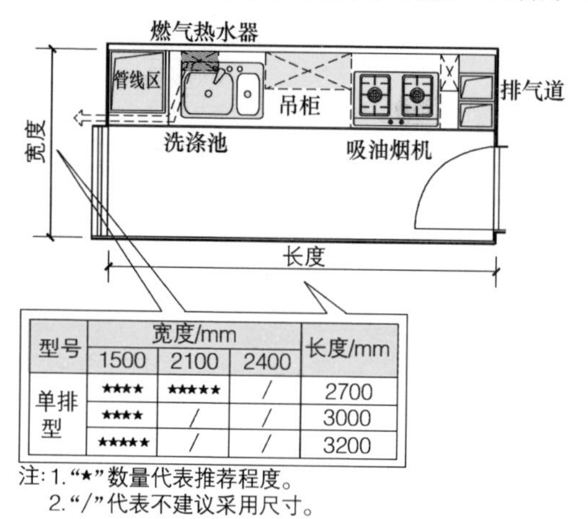

燃气热水器
管线区
吊柜
排气道
宽度
洗涤池
吸油烟机
长度

型号	宽度/mm			长度/mm
	1500	2100	2400	
单排型	★★★★	★★★★★	/	2700
	★★★★	/	/	3000
	★★★★★	/	/	3200

注: 1.“★”数量代表推荐程度。
2.“/”代表不建议采用尺寸。

图 7.14　住宅装配式单排型集成式厨房优先组合尺寸

7.23 住宅装配式双排型集成式厨房优先组合尺寸

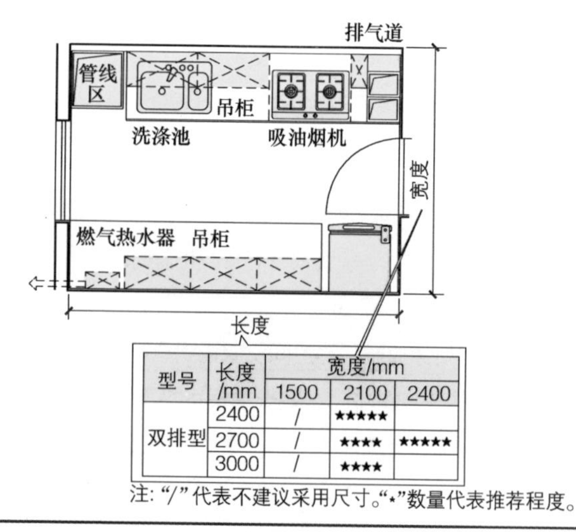

排气道
管线区
吊柜
洗涤池
吸油烟机
宽度
燃气热水器 吊柜
长度

型号	长度/mm	宽度/mm		
		1500	2100	2400
双排型	2400	/	★★★★★	
	2700	/	★★★★	★★★★★
	3000	/	★★★★	

注: “/”代表不建议采用尺寸。“★”数量代表推荐程度。

图 7.15　住宅装配式双排型集成式厨房优先组合尺寸

7.24 住宅装配式 L 形集成式厨房优先组合尺寸

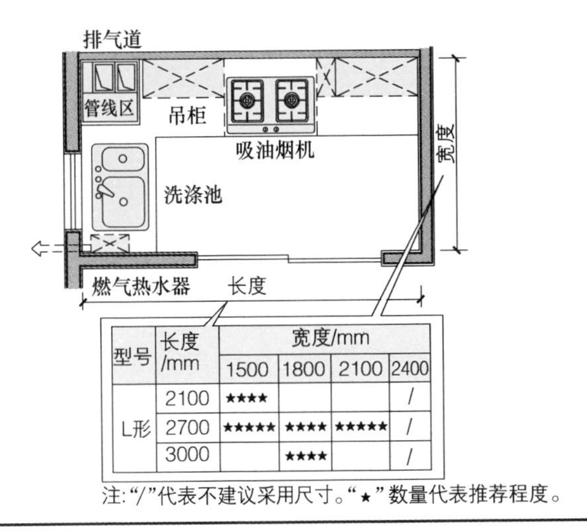

排气道
管线区
吊柜
吸油烟机
洗涤池
宽度
燃气热水器
长度

型号	长度/mm	宽度/mm			
		1500	1800	2100	2400
L形	2100	★★★★			/
	2700	★★★★★	★★★★	★★★★★	/
	3000		★★★★		/

注:“/”代表不建议采用尺寸。“★”数量代表推荐程度。

图 7.16 住宅装配式 L 形集成式厨房优先组合尺寸

7.25 住宅装配式 U 形集成式厨房优先组合尺寸

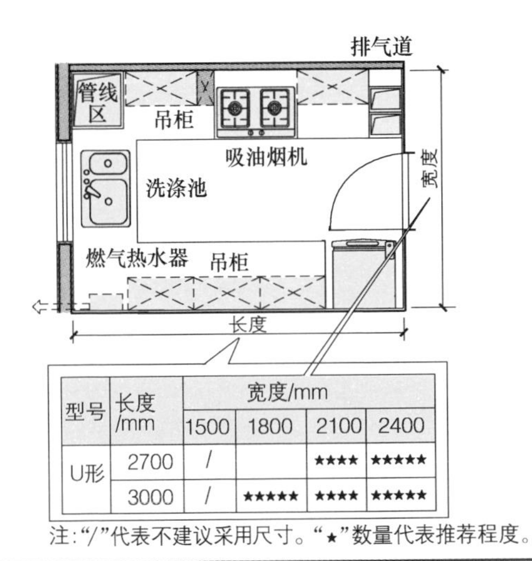

排气道
管线区
吊柜
吸油烟机
洗涤池
宽度
燃气热水器
吊柜
长度

型号	长度/mm	宽度/mm			
		1500	1800	2100	2400
U形	2700	/		★★★★	★★★★★
	3000	/	★★★★★	★★★★	★★★★★

注:“/”代表不建议采用尺寸。“★”数量代表推荐程度。

图 7.17 住宅装配式 U 形集成式厨房优先组合尺寸

第8章
整体收纳部品优先尺寸

8.1 住宅玄关整体收纳部品优先尺寸

表 8.1 住宅玄关整体收纳部品优先尺寸

名称	长度 /mm	深度 /mm	高度 /mm
鞋柜	600、900、1200	170、240、350、400	800、900
衣帽柜	900、1200	450、600	2200、2400
组合柜	900、1200	350、400、450、600	2200、2400

速看贴士——装配化装修模数要求

★住宅装配化装修，玄关整体收纳设计应遵循模数协调的原则，宜优先选用标准化、系列化的收纳部品。整体收纳空间的水平方向、竖向，宜采用基本模数，并以 M/10 为模数增量。

8.2 住宅起居室整体收纳部品优先尺寸

表 8.2 住宅起居室整体收纳部品优先尺寸

名称	长度 /mm	深度 /mm	高度 /mm
功能柜	600、900、1200、1800、2100	350、400、450	400、600、1800
展示柜	300、450、600、750、900	350、400	2400
书柜	1000、1200、1500、1800	350、400	1800

8.3 住宅卧室整体收纳部品优先尺寸

表 8.3 住宅卧室整体收纳部品优先尺寸

名称	长度 /mm	深度 /mm	高度 /mm
衣柜	600、900、1200、1500、1800	550、600	2200、2400

8.4 住宅书房整体收纳部品优先尺寸

表 8.4 住宅书房整体收纳部品优先尺寸

名称	长度 /mm	深度 /mm	高度 /mm
书桌柜	600、750、900、1200	300、350、400	900、2400

8.5 住宅阳台整体收纳部品优先尺寸

表 8.5 住宅阳台整体收纳部品优先尺寸

名称	长度 /mm	深度 /mm	高度 /mm
收纳柜	750、900、1200、1500	600	1100、2400

8.6 燃气灶标准化设备与接口尺寸

表 8.6 燃气灶标准化设备与接口尺寸

安装构造	材质	规格、参数
嵌入式燃气灶	不锈钢	面板尺寸 760mm×450mm、开孔尺寸 685mm×385mm。一级能效；额定热流量 4.6kW；热效率≥ 63%；CO（ppm）：≤ 300
	玻璃	面板尺寸 760mm×450mm、开孔尺寸 685mm×385mm。一级能效；额定热流量 4.6kW；热效率≥ 63%；CO（ppm）：≤ 300
	不锈钢	面板尺寸 730mm×410mm、开孔尺寸 635mm×350mm。二级能效；额定热流量 4.2kW；热效率≥ 59%；CO（ppm）：≤ 300
	玻璃	面板尺寸 730mm×410mm、开孔尺寸 635mm×350mm。二级能效；额定热流量 4.2kW；热效率≥ 59%；CO（ppm）：≤ 300

续表

安装构造	材质	规格、参数
嵌入式燃气灶	不锈钢	面板尺寸 730mm×410mm、开孔尺寸 635mm×350mm。二级能效；额定热流量 4.0kW；热效率≥ 59%；CO（ppm）：≤ 300
	玻璃	面板尺寸 730mm×410mm、开孔尺寸 635mm×350mm。二级能效；额定热流量 4.0kW；热效率≥ 59%；CO（ppm）：≤ 300
上置式燃气灶	不锈钢	面板尺寸 703mm×390mm。二级能效；额定热流量 3.8kW；热效率≥ 59%；CO（ppm）：≤ 300

注：1ppm=10^{-6}。

实际中的燃气灶尺寸具有差异性。平时，记住优先、常见的尺寸即可。具体应用，则可能需要确定个性化尺寸

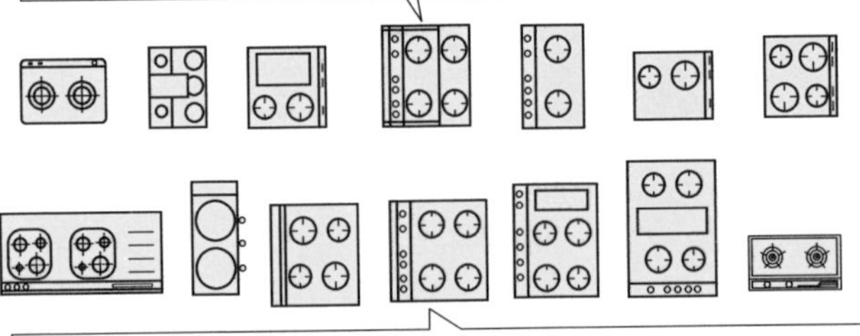

嵌入式燃气灶，常见面板尺寸760mm×450mm、常见开孔尺寸685mm×385mm；
常见面板尺寸730mm×410mm、常见开孔尺寸635mm×350mm。
上置式燃气灶，常见面板尺寸703mm×390mm

图 8.1　燃气灶标准化设备与接口尺寸

8.7 电磁炉标准化设备与接口尺寸

3500W电磁炉常见面板尺寸：324mm×384mm等。
2200W电磁炉常见面板尺寸：280mm×360mm、280mm×290mm等

电磁炉

图 8.2　电磁炉标准化设备与接口尺寸

↘ 速看贴士——市面电磁炉的尺寸

★功率120 ~ 2100W，产品参考尺寸长350mm×宽280mm×高60mm等。

★功率120 ~ 2100W，产品参考尺寸长410mm×宽300mm×高45mm等。

★功率120 ~ 2100W，产品参考尺寸长296mm×宽380mm×高35mm等。

★功率2200W，产品参考尺寸长260mm×宽260mm×高65mm等。

★功率120 ~ 2200W，产品参考尺寸长597mm×宽346mm×高43mm等。

★功率2200W，产品参考尺寸长400mm×宽296mm×高54mm等。

8.8 油烟机标准化设备与接口尺寸

表8.7 油烟机标准化设备与接口尺寸

排烟方式	材质	规格
侧吸	不锈钢	外形尺寸900mm×458mm×960mm；风管直径180mm；功率1500W；排风量18m³/min；一级能效
	玻璃面板	外形尺寸900mm×455mm×915mm；风管直径180mm；功率210W；排风量17m³/min；一级能效
	不锈钢	外形尺寸710mm×482mm×660mm；风管直径100mm；功率210W；排风量12m³/min；二级能效
上吸	金属烤漆	外形尺寸710mm×460mm×500mm；风管直径160mm；功率200W；排风量12m³/min
	不锈钢	外形尺寸900mm×520mm×650mm；风管直径180mm；功率1350W；排风量18m³/min；一级能效
	不锈钢	外形尺寸900mm×520mm×650mm；功率250W；排风量16m³/min；风管直径175mm；一级能效
	不锈钢	外形尺寸900mm×520mm×580mm；风管直径160mm；功率200W；排风量16m³/min；一级能效
	玻璃面板	外形尺寸890mm×500mm×650mm；风管直径160mm；功率180W；排风量12m³/min；二级能效

8.9 分集水器标准化设备规格及参数

表 8.8　分集水器标准化设备规格及参数

配件	规格
长度	345mm、395mm、445mm、495mm
长度	202mm、252mm、302mm、352mm
回水部件	2 回路、3 回路、4 回路、5 回路
进水部件	2 回路、3 回路、4 回路、5 回路

8.10 标准化设备接口尺寸

表 8.9　标准化设备接口尺寸

配件	规格
净水管	10mm 管、20mm 管
净水孔	40mm 孔、20mm 孔
空调	50mm 孔
新风机	180mm 孔

第四部分

建筑、住宅要求与空间布局

第9章 建筑要求与空间布局

9.1 门高

表 9.1　门高要求

项目	要求
供车辆、设备通过的门，根据具体情况确定，其高度宜较车辆或设备高出的尺寸	高出 0.3 ～ 0.5m，以免车辆因颠簸等情况碰撞门框
供人通行的门高度	一般不低于 2m，不宜超过 2.4m，否则有空洞感
建筑设备管井的检查门，一般上框高与普通门齐或低一些即可，下边需要留有与踢脚线同高的门槛。检查门的净高尺寸	净高 2m，或者 1.5m 左右即可
门扇制作要加强通风、造型、采光需要时，则可以在门上加腰窗。腰窗高度	从 0.4m 起，不宜过高

9.2 门宽

表 9.2　门宽要求

项目	要求
一般住宅分户门门宽（考虑现代家具的搬入等情况，则流行取上限尺寸）	0.9 ～ 1m
一般住宅分室门门宽（考虑现代家具的搬入等情况，则流行取上限尺寸）	0.8 ～ 0.9m
一般住宅厨房门门宽（考虑现代家具的搬入等情况，则流行取上限尺寸）	0.8m 左右
一般住宅卫生间门门宽（考虑现代家具的搬入等情况，则流行取上限尺寸）	0.7 ～ 0.8m

续表

项目	要求
公共建筑的门，一般单扇门门宽	1m
公共建筑的门，一般双扇门门宽	1.2 ～ 1.8m
公共建筑的门再宽，则考虑门扇的制作。双扇门、多扇门的门扇宽	一般以 0.6 ～ 1.0m 为宜
供机动车、设备通过的门，除了其自身宽度外，还需要每边留出的空隙尺寸	0.3 ～ 0.5m

9.3 窗高、窗宽

窗台高低于 0.8m 时，需要采取防护措施。窗宽可以从 0.6m 开始，宽到构成“带窗”效果。采用通宽的带窗时，左右隔壁房间的隔声、推拉窗扇的滑动范围等需要考虑。

表 9.3 窗高、窗宽要求

项目	要求
一般住宅建筑的窗高度	1.5m
一般住宅建筑的窗台高	0.9m
一般住宅建筑的窗顶距楼面尺寸	大约 2.4m，还留 0.4m 的结构高度
公共建筑中窗台高度	一般为 1 ～ 1.8m 不等
开向公共走道的窗扇，其底面高度	不应低于 2m

9.4 “人孔”的尺寸、过道宽与过道高

过道宽，还与过道长短、采光情况有关。为此，过道宽应根据具体情况决定是否需要采用变换宽窄来处理。过道净高，一般与建筑层高有关。现在一些建筑的过道，除了供通行外，还是管线的载体。设备管线高度一般为 0.6m 左右。平顶构造高度一般为 0.05m。

表 9.4 “人孔”的尺寸、过道宽与过道高

项目	要求
建筑空间中的检修“人孔”的尺寸	不宜小于 0.6m×0.6m

续表

项目	要求
住宅中通往辅助房间的过道，其只允许一个人通过的净宽尺寸	不应小于 0.8m
住宅通往卧室、起居室的过道净宽尺寸	不宜小于 1m 的宽度，也就是一人正行，另一人侧身相让的尺寸
高层住宅外走道、公共建筑的过道净宽	一般大于 1.2m，以满足两人并行宽度
高层住宅外走道、公共建筑的两侧墙中距尺寸	一般为 1.5 ～ 2.4m

9.5 阳台栏杆高度与女儿墙高度

表 9.5　阳台栏杆高度与女儿墙高度

项目	要求
多层建筑中，阳台栏杆高度	不应低于 1m
高层建筑中，阳台栏杆高度	不应低于 1.1m
一般多层建筑的女儿墙高度	1 ～ 1.2m
高层建筑，女儿墙至少应达到的尺寸	1.2m
高层建筑，女儿墙往往高过胸肩甚至高过头部，其达到的尺寸	1.5 ～ 1.8m

9.6 楼梯尺寸

楼梯至少一侧设扶手。梯段净宽达三股人流时，应两侧设扶手。梯段净宽达四股人流时，应加设中间扶手。

表 9.6　楼梯尺寸

项目	要求
楼梯扶手的高度（自踏步前缘线量起）	不宜小于 0.9m
室外楼梯扶手高度	不应小于 1.05m
楼梯井宽度大于 0.20m 时，扶手栏杆的垂直杆件净空要求	不应大于 0.11m，以防儿童坠落
楼梯平台净宽除了不应小于梯段宽度外，同时对尺寸的要求	不得小于 1.1m
室内外台阶踏步宽度	不宜小于 0.3m

续表

项目	要求
室内外台阶踏步高度	不宜大于 0.15m，一般采用 0.35m 和 0.125m
利用旋转楼梯作疏散梯时，必须满足踏步在距内圈扶手或筒壁 0.25m 位置，其踏面宽度要求	不应小于 0.22m

9.7 浴厕尺寸

表 9.7 浴厕尺寸

项目	要求
并列洗脸盆中心距	不应小于 0.70m
并列小便器的中心距	不应小于 0.65m
采用内开门时，单侧厕所隔间到对面小便器外沿之净距	不应小于 1.1m
采用内开门时，单侧隔间到对面墙面的净距	不应小于 1.1m
采用外开门时，单侧厕所隔间到对面小便器外沿之净距	不应小于 1.3m
采用外开门时，单侧隔间到对面墙面的净距	不应小于 1.3m
厕所蹲位隔板（内开门）	最小宽 × 深为 0.9m×1.4m
厕所蹲位隔板（外开门）	最小宽 × 深为 0.9m×1.2m
厕所间隔高度	一般为 1.5 ～ 1.8m
单侧洗脸盆外沿到对面墙的净距	不应小于 1.25m
淋浴间隔高度	一般为 1.8m
双侧洗脸盆外沿间的净距	不应小于 1.80m
浴盆长边到对面墙面的净距	不应小于 0.65m

9.8 卫生间里的用具占用面积

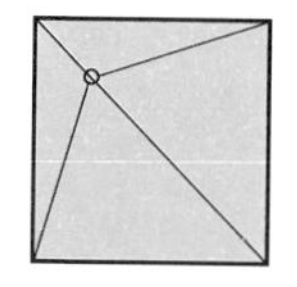

800mm×800mm 以上

图 9.1 淋浴间常用尺寸 800mm×800mm 以上（短边取 800mm）等

表 9.8　卫生间里的用具占用面积

项目	要求
马桶所占的一般面积	370mm×600mm 等
悬挂式或圆柱式盥洗池可能占用的一般面积	700mm×600mm 等
浴缸的一般标准面积	1600mm×700mm 等
正方形淋浴间的一般面积	800mm×800mm、850mm×850mm 等

9.9 户型与常见面积

表 9.9　户型与常见面积

户型性能标准	面积 /m^2	户型性能标准	面积 /m^2
一房一厅一卫	35 ～ 45	三房二厅一卫	75 ～ 95
二房二厅一卫	85 ～ 95	四房二厅二卫	140 ～ 160
二房一厅一卫	55 ～ 75	四房二厅一工三卫	180 ～ 200
三房二厅二卫	120 ～ 130	四房二厅二卫	110 ～ 120
三房二厅一工三卫	150 ～ 180	五房二厅一工三卫	220 ～ 240

注："工"指的是工作房或者工人保姆房等。

速看贴士——功能空间的尺寸

★每个功能空间的开间进深均有合理尺寸，每种房间尺寸均应合理。装修设计前，可以对户型性能、面积进行确认，从而确定经济型装修、舒适型装修还是享受型装修。另外，户型与常见面积表也可以作为自建房前的设计参考。

9.10 享受型户型功能房间建议面积

享受型户型功能房间的建议面积，可以用于户型改造、功能房间的敲墙、新砌墙参考，以及新建房屋的户型确定设计与装修参考。

表 9.10　享受型户型功能房间的建议面积

区域	户型性能标准	150 ~ 180m² 三房 /m²	180 ~ 200m² 四房 /m²	220 ~ 240m² 五房 /m²
公共区域	玄关	5	5 ~ 10	5 ~ 10
	客厅	30 ~ 40	30 ~ 40	30 ~ 40
	餐厅	16 ~ 20	16 ~ 20	16 ~ 20
	厨房	8 ~ 10	8 ~ 10	8 ~ 10
	保姆房	5 ~ 7	5 ~ 7	5 ~ 7
	卫生间（合计）	4 ~ 8	8 ~ 10	8 ~ 10
过渡区域	家庭厅	10 ~ 12	12 ~ 16	12 ~ 16
	书房	5 ~ 7	10 ~ 12	10 ~ 12
私密区域	其他卧室	—	—	12 ~ 14
	小卧室	12 ~ 14	12 ~ 14	12 ~ 14
	次卧室	14 ~ 16	14 ~ 16	14 ~ 16
	主卧室	16 ~ 20	16 ~ 20	16 ~ 20
	主卫	6 ~ 8	6 ~ 8	6 ~ 8
	衣帽间	4 ~ 6	4 ~ 8	4 ~ 8

9.11　舒适型户型功能房间建议面积

表 9.11　舒适型户型功能房间建议面积

区域	户型性能标准	85 ~ 95m² 两房 /m²	120 ~ 130m² 三房 /m²	140 ~ 160m² 四房 /m²
公共区域	玄关	3 ~ 5	3 ~ 5	3 ~ 5
	客厅	20 ~ 25	20 ~ 30	20 ~ 30
	餐厅	12	12 ~ 16	12 ~ 16
	厨房	6 ~ 8	6 ~ 8	6 ~ 8
	卫生间	4 ~ 6	4 ~ 6	4 ~ 6
过渡区域	书房	—	—	9 ~ 10
私密区域	小卧室	—	10 ~ 12	10 ~ 12
	次卧室	12 ~ 14	12 ~ 14	12 ~ 14
	主卧室	14 ~ 16	14 ~ 16	14 ~ 20
	主卫	—	4 ~ 6	6 ~ 8
	衣帽间	—	4 ~ 6	4 ~ 6

9.12 经济型户型功能房间建议面积

表 9.12　经济型户型功能房间建议面积

区域	户型性能标准	55 ~ 75m² 两房 /m²	75 ~ 95m² 三房 /m²	110 ~ 120m² 四房 /m²
公共区域	玄关	—	—	2 ～ 3
	客厅	10 ～ 20	10 ～ 20	10 ～ 20
	餐厅	6 ～ 12	6 ～ 12	12 ～ 16
	厨房	5	5 ～ 8	6 ～ 8
	卫生间	3 ～ 5	3 ～ 5	3 ～ 5
过渡区域	书房	—	7 ～ 10	9 ～ 10
私密区域	小卧室	—	—	9 ～ 10
	次卧室	9 ～ 10	9 ～ 10	10 ～ 12
	主卧室	10 ～ 12	10 ～ 12	12 ～ 14
	主卫	—	4	4

9.13 享受型户型各功能房间套内面积

表 9.13　享受型户型各功能房间套内面积

项目	户型性能标准	面积 /m²	开间 /m	进深 /m
公共区域	玄关	5	—	净宽≥ 1.2
	客厅	≥ 30	≥ 4.8	实墙利用≥ 5.7
	餐厅	≥ 16	—	≥ 3.6
	厨房	≥ 8	—	净宽≥ 1.8
	保姆房	≥ 5	—	—
	卫生间	≥ 4	—	—
	生活阳台	—	—	≥ 1.5
	景观阳台	—	—	≥ 1.8
过渡区域	书房	≥ 7	—	—
	家庭厅	≥ 12	≥ 3.6	≥ 3.6
私密区域	小卧室	≥ 12	≥ 3.3	≥ 3.9
	次卧室	≥ 14	≥ 3.6	≥ 3.9
	主卧室	≥ 16	≥ 4.2	≥ 4.2
	主卫	≥ 6	—	—
	衣帽间	≥ 4	—	—

9.14 舒适型户型各功能房间套内面积

表 9.14 舒适型户型各功能房间套内面积

项目	户型性能标准	面积 /m²	开间 /m	进深 /m
公共区域	玄关	3 ~ 5	—	净宽≥ 1.2
	客厅	≥ 20	≥ 3.9	实墙利用≥ 4.5
	餐厅	≥ 12	—	实墙利用≥ 3.3
	厨房	≥ 6	—	净宽≥ 1.5
	卫生间	单卫≥ 4，双卫≥ 3	—	—
	生活阳台	—	—	≥ 1.3
	景观阳台	—	—	≥ 1.8
过渡区域	书房	≥ 7	—	—
私密区域	小卧室	≥ 10	≥ 3.3	≥ 3.9
	次卧室	≥ 12	≥ 3.6	≥ 3.9
	主卧室	≥ 14	≥ 4.2	≥ 4.2
	主卫	≥ 4	—	—
	衣帽间	≥ 4	—	—

9.15 经济型户型各功能房间套内面积

表 9.15 经济型户型各功能房间套内面积

项目	户型性能标准	面积 /m²	开间 /m	进深 /m
公共区域	玄关	2	—	净宽≥ 1.2
	客厅	≥ 10	≥ 3.3	实墙利用≥ 3
	餐厅	≥ 6	—	实墙利用≥ 3
	厨房	≥ 5	—	净宽≥ 1.5
	卫生间	≥ 3	—	—
	生活阳台	—	—	≥ 1.3
	景观阳台	—	—	≥ 1.5
过渡区域	书房	≥ 5	—	—
私密区域	小卧室	≥ 7	≥ 3.3	≥ 3.9
	次卧室	≥ 7	≥ 3.6	≥ 3.9
	主卧室	≥ 10	≥ 4.2	≥ 4.2

速看贴士——了解功能间的尺寸的作用

★自建房屋，功能间的尺寸是根据摆放的家具、电器、设备、间距要求、美观配比、模数要求、规范要求等确定。例如，客厅的尺寸主要是根据沙发、茶几摆放、电视视距等综合考虑。购买的商品房，开发商把功能间的尺寸早已确定了，因此，需要根据已定的功能间来选择家具、电器、设备等。

第10章

住宅要求与空间布局

10.1 住宅套内房间门扇最小净尺寸要求

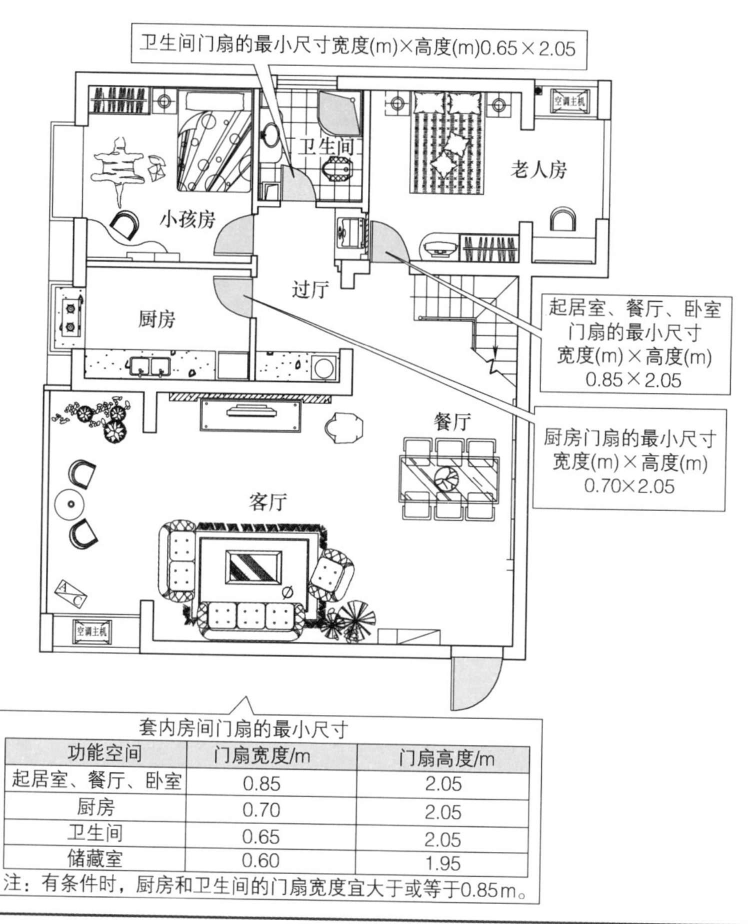

卫生间门扇的最小尺寸宽度(m)×高度(m)0.65×2.05
卫生间
老人房
空调主机
小孩房
过厅
厨房
起居室、餐厅、卧室门扇的最小尺寸宽度(m)×高度(m)0.85×2.05
餐厅
厨房门扇的最小尺寸宽度(m)×高度(m)0.70×2.05
客厅
空调主机

套内房间门扇的最小尺寸

功能空间	门扇宽度/m	门扇高度/m
起居室、餐厅、卧室	0.85	2.05
厨房	0.70	2.05
卫生间	0.65	2.05
储藏室	0.60	1.95

注：有条件时，厨房和卫生间的门扇宽度宜大于或等于0.85m。

图10.1　住宅套内房间门扇最小净尺寸要求

10.2 住宅套内房间防滑等级要求

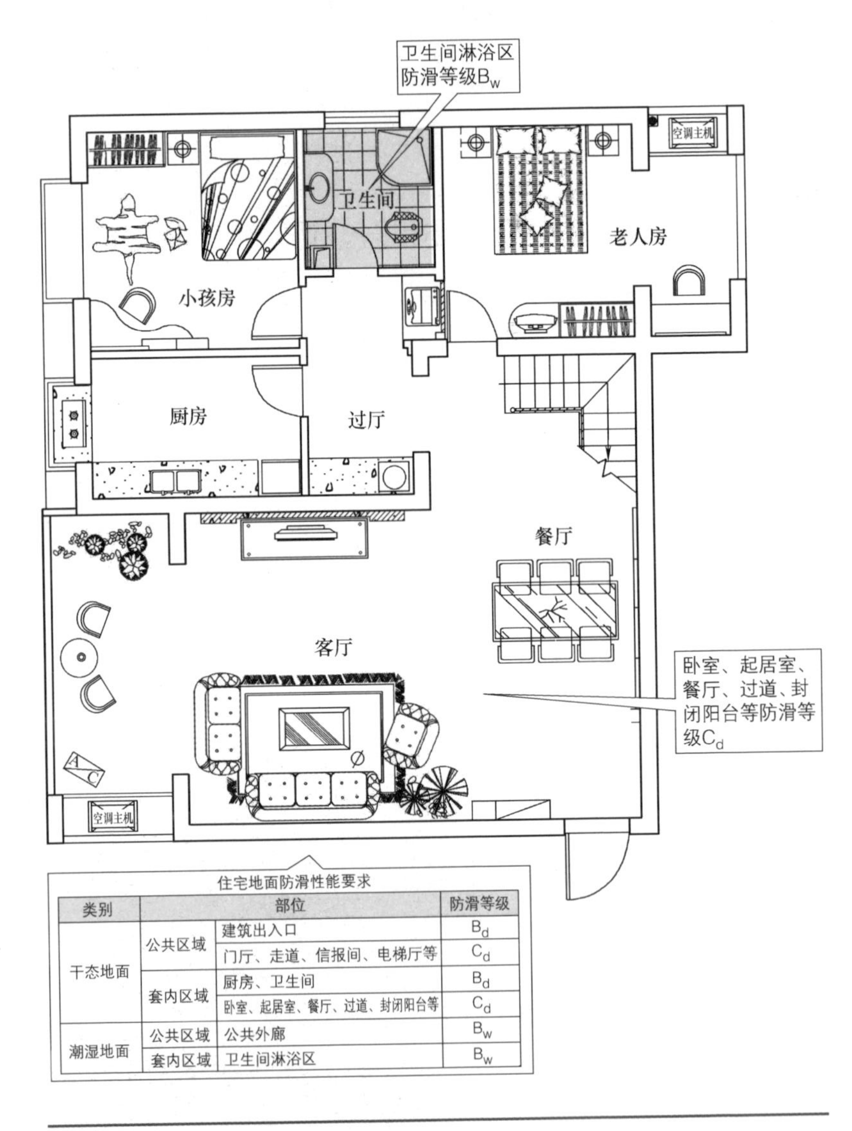

卫生间淋浴区
防滑等级B_w
空调主机
卫生间
小孩房
老人房
厨房
过厅
餐厅
客厅
卧室、起居室、餐厅、过道、封闭阳台等防滑等级C_d
空调主机

住宅地面防滑性能要求

类别	部位		防滑等级
干态地面	公共区域	建筑出入口	B_d
		门厅、走道、信报间、电梯厅等	C_d
	套内区域	厨房、卫生间	B_d
		卧室、起居室、餐厅、过道、封闭阳台等	C_d
潮湿地面	公共区域	公共外廊	B_w
	套内区域	卫生间淋浴区	B_w

图 10.2　住宅套内房间防滑等级要求

10.3 入户地面与室外地面标高差要求

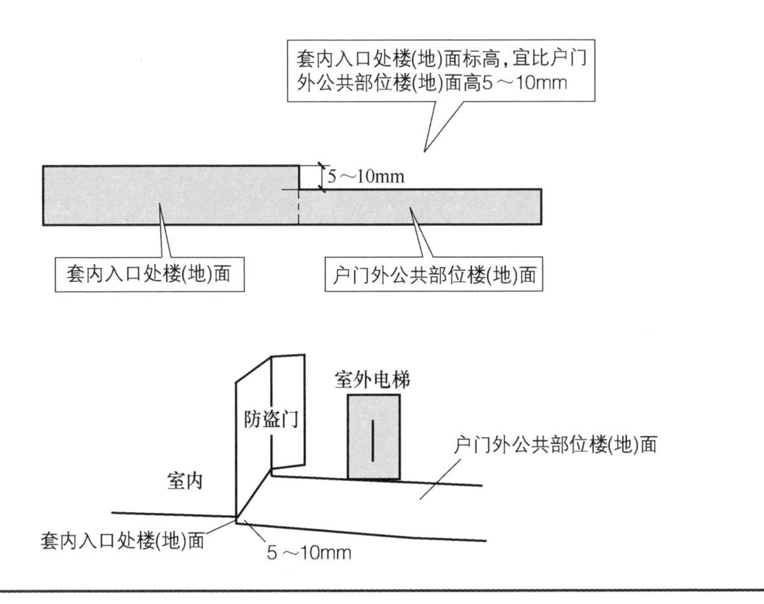

套内入口处楼(地)面标高，宜比户门外公共部位楼(地)面高5～10mm
5～10mm
套内入口处楼(地)面
户门外公共部位楼(地)面
室外电梯
防盗门
户门外公共部位楼(地)面
室内
套内入口处楼(地)面
5～10mm

图 10.3　入户地面与室外地面标高差要求

10.4 住宅内过道活动尺寸

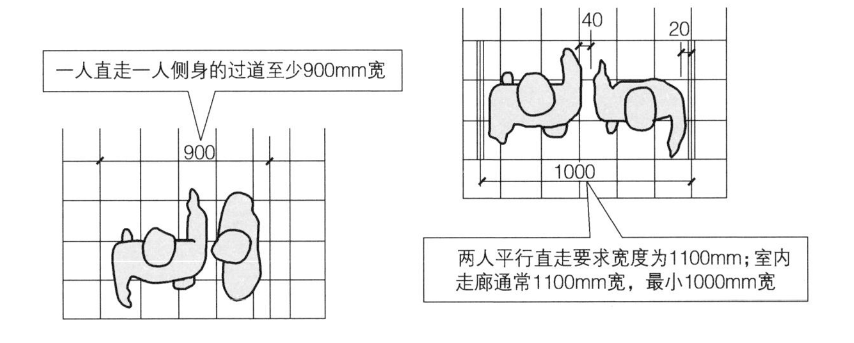

一人直走一人侧身的过道至少900mm宽
900
40
20
1000
两人平行直走要求宽度为1100mm；室内走廊通常1100mm宽，最小1000mm宽

图 10.4　住宅内过道活动尺寸

10.5 客厅沙发空间尺寸

沙发的座高为 350 ～ 430mm，根据：座高 = 小腿踝窝高 + 足高（鞋跟高）+ 坐垫下沉量 ± 适当余量。

沙发座深范围为 500 ～ 1050mm，根据：座深 = 坐姿大腿长 − 腰靠下沉量 − 膝窝间隙 ± 适当余量。

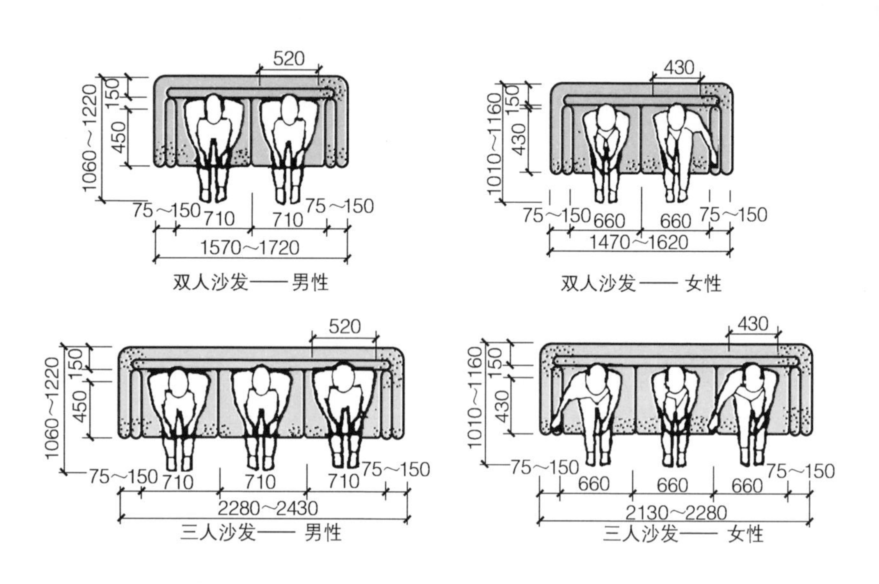

520
1060～1220
150
450
75～150
710
710
75～150
1570～1720
双人沙发—— 男性
430
1010～1160
150
430
75～150
660
660
75～150
1470～1620
双人沙发—— 女性
520
1060～1220
150
450
75～150
710
710
710
75～150
2280～2430
三人沙发—— 男性
430
1010～1160
150
430
75～150
660
660
660
75～150
2130～2280
三人沙发—— 女性

图 10.5　客厅沙发空间尺寸

表 10.1　沙发的座宽

项目	要求
单人沙发的座宽	一般为 510 ～ 650mm
双人沙发的座宽	一般为 950 ～ 1150mm
三人沙发的座宽	一般为 1350 ～ 1650mm

10.6 拐角位置单人沙发空间尺寸

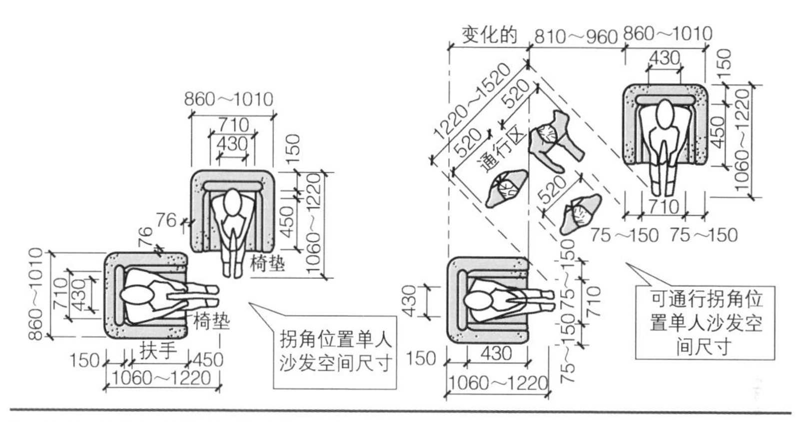

860～1010
710
430
150
76
76
1060～1220
450
860～1010
710
430
椅垫
椅垫
扶手
150
450
1060～1220
拐角位置单人沙发空间尺寸
变化的
810～960
860～1010
430
150
1220～1520
520
520
通行区
520
450
1060～1220
710
75～150
75～150
可通行拐角位置单人沙发空间尺寸
430
150
430
1060～1220
75～150
75～150
710

图 10.6 拐角位置单人沙发空间尺寸

10.7 起居室沙发间距

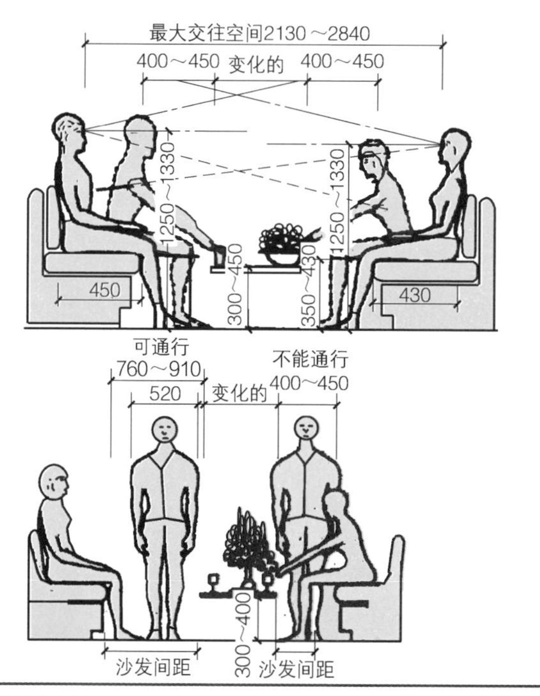

最大交往空间2130～2840
400～450
变化的
400～450
1250～1330
1250～1330
300～450
350～430
450
430
可通行
760～910
520
变化的
不能通行
400～450
300～400
沙发间距
沙发间距

图 10.7 起居室沙发间距

10.8 酒柜空间尺寸

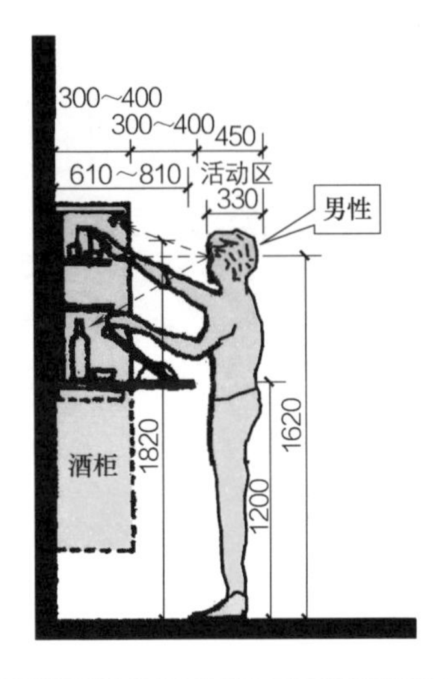

300~400
300~400
450
610~810
活动区
330
男性
酒柜
1820
1620
1200

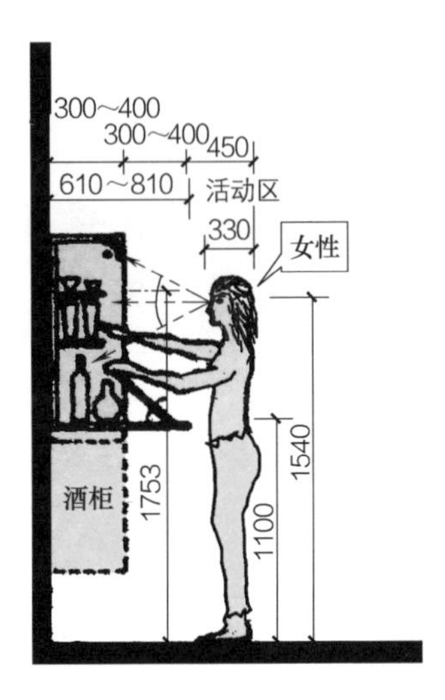

300~400
300~400
450
610~810
活动区
330
女性
酒柜
1753
1540
1100

图 10.8 酒柜空间尺寸

10.9 住宅内餐厅尺寸

住宅餐厅最小面积≥ $5m^2$，短边净尺寸≥ 2100mm。

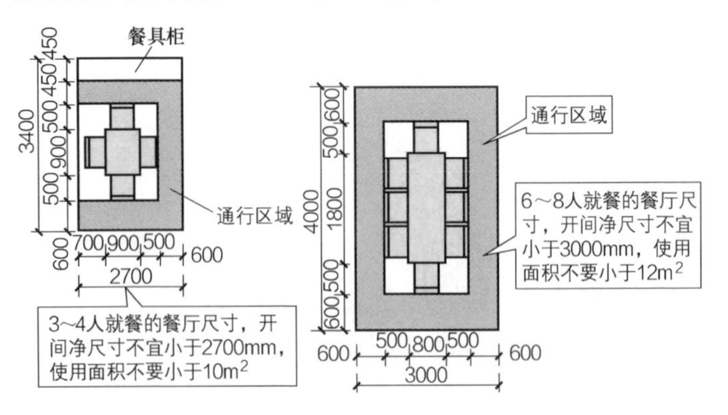

餐具柜
450
450
500
900
500
3400
600
700
900
500
600
2700
通行区域
3~4人就餐的餐厅尺寸，开间净尺寸不宜小于2700mm，使用面积不要小于10m2
通行区域
600
500
1800
500
600
4000
600
500
800
500
600
3000
6~8人就餐的餐厅尺寸，开间净尺寸不宜小于3000mm，使用面积不要小于12m2

图 10.9 住宅内餐厅尺寸

10.10 住宅内餐厅空间尺寸的确定

对于已经确定尺寸的餐厅，就是根据其空间尺寸来确定空间布局。对于餐厅的空间布局，需要初步确定坐凳空间、人同行活动空间等，然后根据需求、规范、美观配比、模数特点、目前市场等综合进行调整。

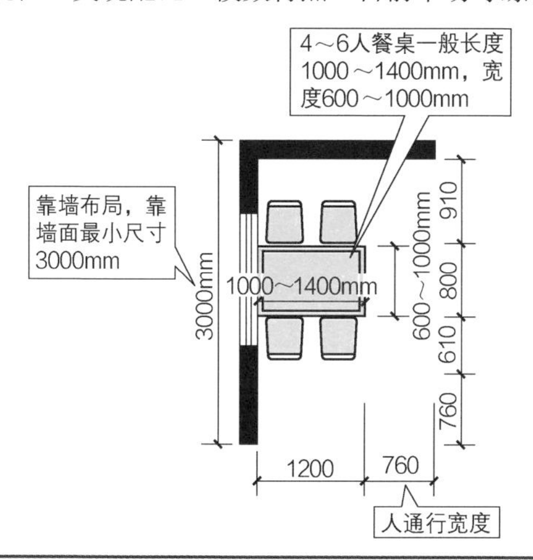

4～6人餐桌一般长度1000～1400mm，宽度600～1000mm
靠墙布局，靠墙面最小尺寸3000mm
3000mm
1000～1400mm
600～1000mm
910
800
610
760
1200
760
人通行宽度

图 10.10 住宅内餐厅空间尺寸的确定

10.11 餐桌就座区与通行区的距离

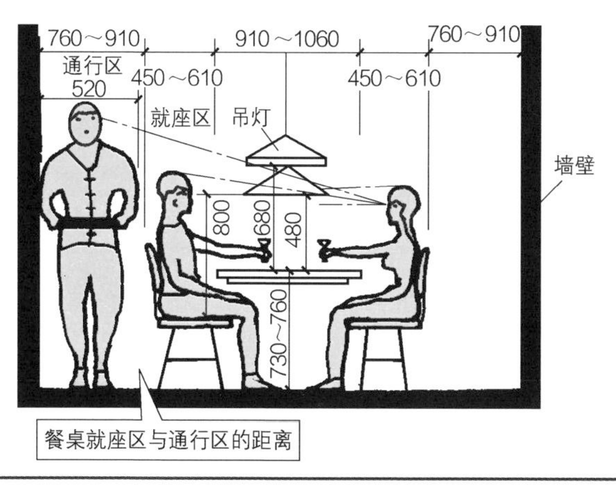

760～910
910～1060
760～910
通行区
520
450～610
450～610
就座区
吊灯
墙壁
800
680
480
730～760
餐桌就座区与通行区的距离

图 10.11 餐桌就座区与通行区的距离

10.12 餐桌最小就座距离

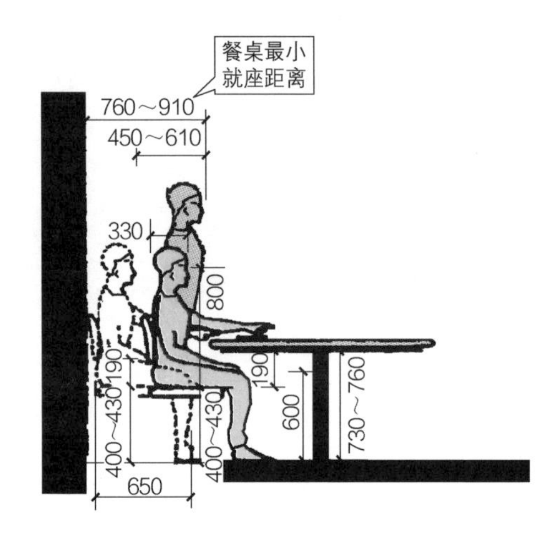

餐桌最小
就座距离
760～910
450～610
330
800
190
190
400～430
400～430
600
730～760
650

图 10.12　餐桌最小就座距离

10.13 餐桌离墙距离

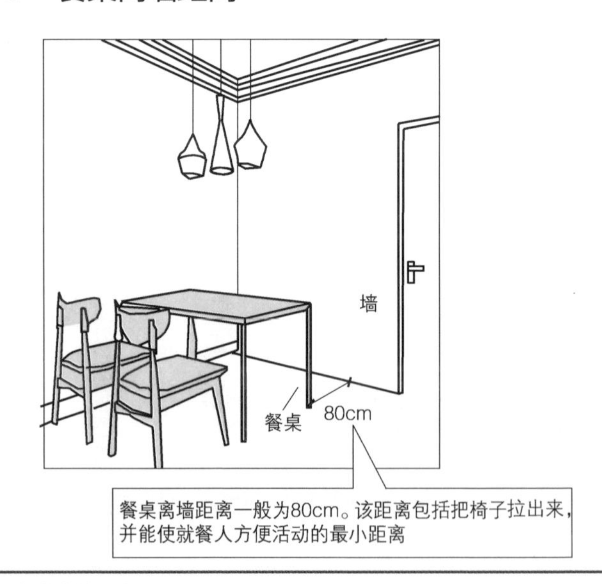

墙
餐桌
80cm
餐桌离墙距离一般为80cm。该距离包括把椅子拉出来，
并能使就餐人方便活动的最小距离

图 10.13　餐桌离墙距离

餐桌离墙距离一般为80cm。该距离包括把椅子拉出来，并能使就餐人方便活动的最小距离。桌子的标准高度，一般是72cm。椅子的通常高度，一般为45cm。

10.14 吊灯和桌面间最合适的距离

吊灯和桌面间最合适的距离，一般为70cm，是能够使桌面得到完整的、均匀照射的理想距离。

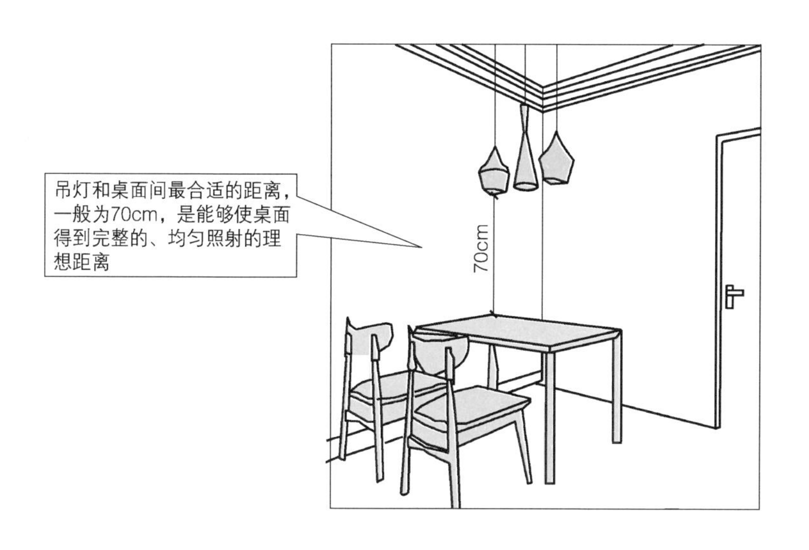
吊灯和桌面间最合适的距离，一般为70cm，是能够使桌面得到完整的、均匀照射的理想距离
70cm

图10.14 吊灯和桌面间最合适的距离

10.15 厨房内人的活动尺度

小户型厨房内的人需900mm的操作宽度，通常户型厨房内的人需1100～1200mm的操作宽度。

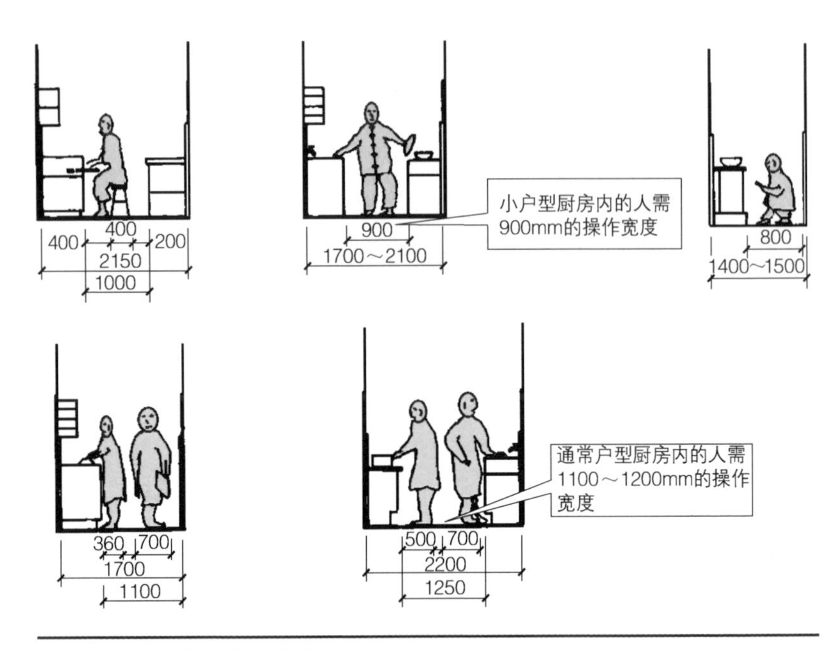
400
400
200
2150
1000
900
1700～2100
小户型厨房内的人需
900mm的操作宽度
800
1400～1500
360
700
1700
1100
500
700
2200
1250
通常户型厨房内的人需
1100～1200mm的操作
宽度

图10.15　厨房内人的活动尺度

速看贴士——厨房的布局

★根据面积，厨房分为经济型厨房、小康厨房、舒适型厨房。

★经济型厨房，5 ~ 6m^{2}面积，可以布置为单列或者“L”形。

★小康厨房，6 ~ 8m^{2}面积，可以布置“L”形或者双列形。

★舒适型厨房，8 ~ 12m^{2}面积，可以布置双列、DK式、岛形等。

10.16 厨房空间尺寸要求

住宅厨房内部空间净尺寸，应是基本模数的倍数。需要对厨房内部空间进行局部分割时，可以插入分模数M/2（50mm）或M/5（20mm）。

厨房空间的墙体，其厚度宜符合模数，并且宜按模数网格布置。

厨房门窗位置、尺寸、开启方式不得妨碍厨房设施、设备、家具的安装与使用。

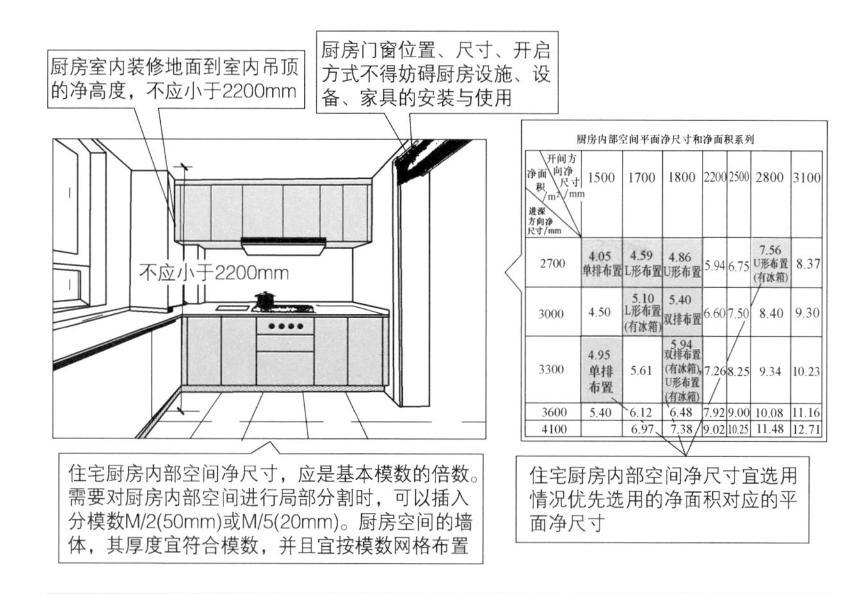
厨房室内装修地面到室内吊顶的净高度，不应小于2200mm
厨房门窗位置、尺寸、开启方式不得妨碍厨房设施、设备、家具的安装与使用
不应小于2200mm
住宅厨房内部空间净尺寸，应是基本模数的倍数。需要对厨房内部空间进行局部分割时，可以插入分模数M/2(50mm)或M/5(20mm)。厨房空间的墙体，其厚度宜符合模数，并且宜按模数网格布置
住宅厨房内部空间净尺寸宜选用情况优先选用的净面积对应的平面净尺寸

厨房内部空间平面净尺寸和净面积系列

进深方向净尺寸/mm \ 开间方向净尺寸/mm（净面积/m²）	1500	1700	1800	2200	2500	2800	3100
2700	4.05 单排布置	4.59 L形布置	4.86 U形布置	5.94	6.75	7.56 U形布置(有冰箱)	8.37
3000	4.50	5.10 L形布置(有冰箱)	5.40 双排布置	6.60	7.50	8.40	9.30
3300	4.95 单排布置	5.61	5.94 双排布置(有冰箱)，U形布置(有冰箱)	7.26	8.25	9.34	10.23
3600	5.40	6.12	6.48	7.92	9.00	10.08	11.16
4100		6.97	7.38	9.02	10.25	11.48	12.71

图 10.16　厨房空间尺寸要求

10.17 厨房部件的尺寸

厨房部件的尺寸，应是基本模数的倍数或是分模数的倍数，并且符合人体工程学的要求。

厨房采用非嵌入灶具时，灶台台面的高度应减去灶具的高度。

表 10.2　厨房部件高度尺寸、深度尺寸

项目	尺寸
厨房地柜（操作柜、洗涤柜、灶柜）高度	应为 750 ～ 900mm
厨房地柜底座高度	应为 100mm
厨房操作台面上的吊柜底面距室内装修地面的高度	宜为 1600mm
厨房地柜的深度	可为 600mm、650mm、700mm，推荐尺寸宜为 600mm

续表

项目	尺寸
厨房地柜前缘踢脚板凹口深度	不应小于 50mm
厨房吊柜的深度	应为 300 ～ 400mm，推荐尺寸宜为 350mm

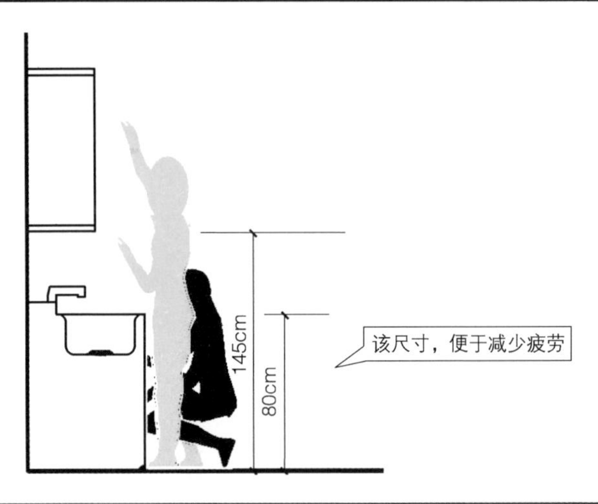
145cm
80cm
该尺寸，便于减少疲劳

图 10.17 厨房部件要求

表 10.3 厨房部件宽度尺寸

厨房部件	宽度尺寸 /mm
操作柜	600、900、1200
洗涤柜	600、800、900
灶柜	600、750、800、900

10.18 厨房部件公差

厨房部件，需要根据部件大小、要求确定部件安装的精度。厨房部件的公差需要符合有关规定。

厨房部件公差，厨房部件在制作、定位、安装时的允许偏差的绝对值。其值是正偏差和负偏差的绝对值之和。

表 10.4　厨房部件公差

公差级别	部件尺寸 /mm				
	< 50	≥ 50 且 < 160	≥ 160 且 < 500	≥ 500 且 < 1600	≥ 1600 且 < 5000
1 级	0.5	1.0	2.0	3.0	5.0
2 级	1.0	2.0	3.0	5.0	8.0
3 级	2.0	3.0	5.0	8.0	12.0

速看贴士——厨房设备、设施与接口

★厨房插座设置的高度，需要根据适用设备确定，并且距室内装修地面的高度宜为 300mm、1200mm、2100mm。

★厨房水平管道空间，需要位于橱柜、其他设备的背面，并且靠近地面位置。管道空间的深度距墙面不宜大于 100mm，高度范围需要在自装修地面到 700mm 之间。

★燃气管线与墙面的距离，需要根据不同管径进行设计，与墙面最小净距不应小于 30mm。

10.19　厨房柜式案台活动空间尺度

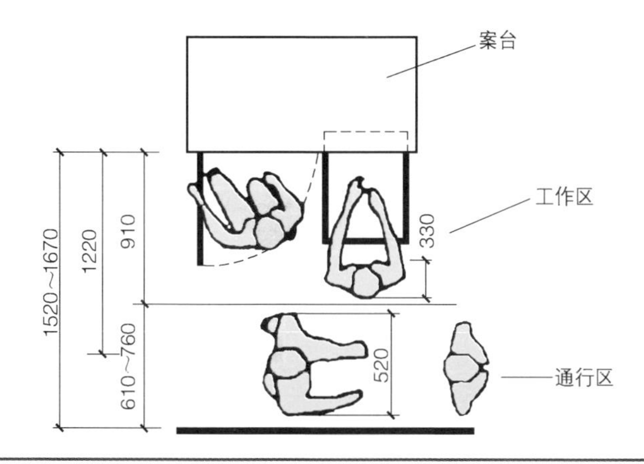
案台
工作区
通行区
1520~1670
1220
910
330
610~760
520

图 10.18　厨房柜式案台活动空间尺度

10.20 厨房操作台前净间距要求

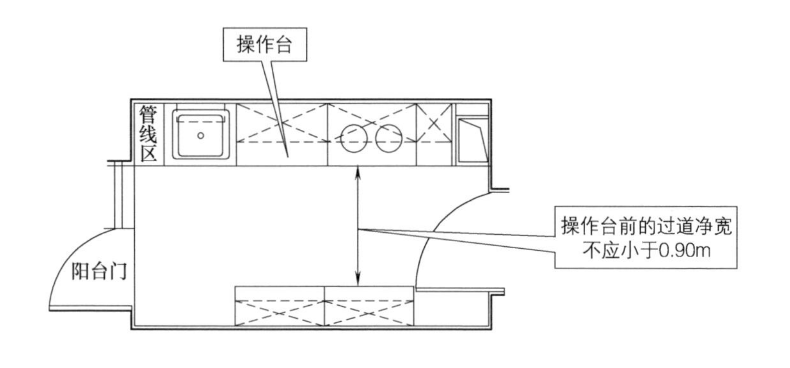

操作台
管线区
操作台前的过道净宽
不应小于0.90m
阳台门

图 10.19 厨房操作台前净间距要求

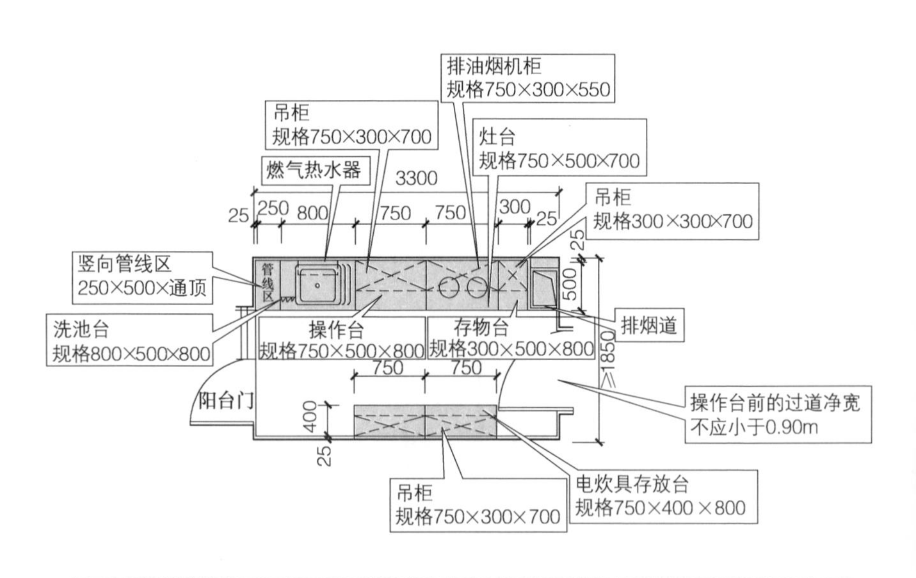

排油烟机柜
规格750×300×550
吊柜
规格750×300×700
灶台
规格750×500×700
燃气热水器
3300
25 250 800 750 750 300 25
吊柜
规格300×300×700
25
竖向管线区
250×500×通顶
管线区
500
洗池台
规格800×500×800
操作台
规格750×500×800
存物台
规格300×500×800
排烟道
≥1850
750 750
阳台门
操作台前的过道净宽
不应小于0.90m
400
25
吊柜
规格750×300×700
电炊具存放台
规格750×400 ×800

图 10.20 厨房操作台前净间距要求案例（其他未标注的单位为 mm）

10.21 水池的空间布局

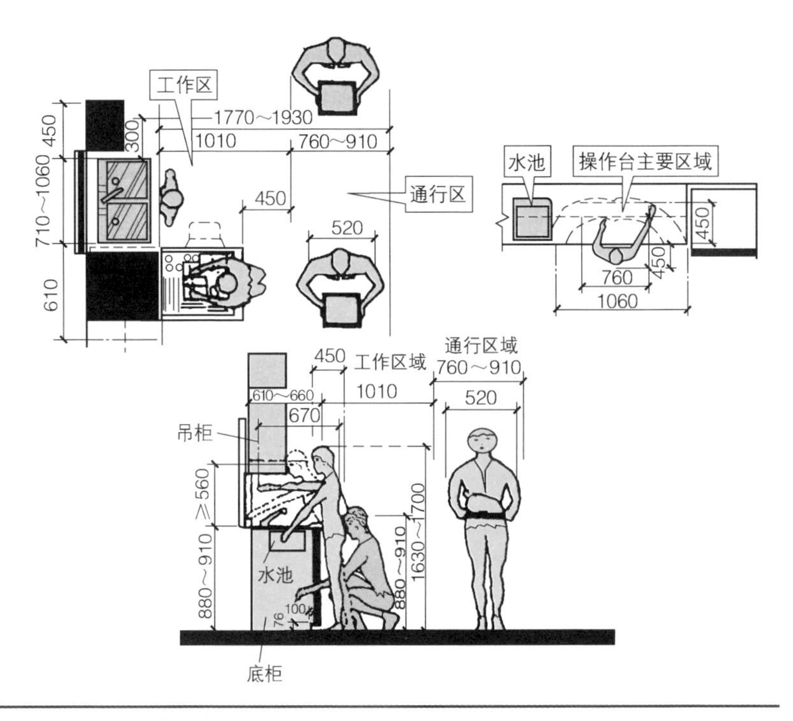

工作区
1770～1930
1010
760～910
450
300
710～1060
610
450
通行区
520
水池
操作台主要区域
450
450
760
1060
通行区域
450
工作区域
760～910
610～660
1010
520
670
吊柜
≥560
880～910
880～910
1630～1700
水池
100
76
底柜

图 10.21　水池的空间布局

10.22 厨房灶的空间要求

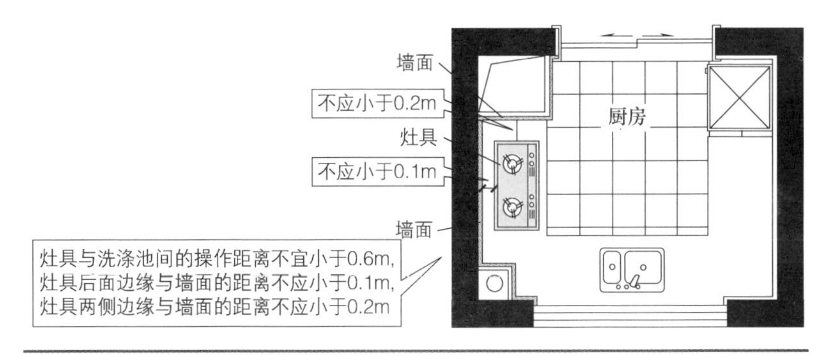

墙面
不应小于0.2m
灶具
不应小于0.1m
墙面
厨房
灶具与洗涤池间的操作距离不宜小于0.6m,
灶具后面边缘与墙面的距离不应小于0.1m,
灶具两侧边缘与墙面的距离不应小于0.2m

图 10.22　厨房灶的空间要求

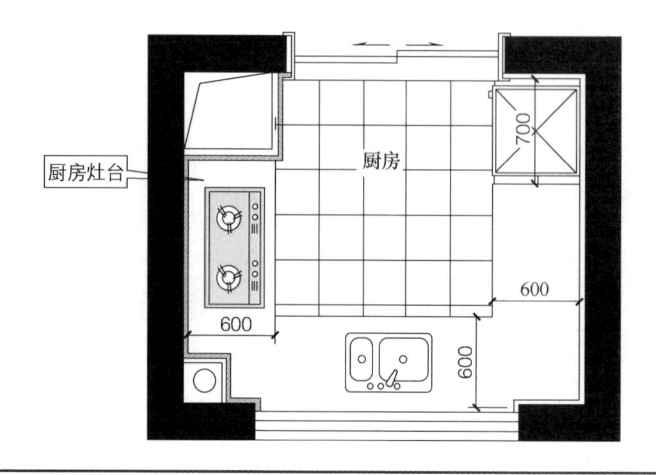
厨房灶台
厨房
700
600
600
600

图 10.23　厨房灶的空间要求案例

10.23　炉灶布局空间尺寸

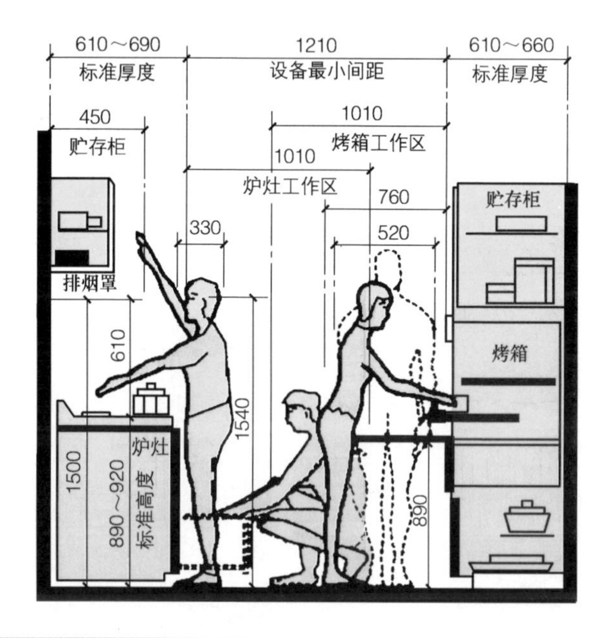
610～690
标准厚度
1210
设备最小间距
610～660
标准厚度
450
贮存柜
1010
烤箱工作区
1010
炉灶工作区
760
330
520
排烟罩
贮存柜
烤箱
610
1540
炉灶
1500
890～920
标准高度
890

图 10.24　炉灶布局空间尺寸

10.24 厨房灶台、洗涤池操作台的空间要求

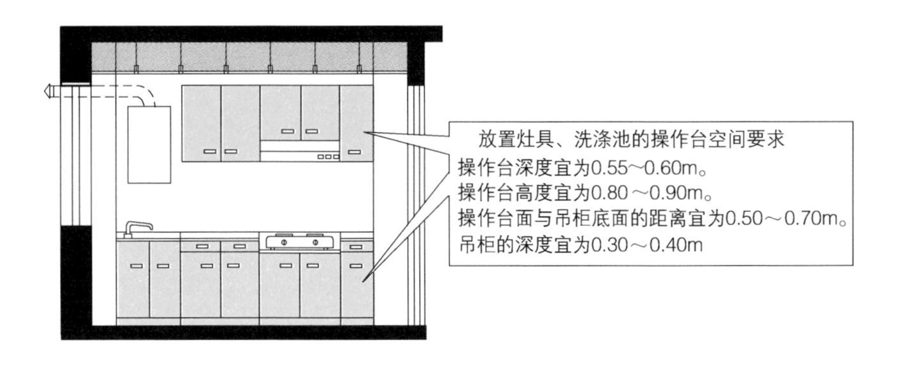
放置灶具、洗涤池的操作台空间要求
操作台深度宜为0.55～0.60m。
操作台高度宜为0.80～0.90m。
操作台面与吊柜底面的距离宜为0.50～0.70m。
吊柜的深度宜为0.30～0.40m

图 10.25 厨房灶台、洗涤池操作台的空间要求

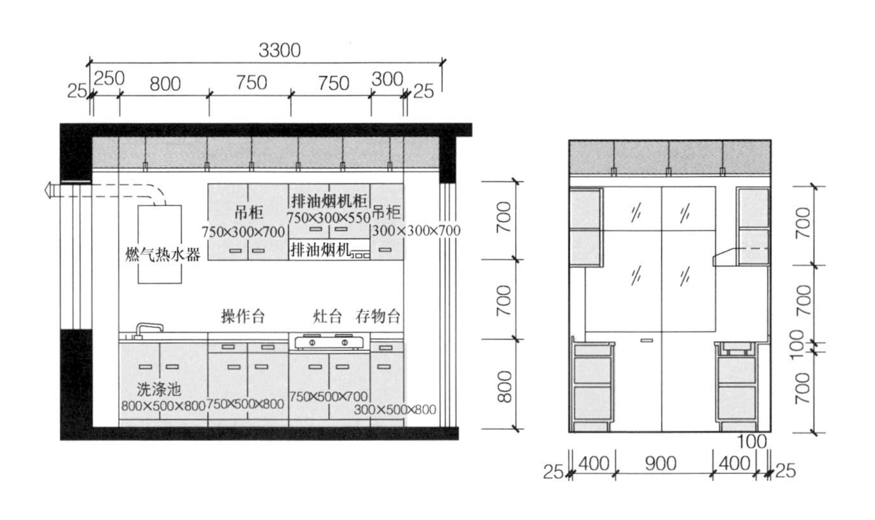
3300
25
250
800
750
750
300
25
吊柜
750×300×700
排油烟机柜
750×300×550
吊柜
300×300×700
燃气热水器
排油烟机
操作台
灶台
存物台
洗涤池
800×500×800
750×500×800
750×500×700
300×500×800
700
700
800
700
700
100
700
100
25
400
900
400
25

图 10.26 厨房灶台、洗涤池操作台的空间要求案例

10.25 厨房楼地面与相邻空间楼地面的高差要求

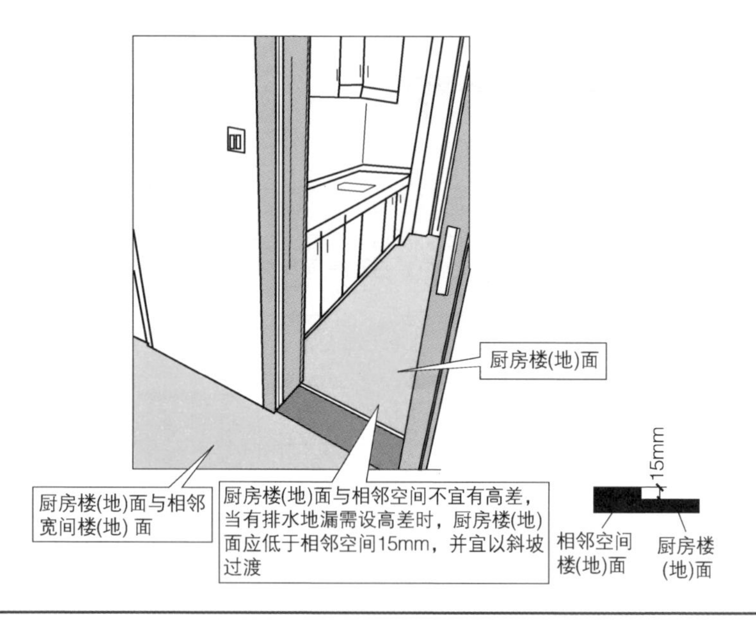

厨房楼(地)面
厨房楼(地)面与相邻宽间楼(地) 面
厨房楼(地)面与相邻空间不宜有高差，当有排水地漏需设高差时，厨房楼(地)面应低于相邻空间15mm，并宜以斜坡过渡
15mm
相邻空间楼(地)面
厨房楼(地)面

图 10.27　厨房楼地面与相邻空间楼地面的高差要求

10.26 油烟机的空间尺寸

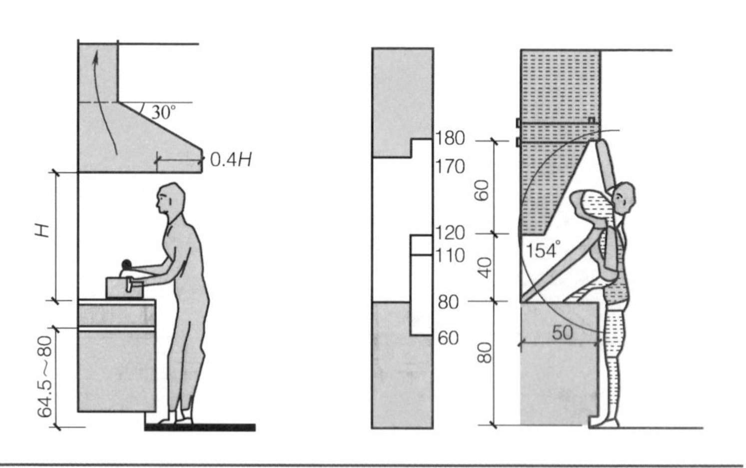

30°
0.4H
H
64.5～80
180
170
60
120
110
154°
40
80
60
50
80

图 10.28　油烟机的空间尺寸（单位：cm）

10.27 电冰箱的空间布局

冰箱摆放位置，离墙 30cm 就够了。对开门冰箱，至少要留 50cm。还需要注意的事项如下。

（1）冰箱上下预留空间不重要，正常冰箱放在地上，顶部有 50cm 的距离即可。

（2）冰箱左右空间是比较重要的，左右两侧要散热，左右各留 5 ～ 10cm。靠墙放，至少要离墙 10cm，以保证空气正常流通的距离。

（3）冰箱背后最好留 10cm 以上。

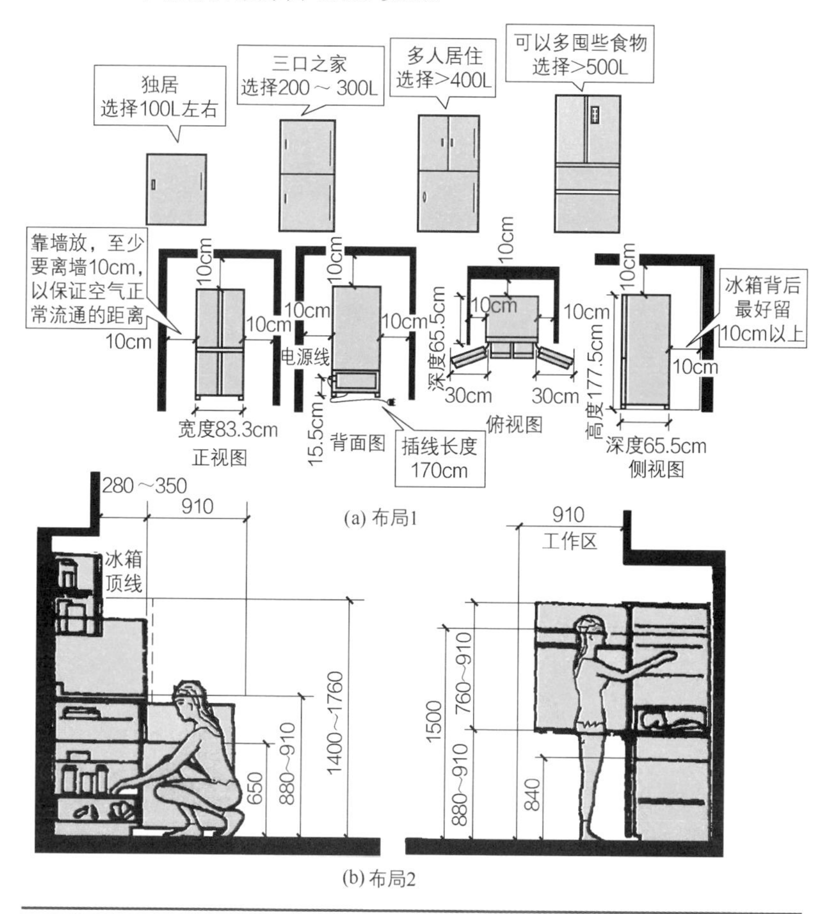
独居
选择100L左右
三口之家
选择200～300L
多人居住
选择>400L
可以多囤些食物
选择>500L
靠墙放，至少要离墙10cm，以保证空气正常流通的距离
10cm
10cm
10cm
宽度83.3cm
正视图
10cm
10cm
10cm
电源线
15.5cm
背面图
插线长度
170cm
10cm
10cm
10cm
深度65.5cm
30cm
30cm
俯视图
10cm
高度177.5cm
10cm
深度65.5cm
侧视图
冰箱背后最好留10cm以上
(a) 布局1
280～350
910
冰箱顶线
1400～1760
880～910
650
910
工作区
1500
760～910
880～910
840
(b) 布局2

图 10.29 电冰箱的空间布局

10.28 显示设备空间尺寸

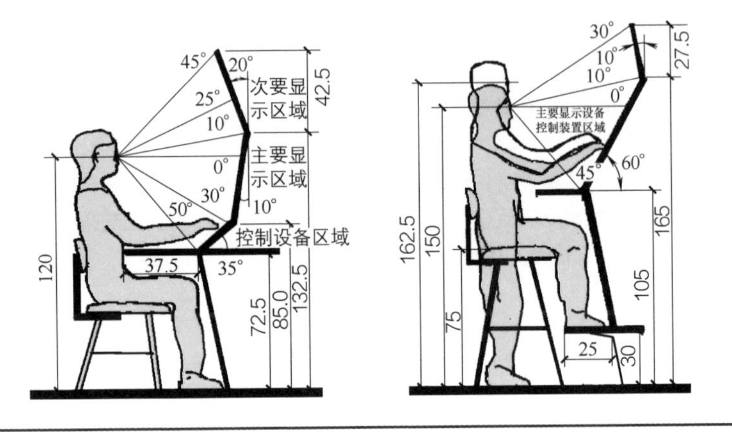

45°
20°
25°
次要显示区域
10°
42.5
主要显示区域
0°
30°
50°
10°
控制设备区域
120
37.5
35°
72.5
85.0
132.5
30°
10°
10°
0°
27.5
主要显示设备控制装置区域
60°
45°
162.5
150
165
105
75
25
30

图 10.30 显示设备空间尺寸（单位：cm）

10.29 住宅内床的边缘与墙、障碍物间的距离

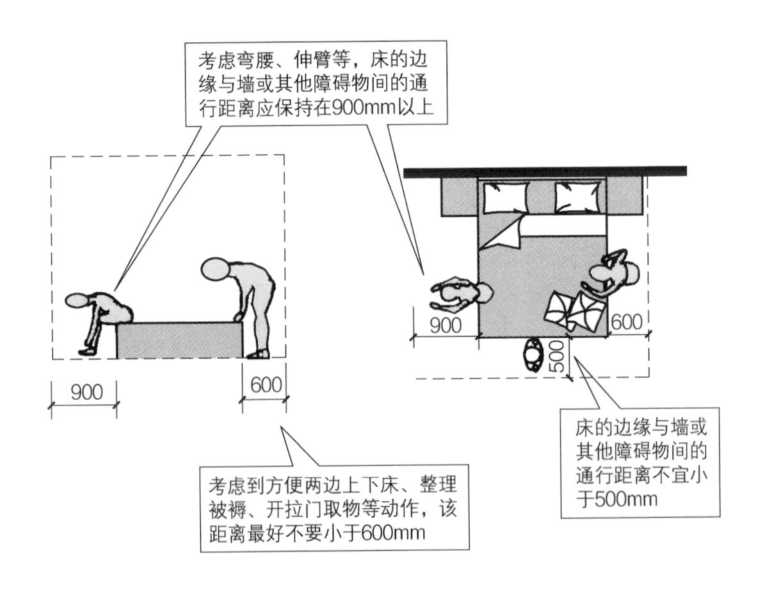

考虑弯腰、伸臂等，床的边缘与墙或其他障碍物间的通行距离应保持在900mm以上
900
600
900
600
500
考虑到方便两边上下床、整理被褥、开拉门取物等动作，该距离最好不要小于600mm
床的边缘与墙或其他障碍物间的通行距离不宜小于500mm

图 10.31 住宅内床的边缘与墙、障碍物间的距离

10.30 衣柜与床的间距

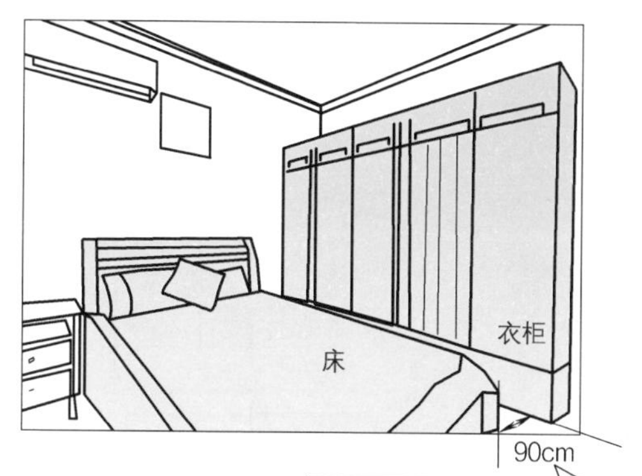
衣柜
床
90cm
衣柜被放在了与床相对的墙边，两件家具的间距一般为90cm。该距离是为了能够方便地打开柜门而不至于被绊倒在床上

图 10.32　衣柜与床的间距

10.31 衣柜布局的高度

衣柜布局的高度，应为 240cm。该尺寸考虑到了在衣柜里能够放下长一些（例如 160cm）的衣物，并且在上部留出了放换季衣物的空间（例如 80cm）。另外，也可以采用衣柜到顶布局。

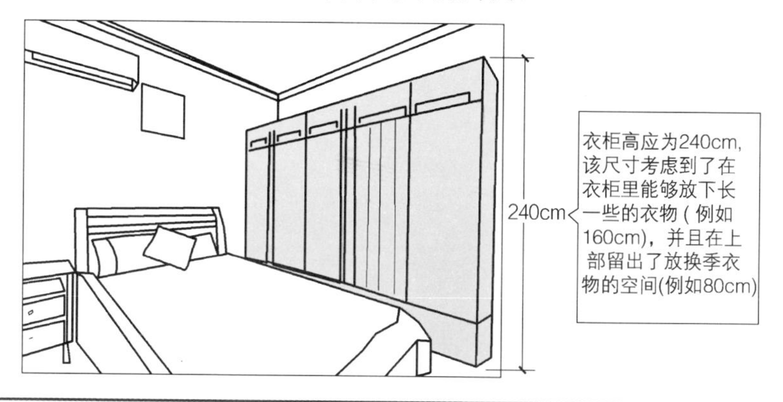
240cm
衣柜高应为240cm,该尺寸考虑到了在衣柜里能够放下长一些的衣物(例如160cm)，并且在上部留出了放换季衣物的空间(例如80cm)

图 10.33　衣柜布局的高度

10.32 带抽屉柜子与床铺的距离

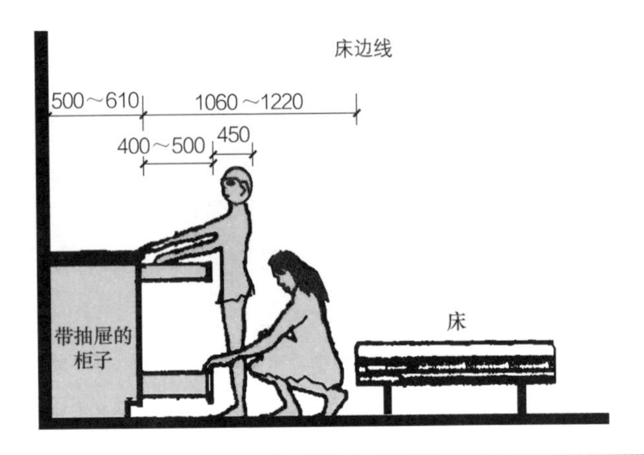

床边线
500～610
1060～1220
400～500
450
带抽屉的柜子
床

图 10.34 带抽屉柜子与床铺的距离

10.33 单人床与墙壁的间距

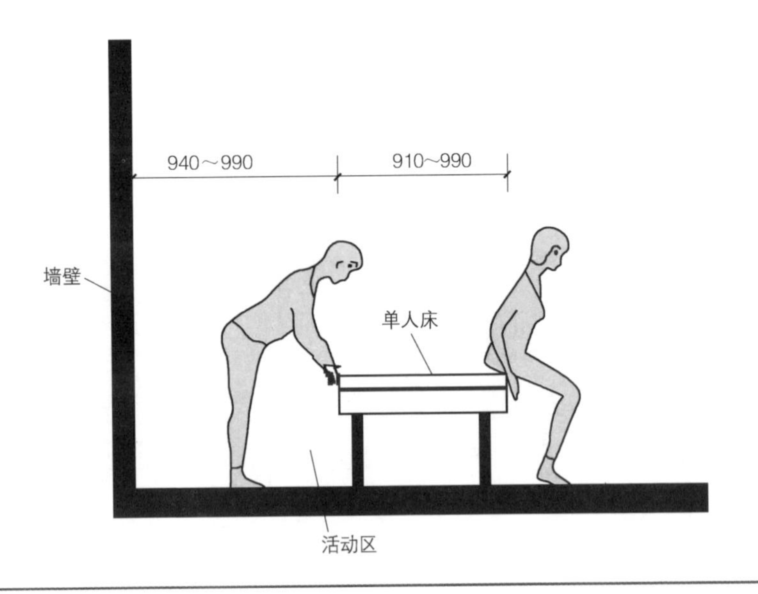

940～990
910～990
墙壁
单人床
活动区

图 10.35 单人床与墙壁的间距

10.34 单人床、双人床空间尺度

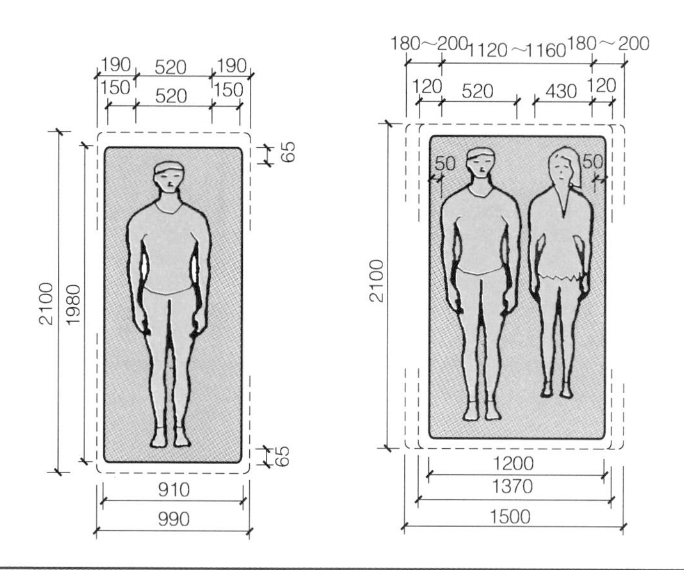
190
520
190
150
520
150
65
2100
1980
65
910
990
180～200
1120～1160
180～200
120
520
430
120
50
50
2100
1200
1370
1500

图 10.36 单人床、双人床空间尺度

10.35 双床间的间距尺寸

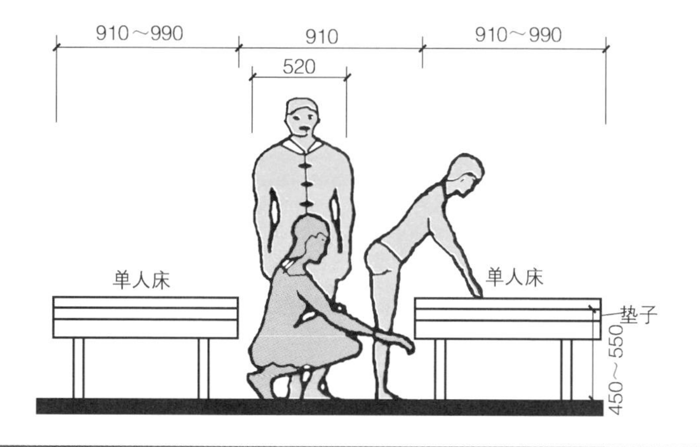
910～990
910
910～990
520
单人床
单人床
垫子
450～550

图 10.37 双床间的间距尺寸

10.36 梳妆台的空间尺寸

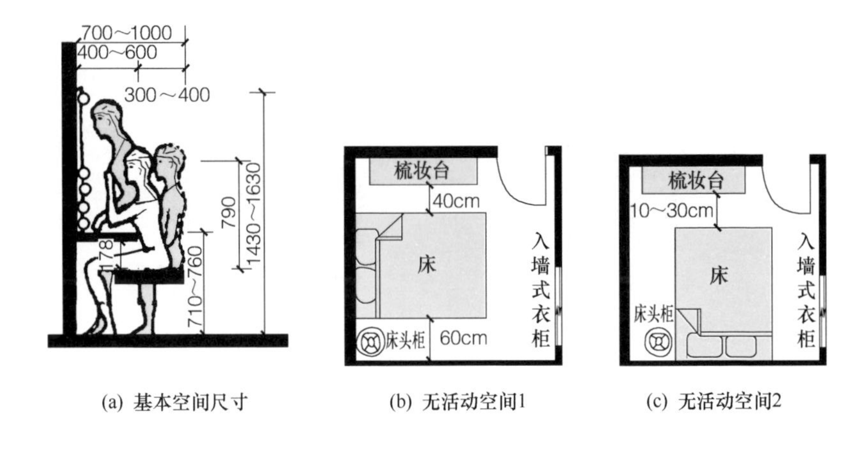
700～1000
400～600
300～400
790
1430～1630
178
710～760
梳妆台
40cm
床
入墙式衣柜
床头柜
60cm
梳妆台
10～30cm
床
床头柜
入墙式衣柜
(a) 基本空间尺寸
(b) 无活动空间1
(c) 无活动空间2

图 10.38 梳妆台的空间尺寸

10.37 带搁脚躺椅的空间尺寸

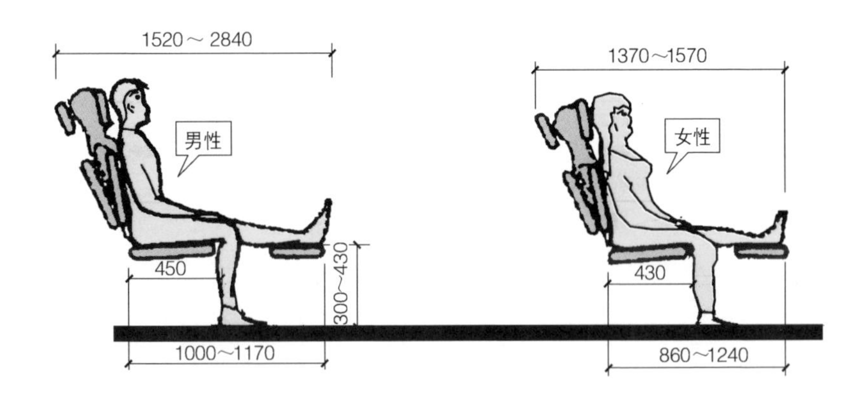
1520～2840
男性
450
300～430
1000～1170
1370～1570
女性
430
860～1240

图 10.39 带搁脚躺椅的空间尺寸

10.38 小型放衣间活动空间尺度

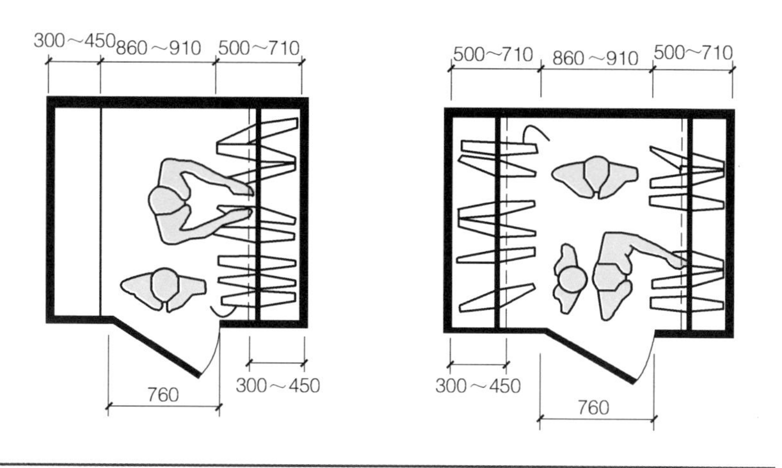
300～450
860～910
500～710
760
300～450
500～710
860～910
500～710
300～450
760

图 10.40　小型放衣间活动空间尺度

10.39 书房与人体尺寸

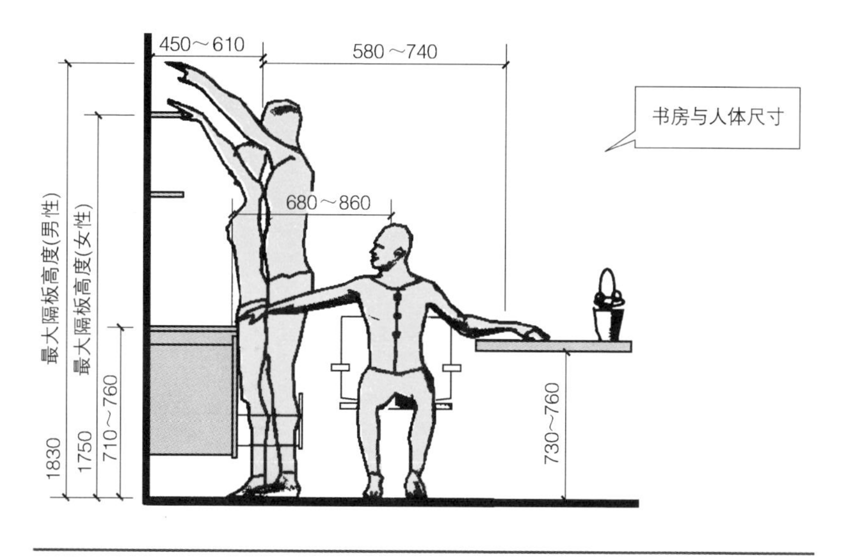
450～610
580～740
书房与人体尺寸
680～860
最大隔板高度(男性)
最大隔板高度(女性)
1830
1750
710～760
730～760

图 10.41　书房与人体尺寸

速看贴士——书柜的摆放

★儿童房书柜摆放，考虑安全与有利于孩子的学习。书桌不正对窗户，以免孩子被窗外的景物吸引分心影响学习。

★书桌背后要有倚靠，以求安全、不受扰。

★忌读书者座位背门，以免缺少安全感。

★书桌上放台灯，应该放置在书桌左方，以提高学习效果。

★书柜不摆放在阳光直射的地方，否则，不利于书本保存。

10.40 阳台地面的要求

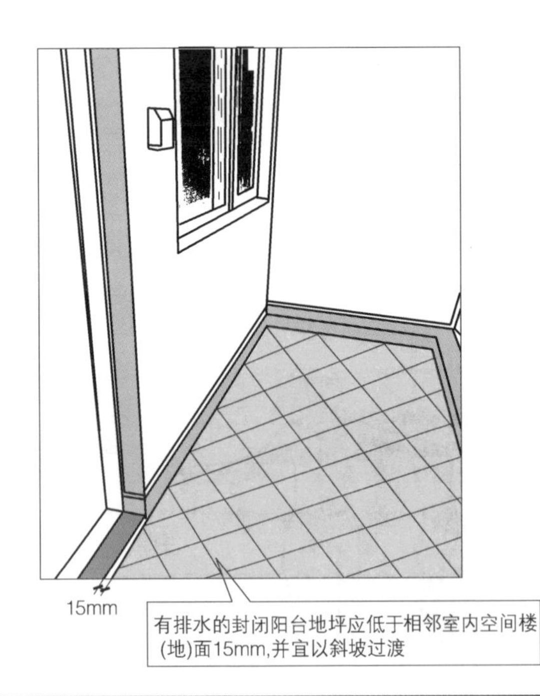
15mm
有排水的封闭阳台地坪应低于相邻室内空间楼(地)面15mm,并宜以斜坡过渡

图10.42 阳台地面的要求

10.41 户内热水器后热水管长度要求

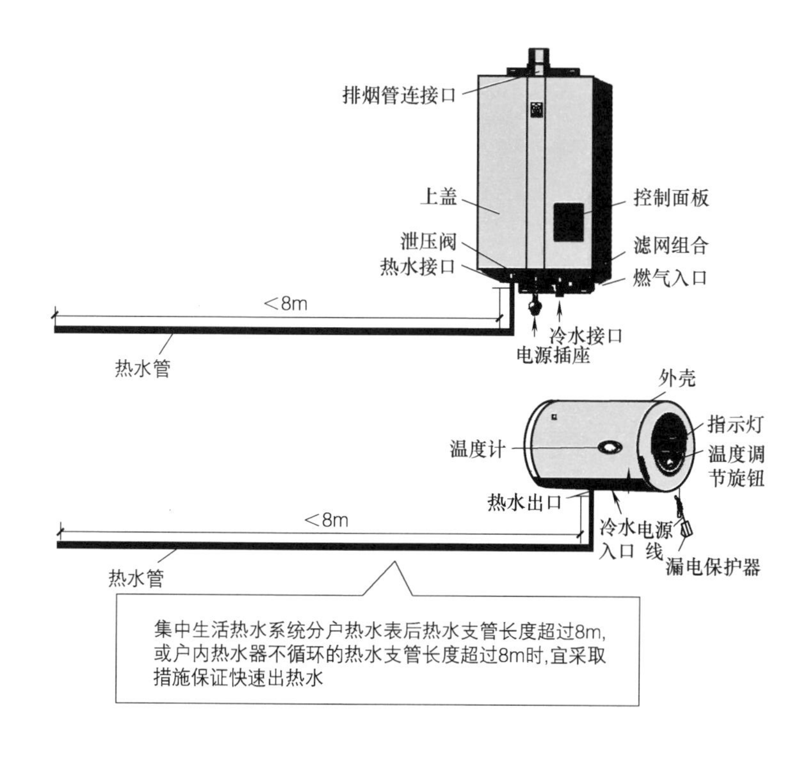
排烟管连接口
上盖
控制面板
泄压阀
滤网组合
热水接口
燃气入口
<8m
冷水接口
电源插座
热水管
外壳
指示灯
温度计
温度调
节旋钮
热水出口
<8m
冷水电源
入口 线
漏电保护器
热水管
集中生活热水系统分户热水表后热水支管长度超过8m，
或户内热水器不循环的热水支管长度超过8m时，宜采取
措施保证快速出热水

图 10.43 户内热水器后热水管长度要求

↘ 速看贴士——热水器安装要求

★燃气热水器管路必须是串联的，总长不超过 80m，扬程不超过 5m。

★热水器的安装部位应是由不可燃材料建造。如果安装部位是可燃材料或难燃材料，则需要采用防热板隔热，防热板与墙的距离应大于 10mm。

10.42 普通卫生间的要求

表 10.5 普通卫生间的要求

项目	要求
卫生间的室内净高	不应低于 2.2m
卫生间内排水横管下表面与楼面、地面净距	不应低于 1.9m，并且不得影响门、窗扇开启
卫生间门洞最小尺寸（门洞口高度不包括门上亮子高度，洞口两侧地面有高低差时，需要以高地面为起算高度）	0.7 m（洞口宽度）、2 m（洞口高度）
卫生间宜有直接采光、自然通风，并且其侧面采光窗洞口面积不应小于地面面积的分数	1/10
卫生间宜有直接采光、自然通风，通风开口面积不应小于地面面积的分数	1/20
卫生间窗台高（窗扇上悬，保证卫生间的采光通风效果，以及不影响私密性）	1300 ～ 1500mm

速看贴士——卫生间的结构

★做同层排水处理时，宜降低卫生间内结构板标高 300 ~ 400mm。一般情况下要求卫生间楼、地面标高要低于相邻房间的楼、地面 15 ~ 20mm。

10.43 卫生间的通风与排气

表 10.6 卫生间的通风与排气

项目	要求
排气口距非上人屋面的距离尺寸	≥ 300mm
排气口距上人屋面的距离尺寸	≥ 2000mm
卫生间的门，应在下部设有效截面积的百叶与缝隙	不小于 $0.02m^2$ 的固定百叶，或者距地面留出 15 ～ 20mm 的缝隙
卫生间排气扇宜结合吊顶设吸顶式排风扇，洞口大小尺寸	一般为 ≥ ϕ200 的圆洞，或为 ≥ 200mm×200mm 的方洞

10.44 普通卫生间尺寸系列

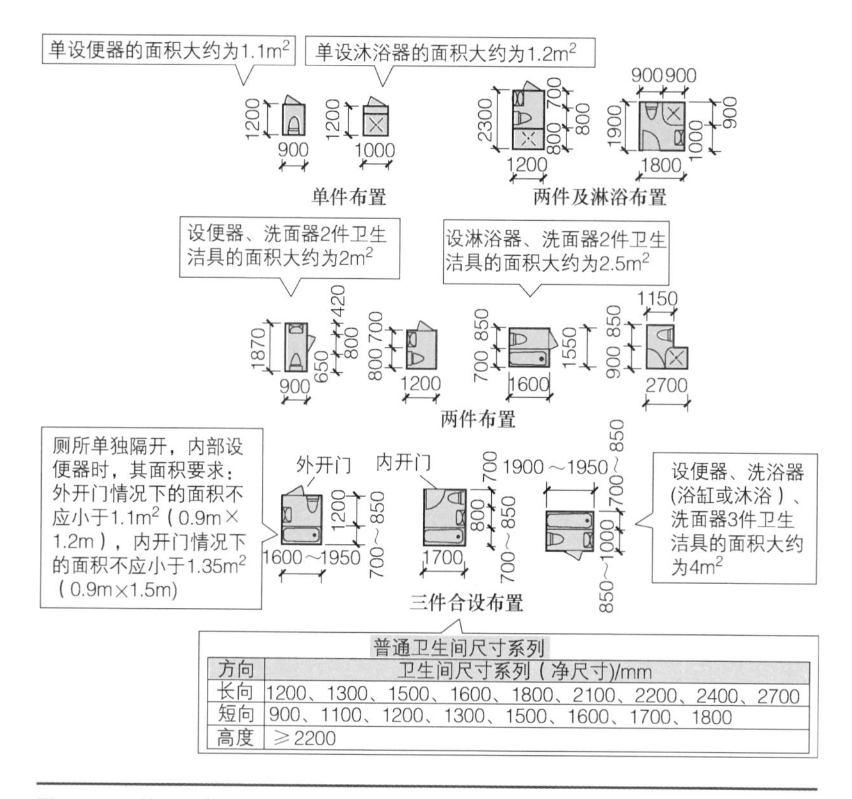

单设便器的面积大约为1.1m²
单设沐浴器的面积大约为1.2m²
单件布置
两件及淋浴布置
设便器、洗面器2件卫生洁具的面积大约为2m²
设淋浴器、洗面器2件卫生洁具的面积大约为2.5m²
两件布置
厕所单独隔开，内部设便器时，其面积要求：外开门情况下的面积不应小于1.1m²（0.9m×1.2m），内开门情况下的面积不应小于1.35m²（0.9m×1.5m）
外开门
内开门
设便器、洗浴器(浴缸或沐浴）、洗面器3件卫生洁具的面积大约为4m²
三件合设布置

普通卫生间尺寸系列

方向	卫生间尺寸系列（净尺寸)/mm
长向	1200、1300、1500、1600、1800、2100、2200、2400、2700
短向	900、1100、1200、1300、1500、1600、1700、1800
高度	≥2200

图10.44　普通卫生间尺寸系列（未标注的单位：mm）

10.45 整体卫生间的要求

整体卫生间作为无障碍卫生间时，除需要满足无障碍卫生间要求外，还需要满足距地面高400～500mm位置设求助呼叫按钮等要求。

整体卫生间的门扇需要向外开启，并且门扇开启的净宽不应小于800mm。

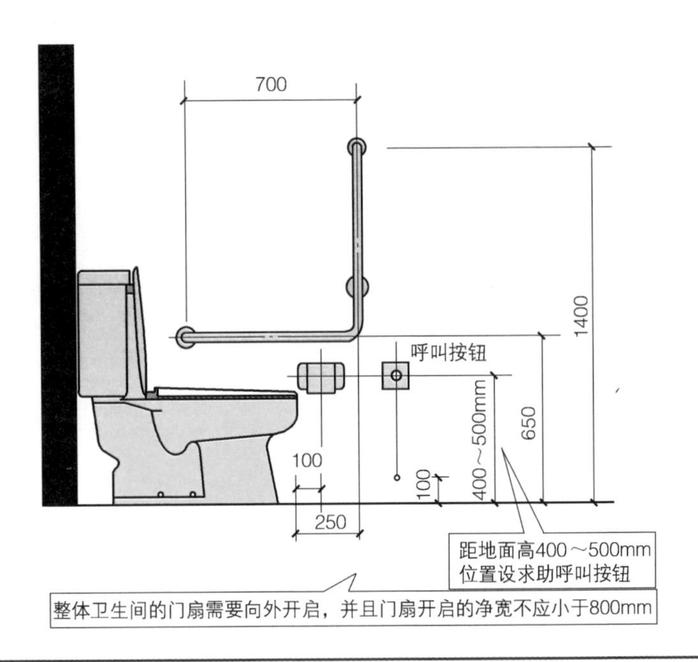
700
1400
呼叫按钮
650
400～500mm
100
100
250
距地面高400～500mm
位置设求助呼叫按钮
整体卫生间的门扇需要向外开启，并且门扇开启的净宽不应小于800mm

图 10.45　整体卫生间的要求

10.46　卫生间楼地面与相邻空间楼地面的高差要求

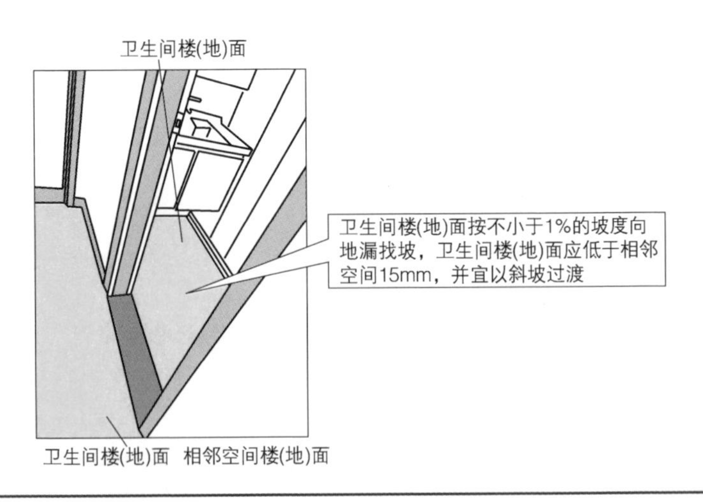
卫生间楼(地)面
卫生间楼(地)面按不小于1%的坡度向地漏找坡，卫生间楼(地)面应低于相邻空间15mm，并宜以斜坡过渡
卫生间楼(地)面
相邻空间楼(地)面

图 10.46　卫生间楼地面与相邻空间楼地面的高差要求

10.47 洗脸盆空间要求

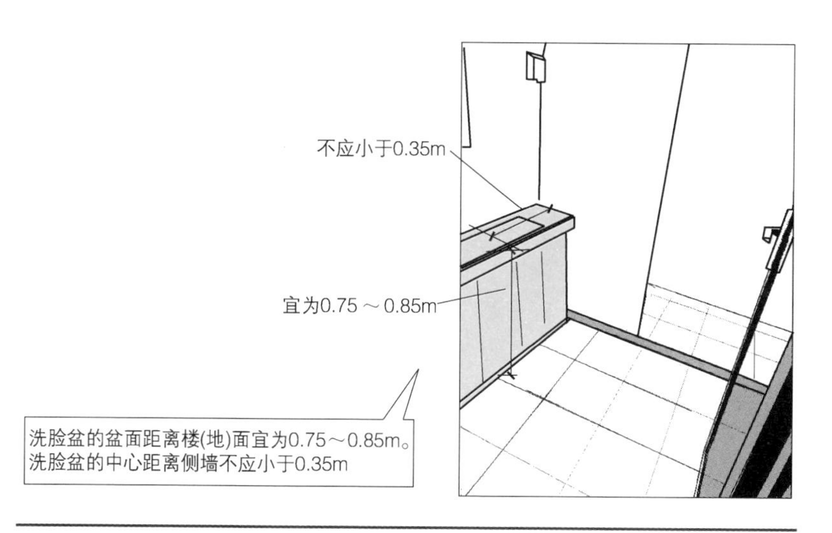

不应小于0.35m
宜为0.75～0.85m
洗脸盆的盆面距离楼(地)面宜为0.75～0.85m。
洗脸盆的中心距离侧墙不应小于0.35m

图 10.47　洗脸盆空间要求

10.48 洗脸盆间的布局

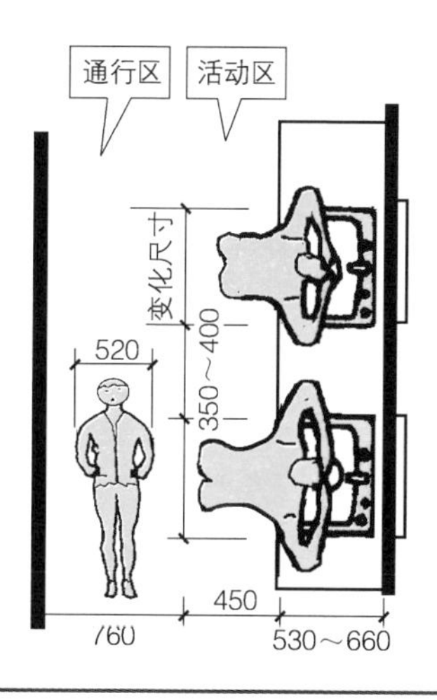

通行区
活动区
变化尺寸
350～400
520
450
760
530～660

图 10.48　洗脸盆间的布局

10.49 小孩、女性洗脸盆的空间尺寸

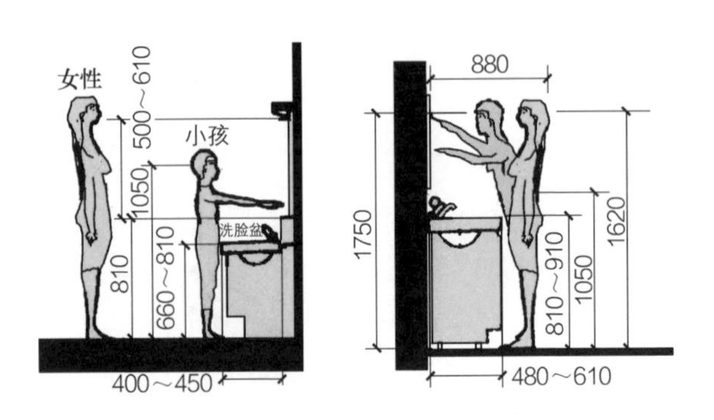

女性
500～610
1050
小孩
洗脸盆
810
660～810
400～450
880
1750
1620
810～910
1050
480～610

图 10.49 小孩、女性洗脸盆的空间尺寸

10.50 浴盆空间布局

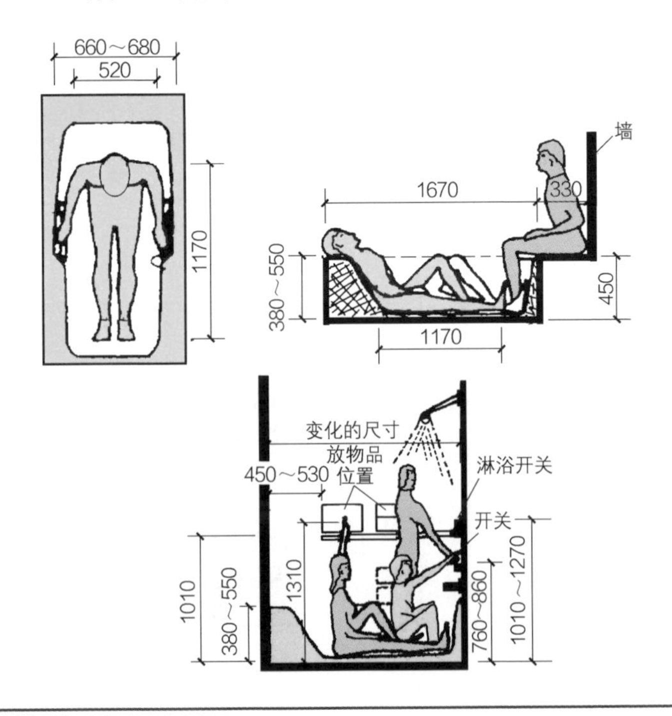

660～680
520
1170
墙
1670
330
380～550
450
1170
变化的尺寸
放物品
450～530
位置
淋浴开关
开关
1010
380～550
1310
760～860
1010～1270

图 10.50 浴盆空间布局

10.51 淋浴区空间要求

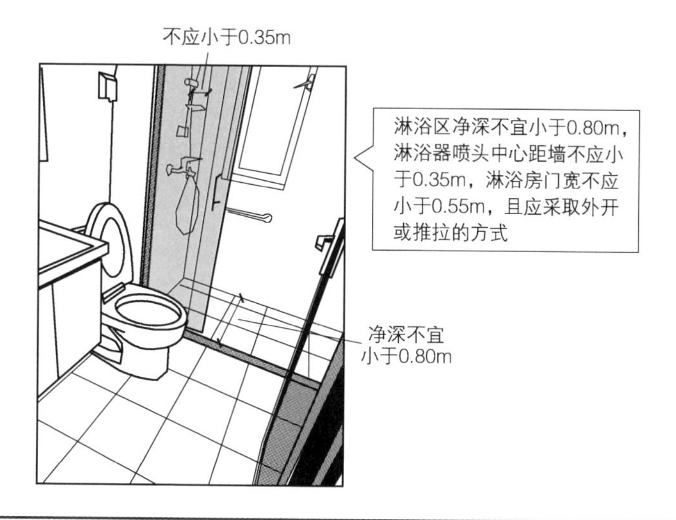

不应小于0.35m
淋浴区净深不宜小于0.80m，淋浴器喷头中心距墙不应小于0.35m，淋浴房门宽不应小于0.55m，且应采取外开或推拉的方式
净深不宜小于0.80m

图 10.51 淋浴区空间要求

10.52 淋浴空间布局

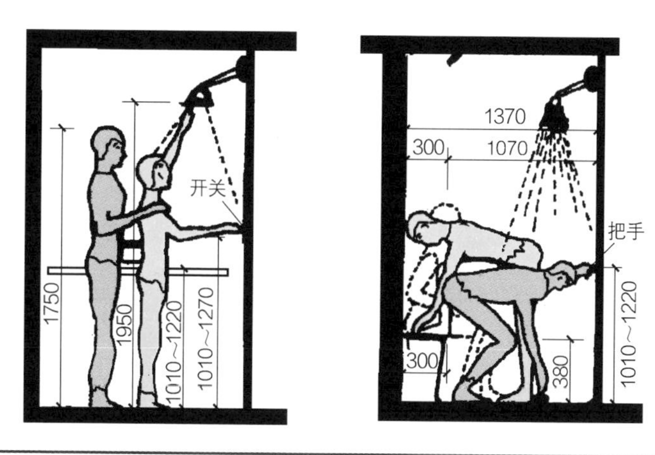

开关
1750
1950
1010～1220
1010～1270
1370
300
1070
把手
300
380
1010～1220

图 10.52 淋浴空间布局

10.53 坐式便器空间布局

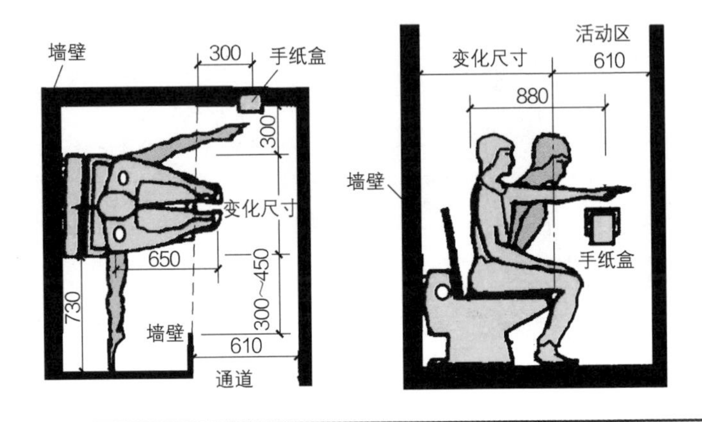

墙壁
300
手纸盒
300
变化尺寸
650
300~450
730
墙壁
610
通道
活动区
变化尺寸
610
880
墙壁
手纸盒

图 10.53 坐式便器空间布局

10.54 坐式便器空间要求

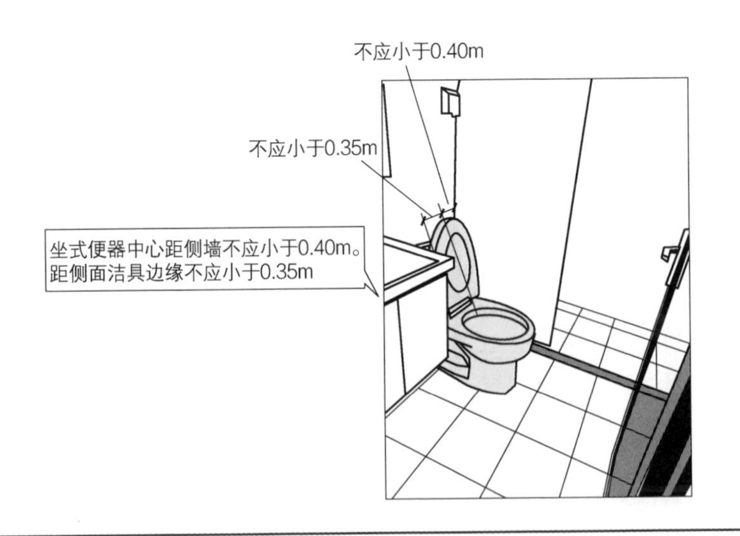

不应小于0.40m
不应小于0.35m
坐式便器中心距侧墙不应小于0.40m。
距侧面洁具边缘不应小于0.35m

图 10.54 坐式便器空间要求

10.55 地漏要求

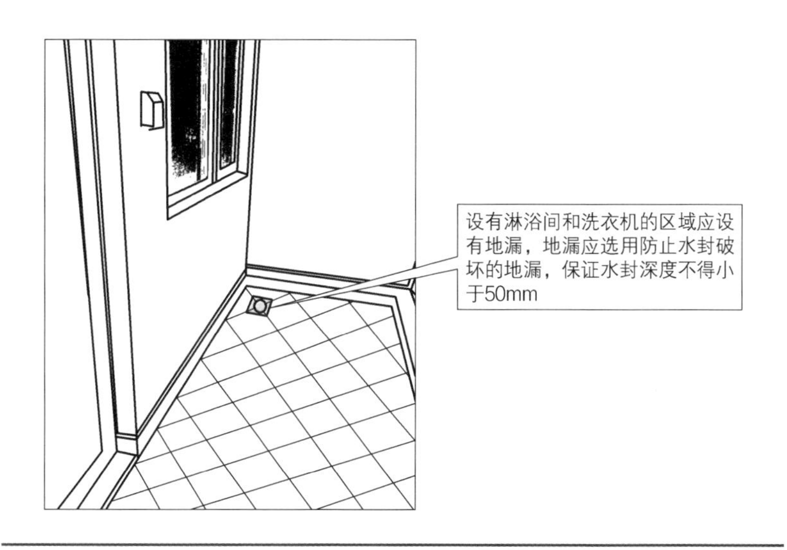
设有淋浴间和洗衣机的区域应设有地漏，地漏应选用防止水封破坏的地漏，保证水封深度不得小于50mm

图 10.55　地漏要求

10.56 卫生间漏电保护器的要求

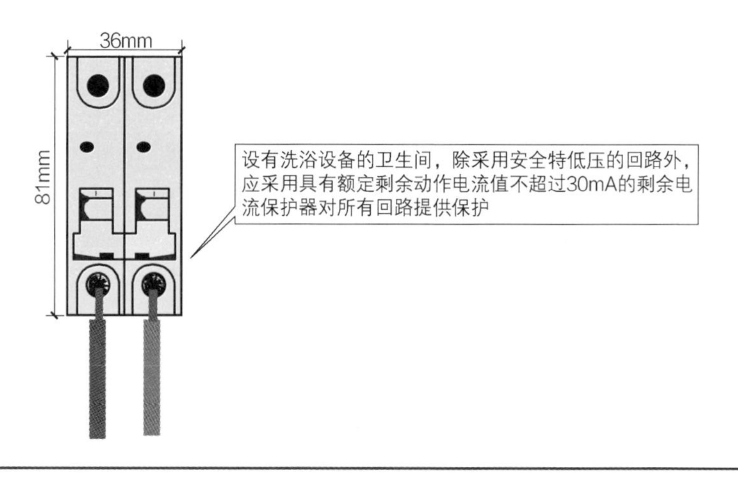
36mm
81mm
设有洗浴设备的卫生间，除采用安全特低压的回路外，应采用具有额定剩余动作电流值不超过30mA的剩余电流保护器对所有回路提供保护

图 10.56　卫生间漏电保护器的要求

10.57 卫生间插座的要求

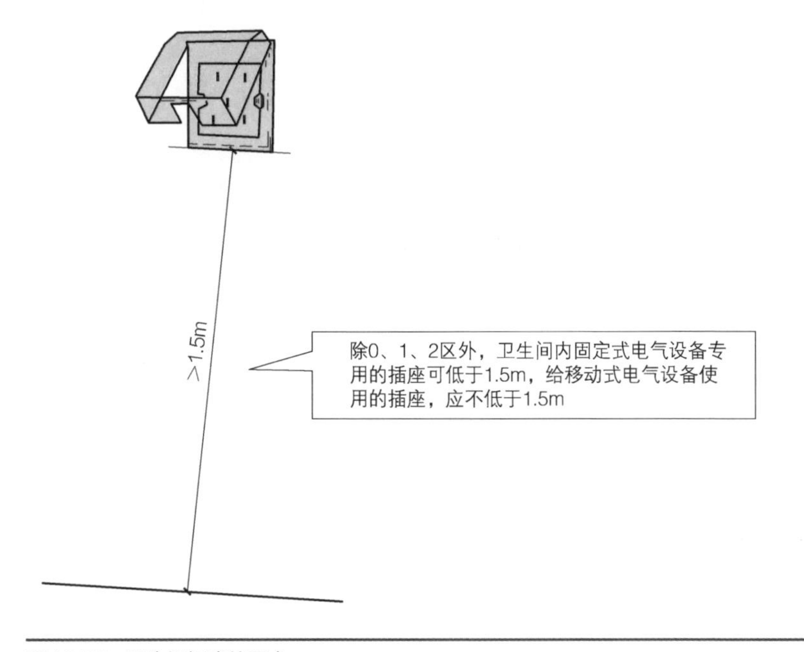

≥1.5m
除0、1、2区外，卫生间内固定式电气设备专用的插座可低于1.5m，给移动式电气设备使用的插座，应不低于1.5m

图10.57　卫生间插座的要求

第五部分

流行装修与施工工艺

第11章

流行装修

11.1 窄边双眼皮吊顶尺寸

目前，许多商品房层高为2.6～2.8m，采用传统吊顶，可能会影响层高。如果采用双眼皮吊顶，不但不影响空间的层高，而且具有一定的美感。

双眼皮吊顶，就是常采用两层石膏板，其高度一般为20～30cm间。如果需要隐藏中央空调、有窗帘盒的，则高度会选取30cm。

双眼皮吊顶，边吊两层板子的落差控制为3～5cm左右。

边吊表层石膏板厚度为12mm，底层石膏板厚度为9mm，多选择可以两层叠加。

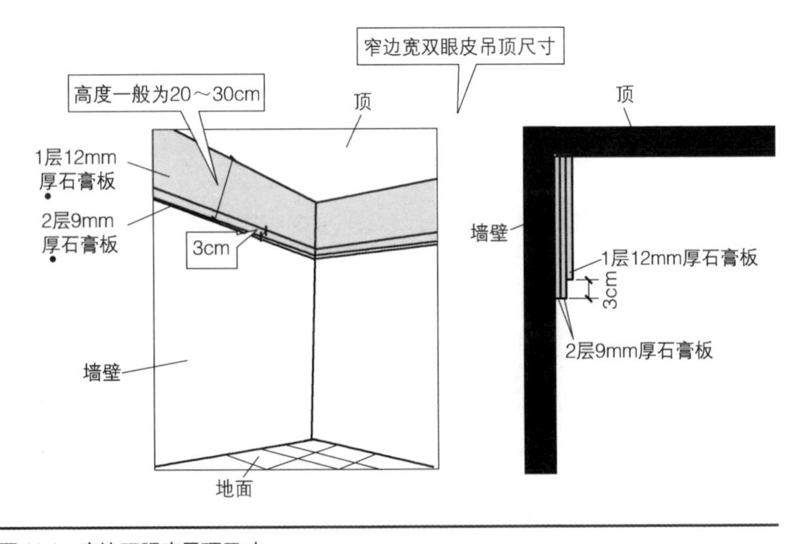
窄边宽双眼皮吊顶尺寸
高度一般为20～30cm
顶
1层12mm厚石膏板
2层9mm厚石膏板
3cm
墙壁
地面
顶
墙壁
1层12mm厚石膏板
3cm
2层9mm厚石膏板

图11.1 窄边双眼皮吊顶尺寸

11.2 宽边双眼皮吊顶尺寸

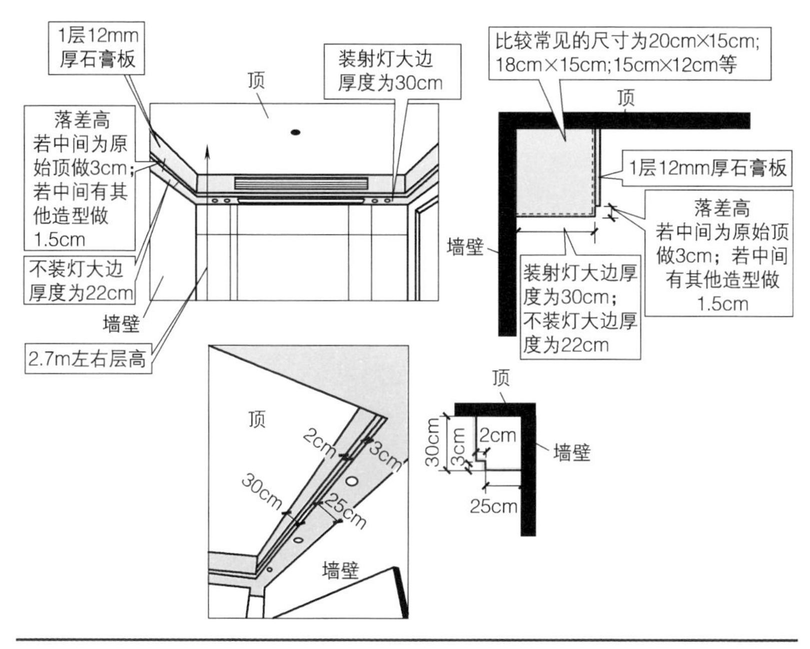

1层12mm厚石膏板
顶
装射灯大边厚度为30cm
落差高若中间为原始顶做3cm；若中间有其他造型做1.5cm
不装灯大边厚度为22cm
墙壁
2.7m左右层高
比较常见的尺寸为20cm×15cm；18cm×15cm；15cm×12cm等
顶
1层12mm厚石膏板
墙壁
落差高若中间为原始顶做3cm；若中间有其他造型做1.5cm
装射灯大边厚度为30cm；不装灯大边厚度为22cm
顶
2cm
3cm
30cm
25cm
墙壁
顶
30cm
3cm
2cm
25cm
墙壁

图 11.2　宽边双眼皮吊顶尺寸

11.3 轻钢龙骨双眼皮吊顶尺寸

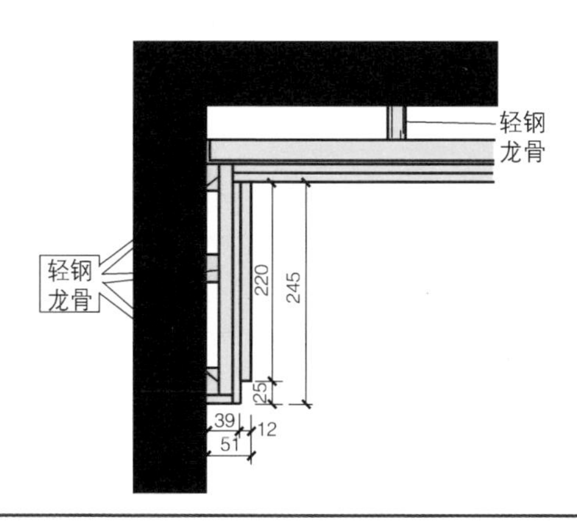

轻钢龙骨
轻钢龙骨
220
245
25
39
12
51

图 11.3　轻钢龙骨双眼皮吊顶尺寸（单位：cm）

11.4 双眼皮 + 石膏线吊顶尺寸

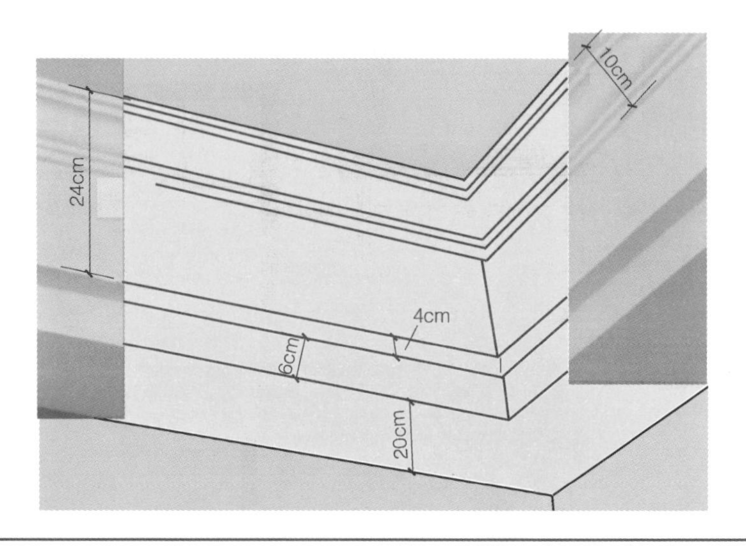
10cm
24cm
4cm
6cm
20cm

图 11.4　双眼皮 + 石膏线吊顶尺寸

11.5 双眼皮 + 金属条吊顶尺寸

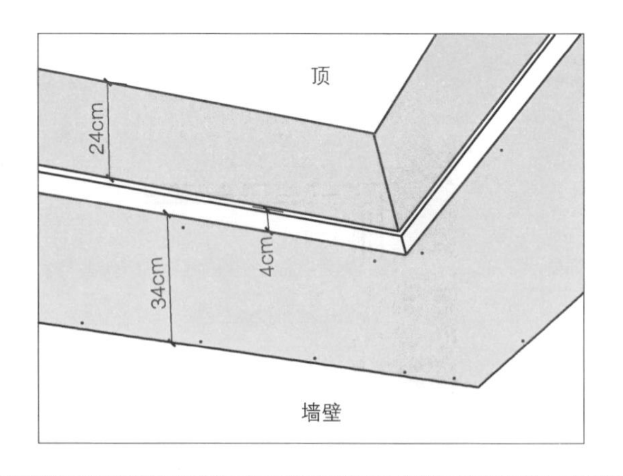
顶
24cm
4cm
34cm
墙壁

图 11.5　双眼皮 + 金属条吊顶尺寸

11.6 其他双眼皮吊顶尺寸

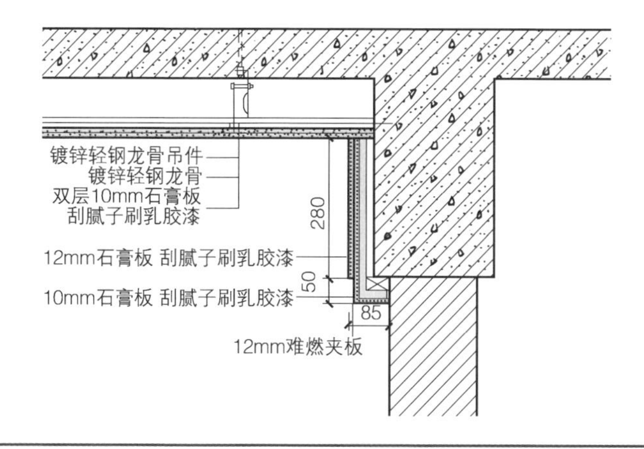
镀锌轻钢龙骨吊件
镀锌轻钢龙骨
双层10mm石膏板
刮腻子刷乳胶漆
280
12mm石膏板 刮腻子刷乳胶漆
50
10mm石膏板 刮腻子刷乳胶漆
85
12mm难燃夹板

图 11.6 其他双眼皮吊顶尺寸

11.7 钛金条的尺寸与安装尺寸

↘ 速看贴士——钛金条

★钛金条，又叫做镀钛不锈钢条，其是一种金属造型线条。

★根据颜色，钛金条可以分为拉丝银、拉丝金、拉丝青古铜、拉丝灰钛、拉丝香槟、拉丝红古铜、拉丝钛黑、拉丝玫瑰金等。

★根据样式，钛金条可以分为U形条、L形条、T形条、平板条等。

★根据使用场合，钛金条可以分为木门用、衣柜门用、瓷砖腰线用、石膏板吊顶用、软包用、收边包边用等。

★根据材质，钛金条可以分为201材质钛金条、303材质钛金条等。

★一般使用钛金条宽度25～50cm，实际尺寸需要根据空间大小来确定。空间大，钛金条宽度就宽一些。

11.8 灶台与水槽台面、操作台的落差

一般而言，炒菜的灶台高度为 70 ～ 80cm，水槽台面、厨房操作台高度为 80 ～ 90cm，两台面落差应为 10cm 左右。以前的装修，灶台与水槽台面、操作台一样高。

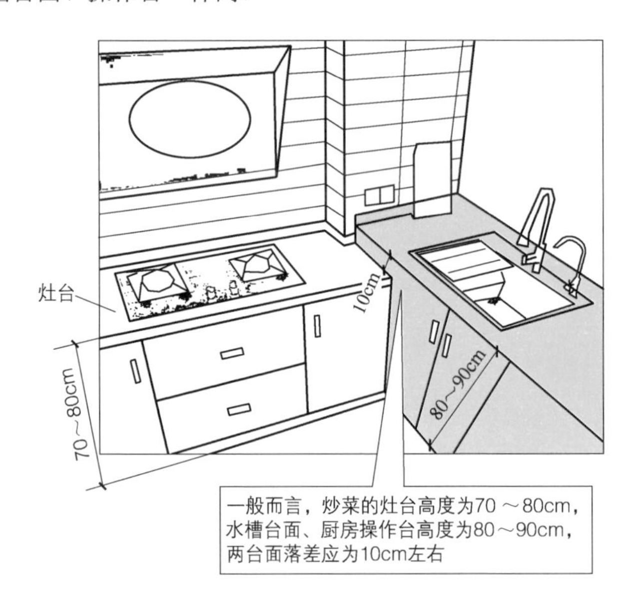
灶台
10cm
70～80cm
80～90cm
一般而言，炒菜的灶台高度为70 ～80cm，
水槽台面、厨房操作台高度为80～90cm，
两台面落差应为10cm左右

水槽台面为在80～90cm
轻松洗菜切菜
炒菜的灶台面为在70～80cm
轻松炒菜
落差
10cm
左右
87.5cm
170cm
75cm

图 11.7　灶台与水槽台面、操作台的落差

11.9 厨房转角做钻石转角柜布局

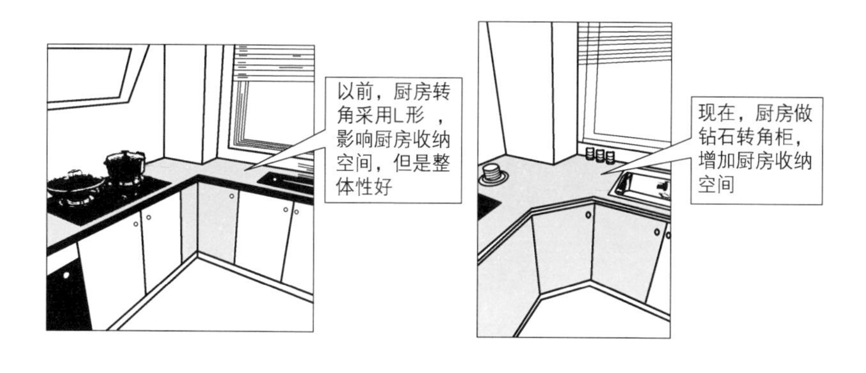
以前，厨房转角采用L形　，影响厨房收纳空间，但是整体性好
现在，厨房做钻石转角柜，增加厨房收纳空间

图 11.8　厨房转角的布局

11.10 厨房地柜不着地悬空 150mm 布局

以前,厨房地柜着地,或者设计挡板，具有碰脚、不便于打扫卫生等缺点,具有一体化、整体化的优点
150mm
现在,厨房地柜悬空150mm,便于站立式脚伸进,不碰脚。同时,有利于打扫卫生,以及便于扫地机器人打扫卫生

图 11.9　厨房地柜的布局

11.11 橱柜原地脚线做抽屉布局

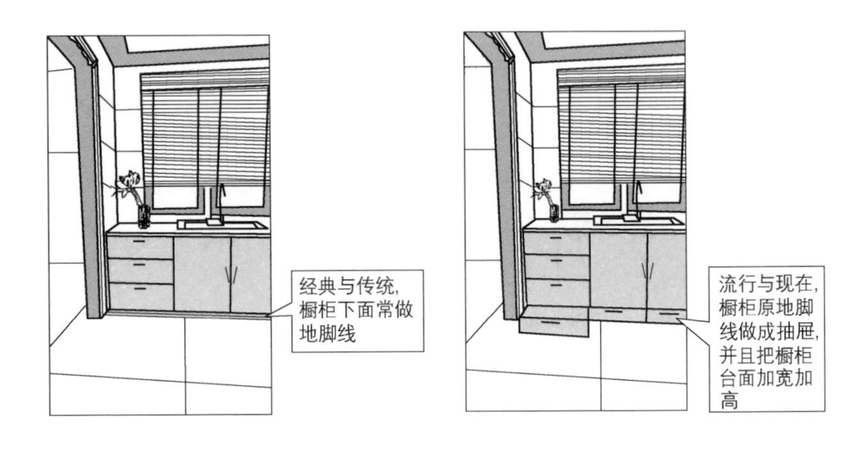
经典与传统,
橱柜下面常做
地脚线
流行与现在,
橱柜原地脚
线做成抽屉,
并且把橱柜
台面加宽加
高

图 11.10　橱柜地脚线处的布局

11.12 厨房设计阶梯式吊柜布局

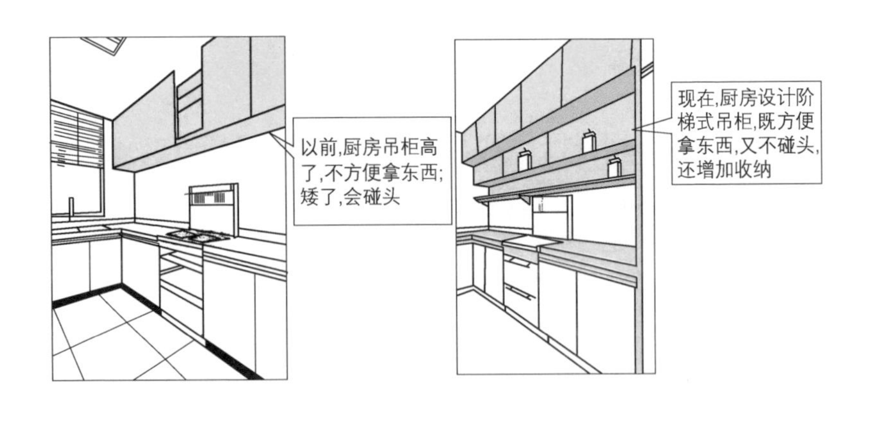
以前,厨房吊柜高
了,不方便拿东西;
矮了,会碰头
现在,厨房设计阶
梯式吊柜,既方便
拿东西,又不碰头,
还增加收纳

图 11.11　厨房吊柜的布局

11.13 浴室不做常规挡水条布局

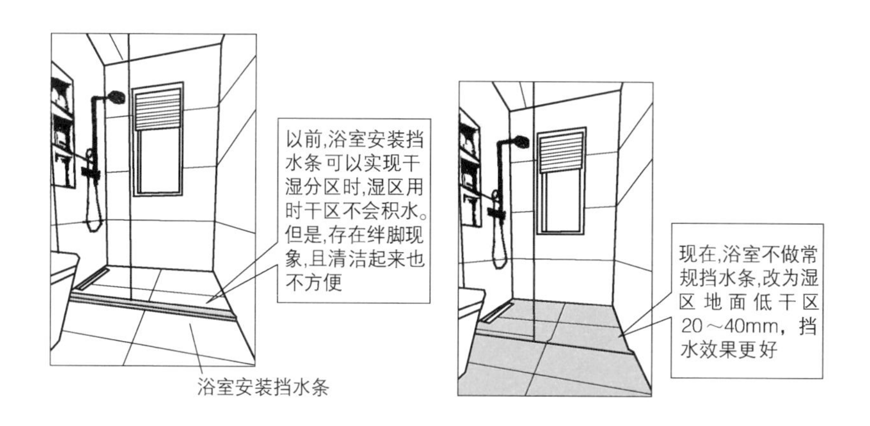
以前,浴室安装挡水条可以实现干湿分区时,湿区用时干区不会积水。但是,存在绊脚现象,且清洁起来也不方便
浴室安装挡水条
现在,浴室不做常规挡水条,改为湿区地面低干区20～40mm，挡水效果更好

图 11.12　浴室的布局

11.14 卫生间设计横长方洞的布局

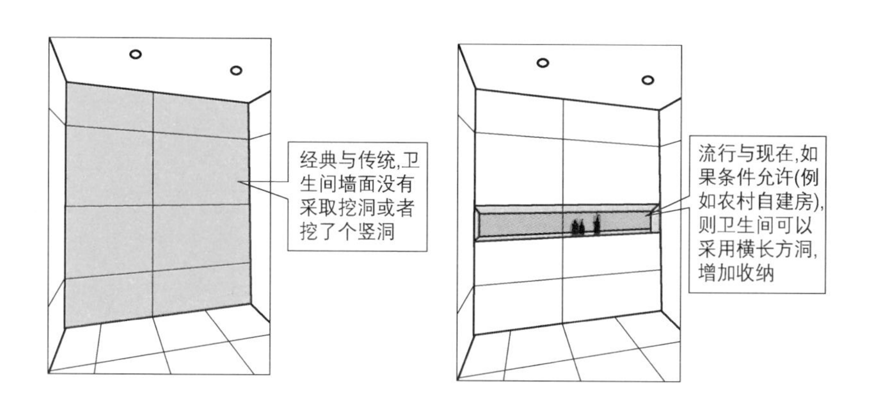
经典与传统,卫生间墙面没有采取挖洞或者挖了个竖洞
流行与现在,如果条件允许(例如农村自建房),则卫生间可以采用横长方洞,增加收纳

图 11.13　卫生间的布局

11.15 悬空洗漱台的布局

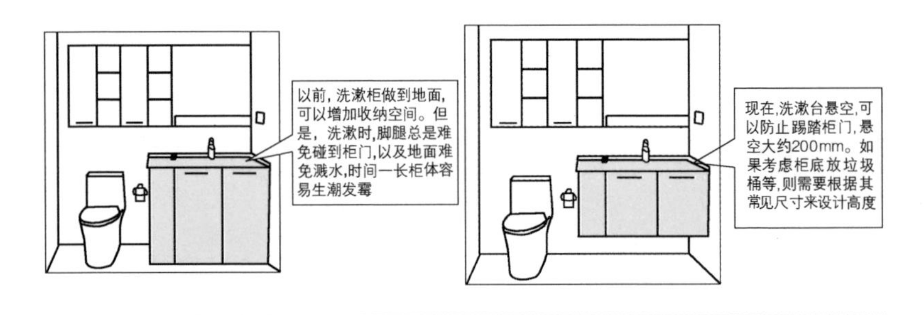
以前，洗漱柜做到地面，可以增加收纳空间。但是，洗漱时，脚腿总是难免碰到柜门，以及地面难免溅水，时间一长柜体容易生潮发霉
现在，洗漱台悬空，可以防止踢踏柜门，悬空大约200mm。如果考虑柜底放垃圾桶等，则需要根据其常见尺寸来设计高度

图 11.14　洗漱台的布局

11.16 鞋柜底部留扫地机器人插座的布局

鞋柜底部留扫地机器人插座

图 11.15　鞋柜底部的布局

11.17 客厅地面不做波导线全屋通铺布局

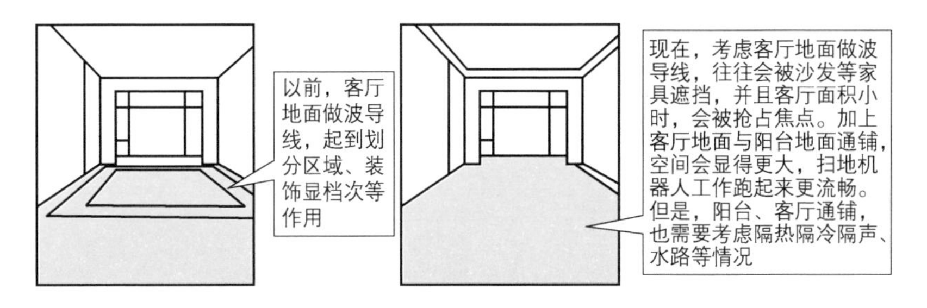
以前，客厅地面做波导线，起到划分区域、装饰显档次等作用
现在，考虑客厅地面做波导线，往往会被沙发等家具遮挡，并且客厅面积小时，会被抢占焦点。加上客厅地面与阳台地面通铺，空间会显得更大，扫地机器人工作跑起来更流畅。但是，阳台、客厅通铺，也需要考虑隔热隔冷隔声、水路等情况

图 11.16 客厅地面的布局

11.18 电视背景墙的插座不外露（藏柜内）布局

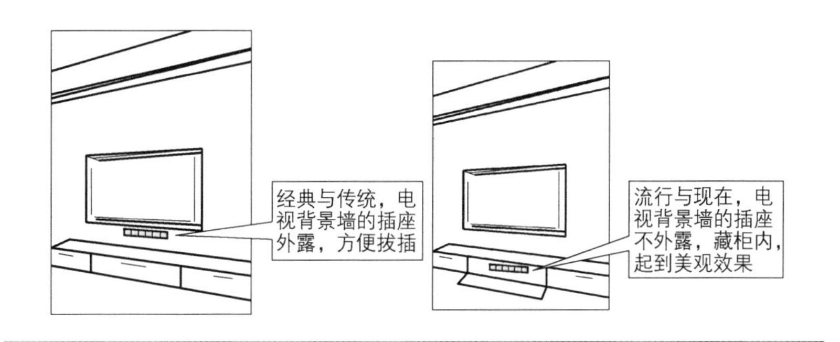
经典与传统，电视背景墙的插座外露，方便拔插
流行与现在，电视背景墙的插座不外露，藏柜内，起到美观效果

图 11.17 电视背景墙插座的布局

11.19 电视柜悬空的布局

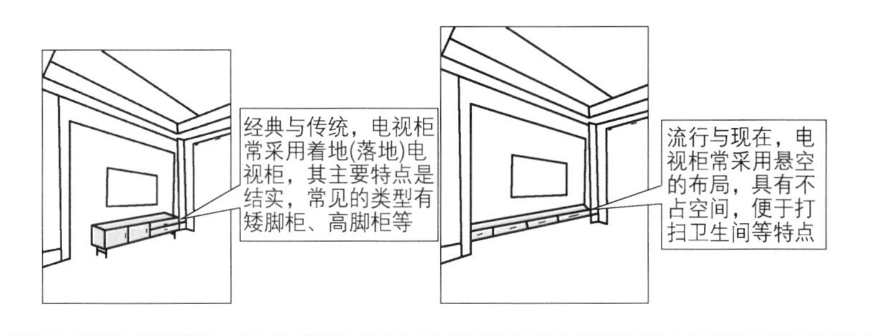
经典与传统，电视柜常采用着地(落地)电视柜，其主要特点是结实，常见的类型有矮脚柜、高脚柜等
流行与现在，电视柜常采用悬空的布局，具有不占空间，便于打扫卫生间等特点

图 11.18 电视柜的布局

11.20 不做复杂的电视背景墙的布局

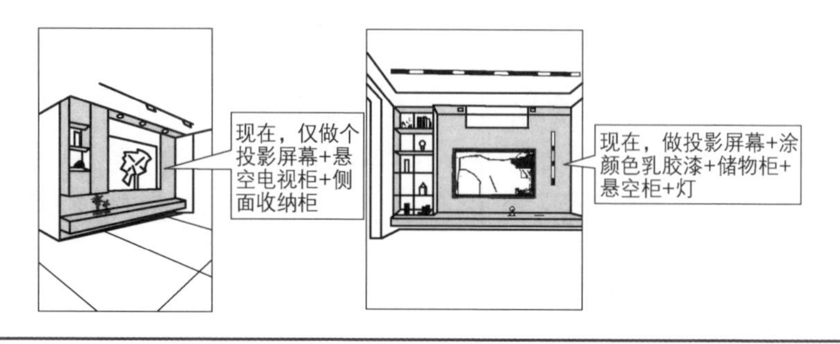
现在，仅做个投影屏幕+悬空电视柜+侧面收纳柜
现在，做投影屏幕+涂颜色乳胶漆+储物柜+悬空柜+灯

图 11.19　电视背景墙的布局

11.21 客厅采用无主灯的布局

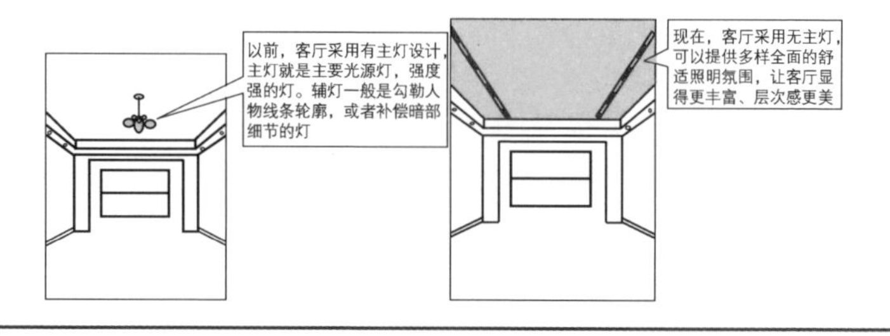
以前，客厅采用有主灯设计，主灯就是主要光源灯，强度强的灯。辅灯一般是勾勒人物线条轮廓，或者补偿暗部细节的灯
现在，客厅采用无主灯，可以提供多样全面的舒适照明氛围，让客厅显得更丰富、层次感更美

图 11.20　客厅灯的布局

11.22 客厅沙发下做地台柜的布局

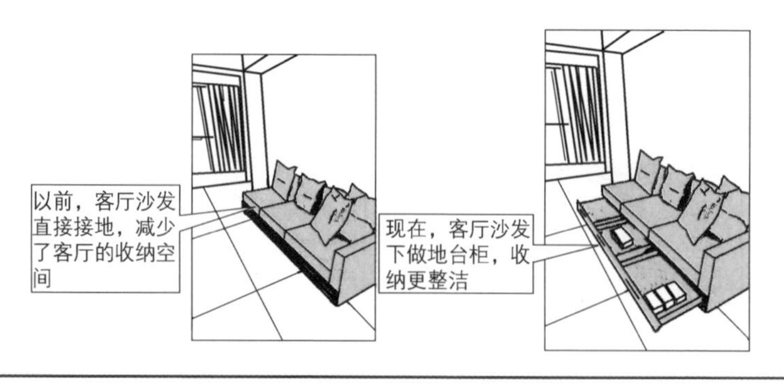
以前，客厅沙发直接接地，减少了客厅的收纳空间
现在，客厅沙发下做地台柜，收纳更整洁

图 11.21　客厅沙发下的布局

11.23 卧室不装挂机装风管机的布局

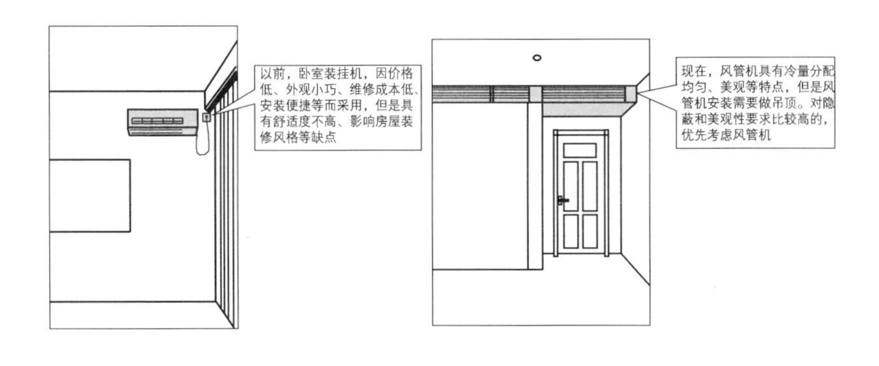
以前，卧室装挂机，因价格低、外观小巧、维修成本低、安装便捷等而采用，但是具有舒适度不高、影响房屋装修风格等缺点
现在，风管机具有冷量分配均匀、美观等特点，但是风管机安装需要做吊顶。对隐蔽和美观性要求比较高的，优先考虑风管机

图 11.22　卧室制冷制热设备的布局

11.24 去掉单独床头柜的布局

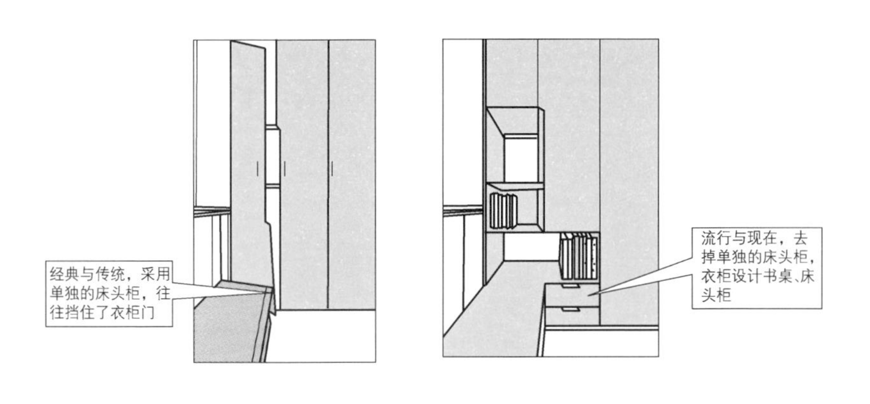
经典与传统，采用单独的床头柜，往往挡住了衣柜门
流行与现在，去掉单独的床头柜，衣柜设计书桌、床头柜

图 11.23　床头柜的布局

11.25 不做床头柜改用悬浮书桌的布局

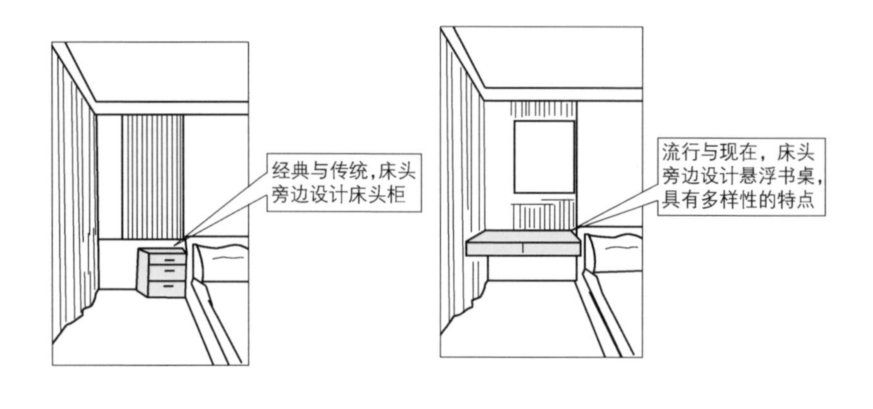

经典与传统,床头
旁边设计床头柜
流行与现在，床头
旁边设计悬浮书桌,
具有多样性的特点

图 11.24 悬浮书桌的布局

11.26 杆架代替衣柜的布局

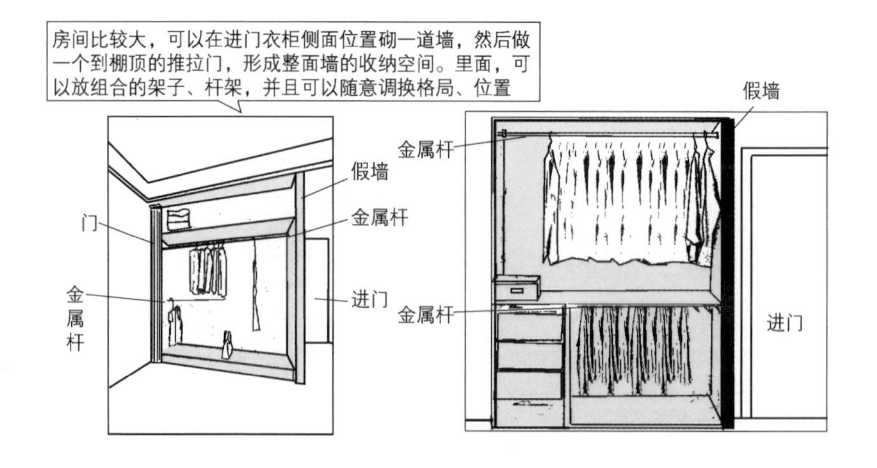

房间比较大，可以在进门衣柜侧面位置砌一道墙，然后做
一个到棚顶的推拉门，形成整面墙的收纳空间。里面，可
以放组合的架子、杆架，并且可以随意调换格局、位置
假墙
门
金属杆
金
属
杆
进门
假墙
金属杆
金属杆
进门

图 11.25 杆架的布局

11.27 卧室不放电视柜改为挖洞的布局

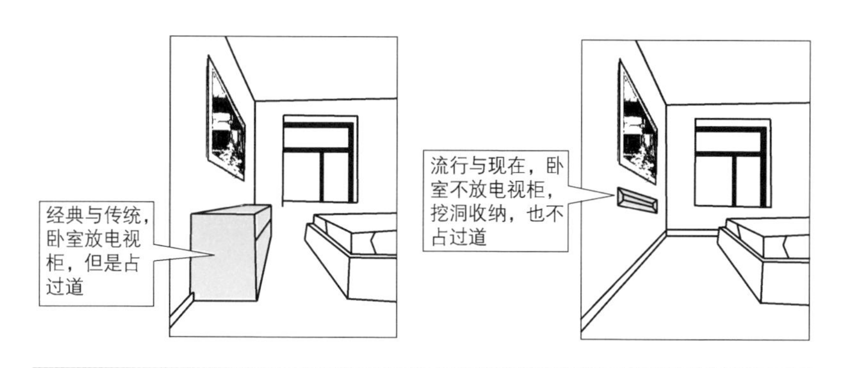
经典与传统，卧室放电视柜，但是占过道
流行与现在，卧室不放电视柜，挖洞收纳，也不占过道

图 11.26 挖洞的布局

11.28 餐厅采用抽拉餐桌、折叠餐桌的布局

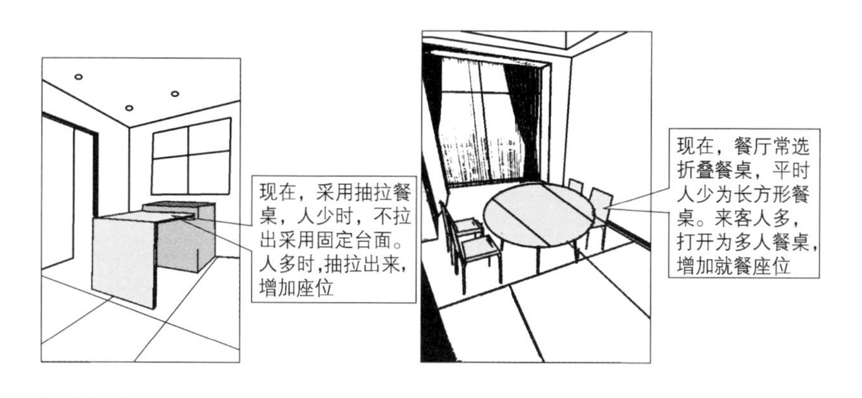
现在，采用抽拉餐桌，人少时，不拉出采用固定台面。人多时，抽拉出来，增加座位
现在，餐厅常选折叠餐桌，平时人少为长方形餐桌。来客人多，打开为多人餐桌，增加就餐座位

图 11.27 餐桌的布局

第12章 施工工艺

12.1 抹灰石膏施工工艺数据

表 12.1 抹灰石膏施工工艺数据

项目	数据	描述
涂刷第一遍乳液型界面剂的厚度	大约 5mm	表面十分光滑的混凝土，需要涂刷一层乳液型界面剂，以增强其黏结性能，第一遍厚度大约 5mm，等硬化后再施工第二层，两遍间隔至少 4h
涂刷乳液型界面剂第一遍与第二遍的时间间隔	大约 4h	
抹灰前弹定位线距墙内边距离	200mm	抹灰前弹出房间十字定位线，弹距墙内边 200mm 的线
搅拌混合抹灰石膏使用完毕时间	30min 内	直接抹灰石膏加入干净的清水中（水粉体积比约为 1 ∶ 2），再用电动搅拌器混合均匀即可，搅拌好的料需要在 30min 内使用完毕
找平层表面内网格布的深度	大约 2mm	分布在找平层表面向内大约 2mm 深度处的网格布，以防开裂
标准灰饼的高度	大约 2m	在 2m 左右高度，离墙两阴角 10 ～ 20cm 位置，用抹灰石膏各做一个标准灰饼，厚度为抹灰层厚度，边长大小为 5cm 左右
标准灰饼离墙阴角距离	10 ～ 20cm	
标准灰饼大小	5cm	
加做若干灰饼的间距	大约 1.2m	标准灰饼做好后，再在灰饼附近砖墙缝内钉上钉子，拴上小线挂水平通线（小线要离开灰饼 1mm）。再根据大约 1.2m 间距，加做若干灰饼。灰饼间距宜大约为 1.2m，不宜大于 1.5m
冲筋厚度（高出灰饼面）	大约 2mm	根据同一垂直面内上下两个灰饼的高度，在两个灰饼垂直面的空当部位连续涂抹抹灰石膏，抹灰石膏的涂抹厚度要高出灰饼面大约 2mm

12.2 内墙粉刷石膏施工数据

表 12.2 内墙粉刷石膏施工数据

项目	数据	描述
墙面冲筋横筋道数	2 道	根据墙面平整度要求找出规矩，用灰饼冲筋，层高 3m 以下设横筋 2 道，竖筋间距大约 1.5m，筋宽 30 ～ 50mm
墙面冲筋竖筋间距	大约 1.5m	
墙面冲筋竖筋筋宽	30 ～ 50mm	
墙面抹灰底层抹灰厚度	不超过 8mm	墙面抹灰分层进行，底层抹灰厚度一般一次不超过 8mm。如果超过 8mm 时，则根据面层 5mm 分层施工
抹面层满挂网格布再抹石膏面层的厚度	5mm	底层粉刷石膏抹好终凝后，满挂网格布再抹 5mm 厚粉刷石膏面层。然后用 2m 铝合金刮尺刮平，铁抹子溜光、压实

12.3 保温层抹灰石膏的墙面抹灰层构造数据

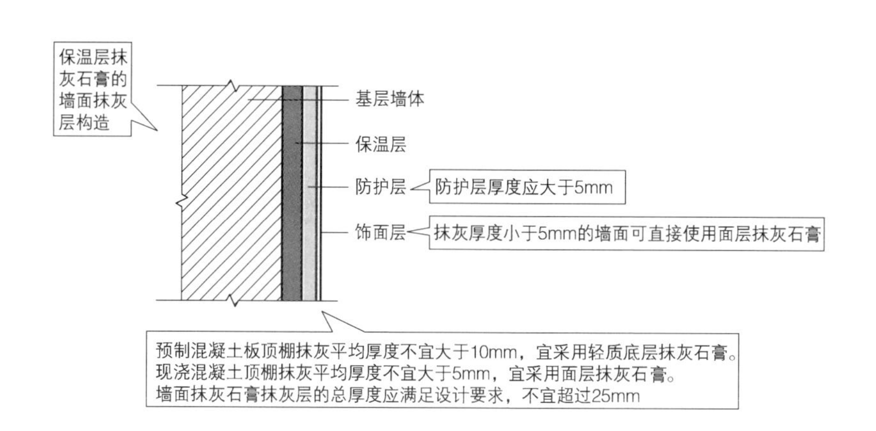
保温层抹灰石膏的墙面抹灰层构造
基层墙体
保温层
防护层
防护层厚度应大于5mm
饰面层
抹灰厚度小于5mm的墙面可直接使用面层抹灰石膏
预制混凝土板顶棚抹灰平均厚度不宜大于10mm，宜采用轻质底层抹灰石膏。
现浇混凝土顶棚抹灰平均厚度不宜大于5mm，宜采用面层抹灰石膏。
墙面抹灰石膏抹灰层的总厚度应满足设计要求，不宜超过25mm

图 12.1 保温层抹灰石膏的墙面抹灰层构造数据

12.4 抹灰石膏阳角护角做法数据

采用轻质底层抹灰石膏时，室内墙面、柱面、门窗洞口的阳角宜采用护角条或用抗压强度不小于 4MPa 的抹灰石膏做护角，护角高度自地面以上不宜小于 2m，每侧宽度应大于等于 50mm。

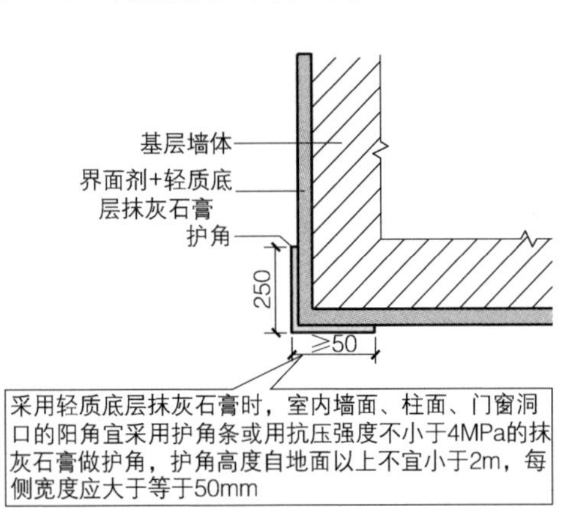
基层墙体
界面剂+轻质底层抹灰石膏
护角
250
≥50
采用轻质底层抹灰石膏时，室内墙面、柱面、门窗洞口的阳角宜采用护角条或用抗压强度不小于4MPa的抹灰石膏做护角，护角高度自地面以上不宜小于2m，每侧宽度应大于等于50mm

图 12.2　抹灰石膏阳角护角做法数据

12.5 抹灰石膏网布做法数据

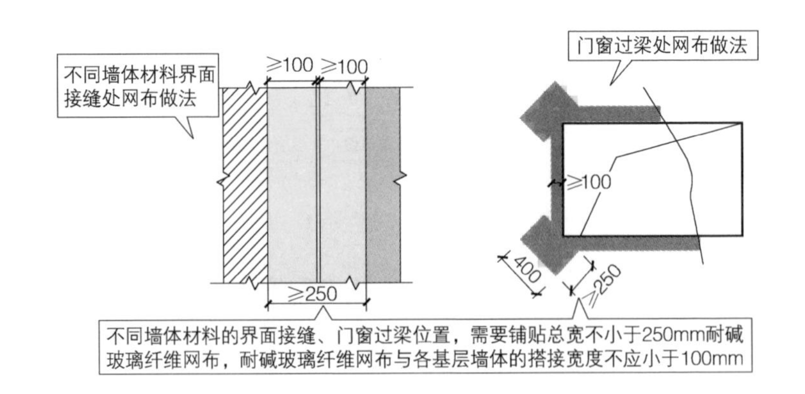
不同墙体材料界面接缝处网布做法
≥100 ≥100
≥250
门窗过梁处网布做法
≥100
400
≥250
不同墙体材料的界面接缝、门窗过梁位置，需要铺贴总宽不小于250mm耐碱玻璃纤维网布，耐碱玻璃纤维网布与各基层墙体的搭接宽度不应小于100mm

图 12.3　抹灰石膏网布做法数据

12.6 抹灰工程的允许偏差

表 12.3　抹灰工程的允许偏差

项目	普通抹灰允许偏差 /mm	高级抹灰允许偏差 /mm	检验法
表面平整度	4	3	用 2m 靠尺和塞尺检查
立面垂直度	4	3	用 2m 垂直检测尺检查
阴阳角方正	4	3	用 200mm 直角检测尺检查

12.7 瓷砖粘贴齿形抹刀的选择

粘贴规格尺寸不同的瓷砖，应使用不同规格的齿形抹刀。刮涂时齿形抹刀与基层间的夹角宜为 45°～ 60°。

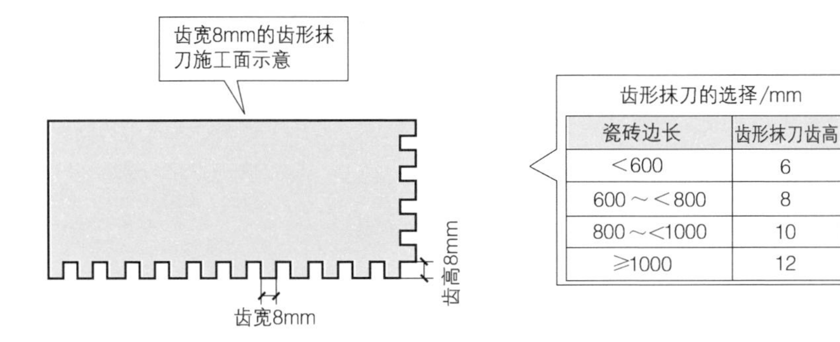
齿宽8mm的齿形抹刀施工面示意
齿高8mm
齿宽8mm
齿形抹刀的选择/mm

瓷砖边长	齿形抹刀齿高
<600	6
600～<800	8
800～<1000	10
≥1000	12

图 12.4　瓷砖粘贴齿形抹刀的选择

12.8 内墙、地面瓷砖胶黏剂的选择

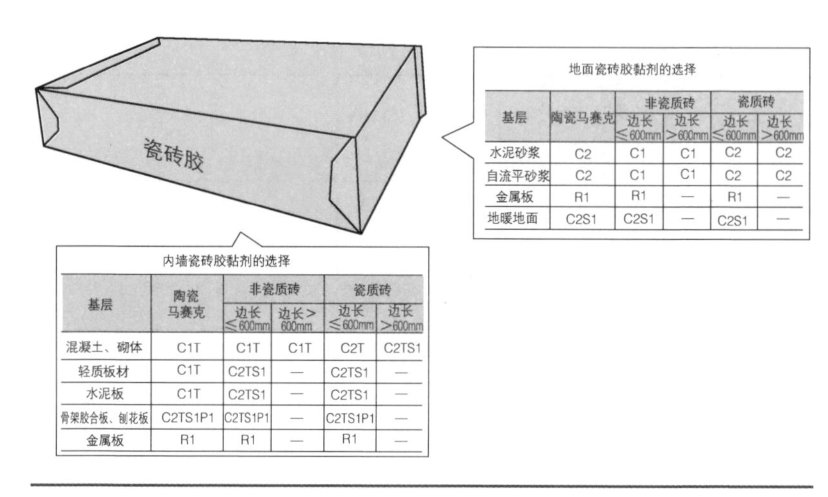
瓷砖胶

地面瓷砖胶黏剂的选择

基层	陶瓷马赛克	非瓷质砖		瓷质砖	
		边长≤600mm	边长>600mm	边长≤600mm	边长>600mm
水泥砂浆	C2	C1	C1	C2	C2
自流平砂浆	C2	C1	C1	C2	C2
金属板	R1	R1	—	R1	—
地暖地面	C2S1	C2S1	—	C2S1	—

内墙瓷砖胶黏剂的选择

基层	陶瓷马赛克	非瓷质砖		瓷质砖	
		边长≤600mm	边长>600mm	边长≤600mm	边长>600mm
混凝土、砌体	C1T	C1T	C1T	C2T	C2TS1
轻质板材	C1T	C2TS1	—	C2TS1	—
水泥板	C1T	C2TS1	—	C2TS1	—
骨架胶合板、刨花板	C2TS1P1	C2TS1P1	—	C2TS1P1	—
金属板	R1	R1	—	R1	—

图 12.5 内墙、地面瓷砖胶黏剂的选择

12.9 瓷砖薄贴法的要求

表 12.4 瓷砖薄贴法的要求

项目	要求	描述
瓷砖薄贴法黏结层厚度	不大于 8mm	瓷砖薄贴法，就是瓷砖粘贴工程中黏结层厚度不大于 8mm 的施工工法
瓷砖薄贴法——基层表面平整度偏差要求	不应大于 4mm，或者不应大于 2mm	用 2m 杠尺检查基层表面平整度，偏差不应大于 4mm。瓷砖面材边长大于等于 900mm 时，基层表面平整度偏差不应大于 2mm
瓷砖薄贴法——基层抗拉强度	不应小于 0.4MPa	基层需要坚实牢固不空鼓，抗拉强度不应小于 0.4MPa。如果基层的抗拉强度小于 0.4MPa 时，则需要进行加强处理
轻钢龙骨板材基层上粘贴边长多大瓷砖时要进行加强处理	大于 300mm	轻钢龙骨板材基层上粘贴边长大于 300mm 的瓷砖时，需要进行加强处理

续表

项目	要求	描述
带有地暖的地面上粘贴边长多大瓷砖时要进行特殊构造设计	大于 300mm	带有地暖的地面上粘贴边长大于 300mm 的瓷砖时，需要进行特殊构造设计

12.10 瓷砖粘贴法的要求

表 12.5 瓷砖粘贴法的要求

项目	数据	描述
排水要求的瓷砖地面排水坡度大小	不应小于 1%	有排水要求的瓷砖地面排水坡度不应小于 1%
距离地漏边缘 50mm 内瓷砖坡度要求	不宜小于 3%	距离地漏边缘 50mm 内瓷砖坡度不宜小于 3%
室外墙面和地面瓷砖粘贴位置伸缩缝间距要求	不宜大于 6m	室外墙面和地面瓷砖粘贴，应设置伸缩缝，并且伸缩缝间距不宜大于 6m，伸缩缝宽度宜为 20 ～ 25mm，以及伸缩缝设置应从找平层断开，并且一直延伸到瓷砖表面
室内墙面和地面瓷砖粘贴宜设置伸缩缝的间距	不宜大于 8m	室内墙面和地面瓷砖粘贴宜设置伸缩缝，伸缩缝间距不宜大于 8m，伸缩缝宽度宜为 5 ～ 10mm，伸缩缝设置应从找平层断开，并且一直延伸到瓷砖表面
室外瓷砖接缝的宽度要求	不宜小于 5mm	室外瓷砖接缝的宽度不宜小于 5mm
室内瓷砖接缝的宽度要求	不宜小于 1.5mm	室内瓷砖接缝的宽度不宜小于 1.5mm
边长大于 800mm 或地暖地面瓷砖接缝的宽度要求	不宜小于 3mm	边长大于 800mm 或地暖地面瓷砖接缝的宽度不宜小于 3mm

续表

项目	数据	描述
瓷砖与不同面材接合处接缝宽度要求	不应小于 3mm	瓷砖与不同面材接合处接缝宽度不应小于 3mm，并且宜用柔性密封胶处理
排砖、分格非整砖宽度要求	不宜小于整砖宽度的 1/3	排砖、分格的非整砖宽度不宜小于整砖宽度的 1/3

速看贴士——铺贴瓷砖的规定

★采用单边尺寸小于 150mm 的瓷砖时，瓷砖背面可不刮涂胶黏剂直接粘贴。

★采用单边尺寸大于等于 150mm 的瓷砖时，瓷砖背面与基层需要刮涂胶黏剂，瓷砖背面刮涂厚度宜为 3mm。

★瓷砖铺贴后，应轻微用力上下左右按压轻敲。单边尺寸大于 1000mm 的瓷砖，可以采用机械震动器。

12.11 卫生器具排水管最小坡度

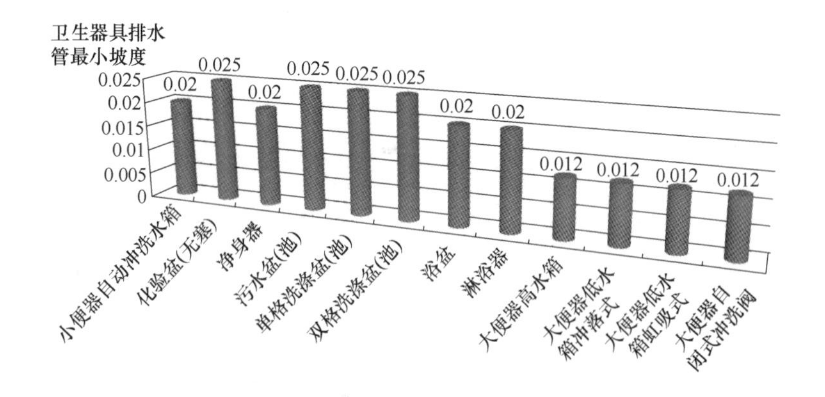
卫生器具排水管最小坡度
0.025
0.02
0.015
0.01
0.005
0
0.02
0.025
0.02
0.025
0.025
0.025
0.02
0.02
0.012
0.012
0.012
0.012
小便器自动冲洗水箱
化验盆(无塞)
净身器
污水盆(池)
单格洗涤盆(池)
双格洗涤盆(池)
浴盆
淋浴器
大便器高水箱
大便器低水箱冲落式
大便器低水箱虹吸式
大便器自闭式冲洗阀

图 12.6　卫生器具排水管最小坡度

12.12 卫生器具的安装高度

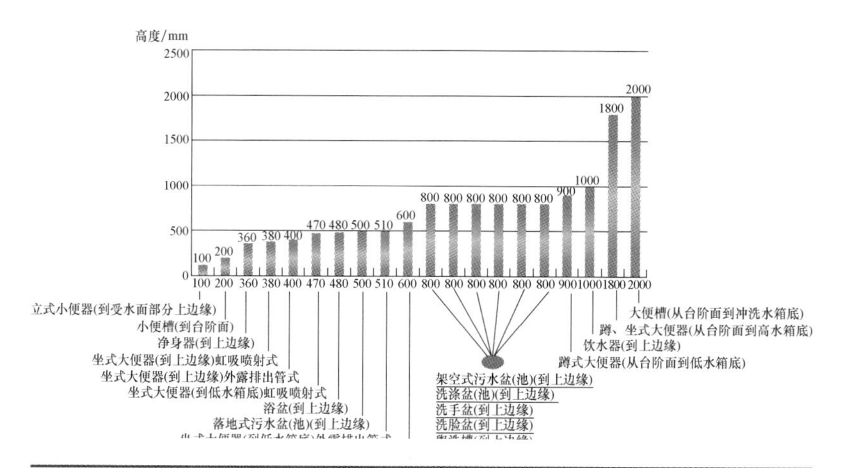

高度/mm
2500
2000
1500
1000
500
0
100 200 360 380 400 470 480 500 510 600 800 800 800 800 800 800 900 1000 1800 2000
立式小便器(到受水面部分上边缘)
小便槽(到台阶面)
净身器(到上边缘)
坐式大便器(到上边缘)虹吸喷射式
坐式大便器(到上边缘)外露排出管式
坐式大便器(到低水箱底)虹吸喷射式
浴盆(到上边缘)
落地式污水盆(池)(到上边缘)
架空式污水盆(池)(到上边缘)
洗涤盆(池)(到上边缘)
洗手盆(到上边缘)
洗脸盆(到上边缘)
蹲式大便器(从台阶面到低水箱底)
饮水器(到上边缘)
蹲、坐式大便器(从台阶面到高水箱底)
大便槽(从台阶面到冲洗水箱底)

图 12.7 卫生器具的安装高度

12.13 家装开关插座安装高度

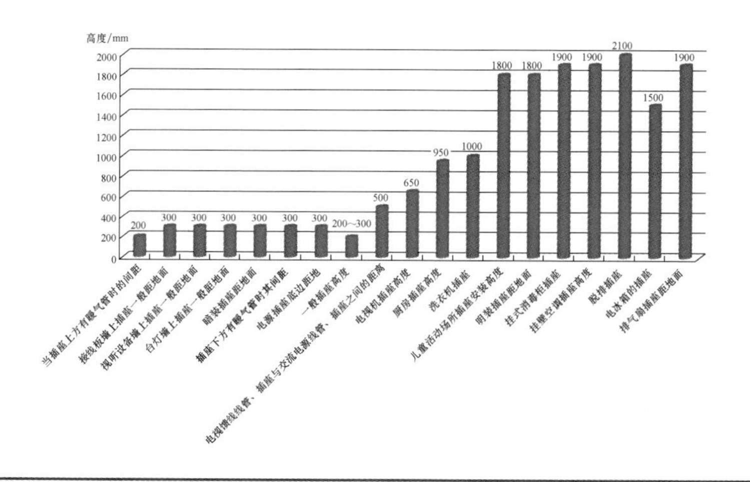

高度/mm
2000
1800
1600
1400
1200
1000
800
600
400
200
0
200
300
300
300
300
300
300
200~300
500
650
950
1000
1800
1800
1900
1900
2100
1500
1900
当插座上方有暖气管时的间距
接线板墙上插座一般距地面
视听设备墙上插座一般距地面
台灯墙上插座一般距地面
暗装插座距地面
插座下方有暖气管时其间距
电源插座底边距地
一般插座高度
电视馈线线管、插座与交流电源线管、插座之间的距离
电视机插座高度
厨房插座高度
洗衣机插座
儿童活动场所插座安装高度
明装插座距地面
挂式消毒柜插座
挂壁空调插座高度
脱排插座
电冰箱的插座
排气扇插座距地面

图 12.8 家装开关插座安装高度

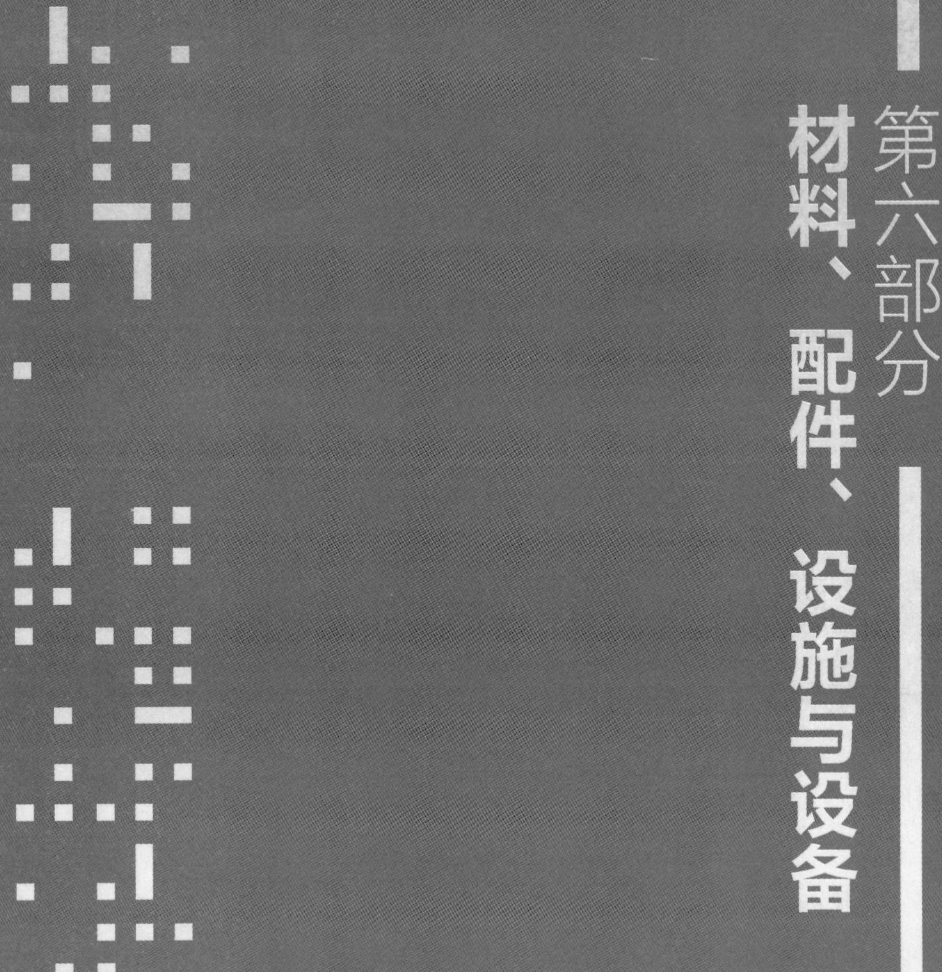

第六部分 材料、配件、设施与设备

第13章 装修材料要求

13.1 污染物浓度的分级

室内空气污染物浓度，分为Ⅰ级、Ⅱ级、Ⅲ级，各污染物浓度对应的等级需要符合有关规定。

表13.1 污染物浓度的分级

污染物	污染物浓度分级 / (mg/m^3)		
	Ⅰ级	Ⅱ级	Ⅲ级
二甲苯	$C \leqslant 0.10$	$0.10 < C \leqslant 0.15$	$0.15 < C \leqslant 0.20$
TVOC	$C \leqslant 0.20$	$0.20 < C \leqslant 0.35$	$0.35 < C \leqslant 0.50$
甲醛	$C \leqslant 0.03$	$0.03 < C \leqslant 0.05$	$0.05 < C \leqslant 0.08$
苯	$C \leqslant 0.02$	$0.02 < C \leqslant 0.05$	$0.05 < C \leqslant 0.09$
甲苯	$C \leqslant 0.10$	$0.10 < C \leqslant 0.15$	$0.15 < C \leqslant 0.20$

13.2 材料污染物释放率的分级

材料的甲醛、苯、甲苯、二甲苯、TVOC 释放率，需要符合国家现行相关标准的规定。合格产品的污染物释放率及对应等级的确定，也需要符合有关规定。

表13.2 材料污染物释放率的分级　　单位：[$mg/(m^2 \cdot h)$]

污染物	材料污染物释放率等级及限量			
	F1	F2	F3	F4
甲苯	$E \leqslant 0.01$	$0.01 < E \leqslant 0.05$	$0.05 < E \leqslant 0.10$	$0.10 < E \leqslant 0.20$
二甲苯	$E \leqslant 0.01$	$0.01 < E \leqslant 0.05$	$0.05 < E \leqslant 0.10$	$0.10 < E \leqslant 0.20$
TVOC	$E \leqslant 0.04$	$0.04 < E \leqslant 0.20$	$0.20 < E \leqslant 0.40$	$0.40 < E \leqslant 0.80$

续表

污染物	材料污染物释放率等级及限量			
	F1	F2	F3	F4
甲醛	$E \leqslant 0.01$	$0.01 < E \leqslant 0.03$	$0.03 < E \leqslant 0.06$	$0.06 < E \leqslant 0.12$
苯	$E \leqslant 0.01$	$0.01 < E \leqslant 0.03$	$0.03 < E \leqslant 0.06$	$0.06 < E \leqslant 0.12$

13.3 装饰装修室内污染物浓度限值

表 13.3 装饰装修室内污染物浓度限值

污染物	浓度限值 /（mg/m^3）
甲苯	≤ 0.20
二甲苯	≤ 0.20
甲醛	≤ 0.10
苯	≤ 0.11
总挥发性有机化合物	≤ 0.60

第14章

材料与配件

14.1 木结构用自攻螺钉类型与参数

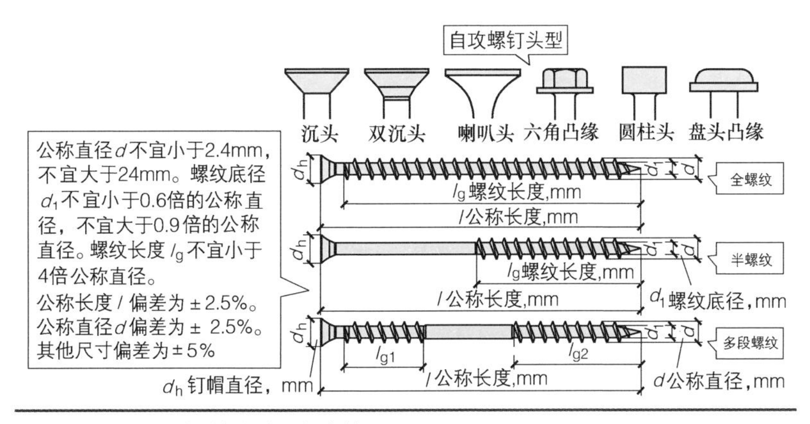

自攻螺钉头型
沉头
双沉头
喇叭头
六角凸缘
圆柱头
盘头凸缘
公称直径d不宜小于2.4mm，不宜大于24mm。螺纹底径d_1不宜小于0.6倍的公称直径，不宜大于0.9倍的公称直径。螺纹长度l_g不宜小于4倍公称直径。
公称长度l偏差为±2.5%。
公称直径d偏差为±2.5%。
其他尺寸偏差为±5%
全螺纹
半螺纹
多段螺纹
l_g螺纹长度,mm
l公称长度,mm
d_1螺纹底径,mm
l_{g1}
l_{g2}
d_h钉帽直径，mm
d公称直径,mm

图 14.1　木结构用自攻螺钉类型与参数

14.2 装饰微薄木基本尺寸与偏差

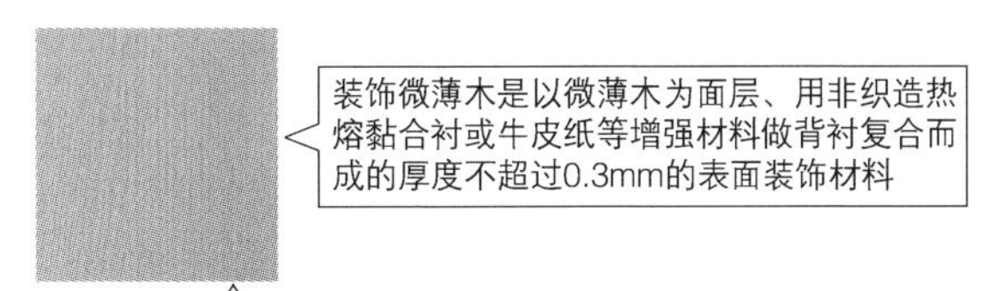

装饰微薄木是以微薄木为面层、用非织造热熔黏合衬或牛皮纸等增强材料做背衬复合而成的厚度不超过0.3mm的表面装饰材料

装饰微薄木的基本尺寸及其允许偏差　　单位：mm

名称	基本尺寸	允许偏差
厚度	≤0.30	±0.03
宽度	≥100	±2
长度	≥1220	±10

注：经供需双方商定可以生产其他规格的装饰微薄木。

图 14.2　装饰微薄木基本尺寸与偏差

14.3 金属印花装饰板规格尺寸

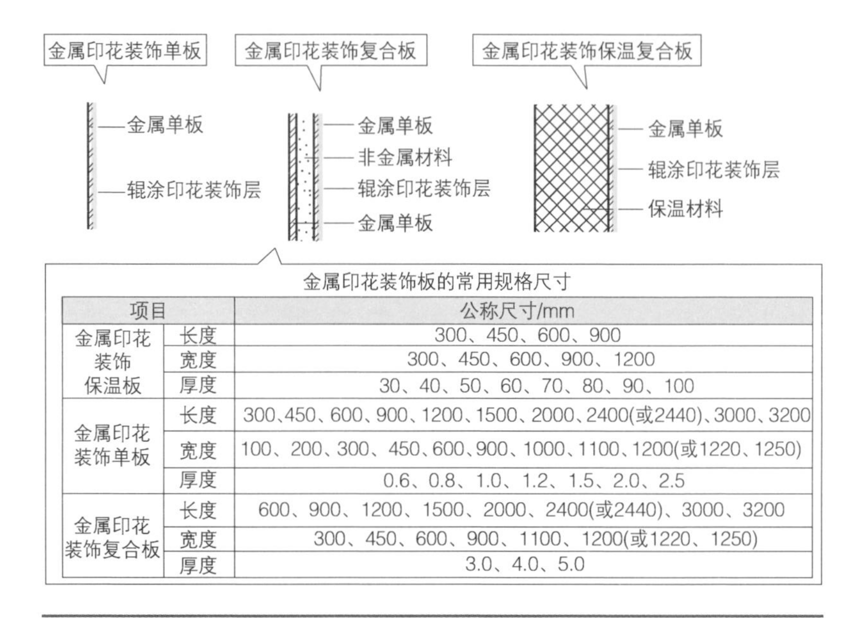

金属印花装饰单板
金属单板
辊涂印花装饰层
金属印花装饰复合板
金属单板
非金属材料
辊涂印花装饰层
金属单板
金属印花装饰保温复合板
金属单板
辊涂印花装饰层
保温材料

金属印花装饰板的常用规格尺寸

项目		公称尺寸/mm
金属印花装饰保温板	长度	300、450、600、900
	宽度	300、450、600、900、1200
	厚度	30、40、50、60、70、80、90、100
金属印花装饰单板	长度	300、450、600、900、1200、1500、2000、2400(或2440)、3000、3200
	宽度	100、200、300、450、600、900、1000、1100、1200(或1220、1250)
	厚度	0.6、0.8、1.0、1.2、1.5、2.0、2.5
金属印花装饰复合板	长度	600、900、1200、1500、2000、2400(或2440)、3000、3200
	宽度	300、450、600、900、1100、1200(或1220、1250)
	厚度	3.0、4.0、5.0

图 14.3　金属印花装饰板规格尺寸

14.4 嵌入与非嵌入普通石板等级与尺寸偏差

嵌入式普通石板尺寸偏差　　单位：mm

项目		细面和镜面石板			粗面石板		
		优等品	一等品	合格品	优等品	一等品	合格品
厚度	≤10	±0.5	±0.5	±0.8	—	—	—
	>10	±0.8	±0.8	±1.0	±1.0	±1.5	±2.0
长度、宽度		0 -0.5	0 -0.8	0 -1.0	0 -0.5	0 -0.8	0 -1.0

非嵌入式普通石板尺寸偏差　　单位：mm

项目		大理石			花岗石					
					细面和镜面石板			粗面石板		
		优等品	一等品	合格品	优等品	一等品	合格品	优等品	一等品	合格品
厚度	≤10	±0.5	±0.8	±1.0	±0.5	±1.0	+1.0 -1.5	—		
	>10	±1.0	±1.5	±2.0	±1.0	±1.5	±2.0	+1.0 -2.0	±0.5	±0.5
长度、宽度		0 -1.0		0 -1.5	0 -1.0		0 -1.5	0 -1.0		0 -1.5

图 14.4　嵌入与非嵌入普通石板等级与尺寸偏差

14.5 嵌入与非嵌入圆弧形石板等级与尺寸偏差

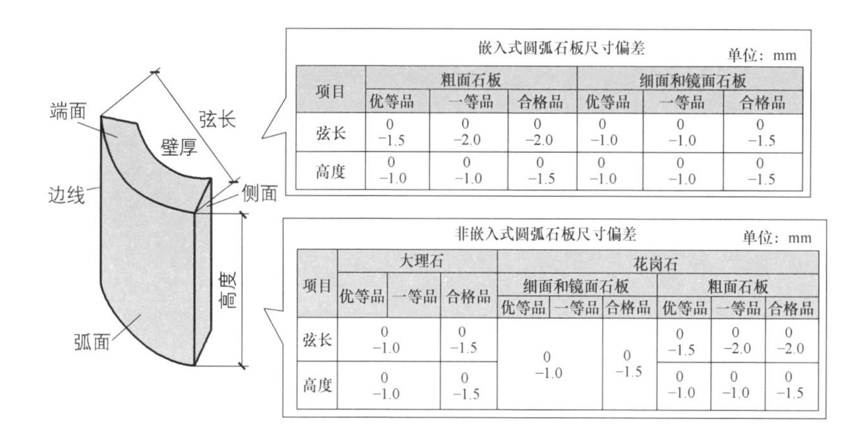

端面
弦长
壁厚
边线
侧面
高度
弧面

嵌入式圆弧石板尺寸偏差　单位：mm

项目	粗面石板			细面和镜面石板		
	优等品	一等品	合格品	优等品	一等品	合格品
弦长	0 -1.5	0 -2.0	0 -2.0	0 -1.0	0 -1.0	0 -1.5
高度	0 -1.0	0 -1.0	0 -1.5	0 -1.0	0 -1.0	0 -1.5

非嵌入式圆弧石板尺寸偏差　单位：mm

项目	大理石			花岗石					
	优等品	一等品	合格品	细面和镜面石板			粗面石板		
				优等品	一等品	合格品	优等品	一等品	合格品
弦长	0 -1.0	0 -1.0	0 -1.5	0 -1.0	0 -1.0	0 -1.5	0 -1.5	0 -2.0	0 -2.0
高度	0 -1.0	0 -1.0	0 -1.5	0 -1.0	0 -1.0	0 -1.5	0 -1.0	0 -1.0	0 -1.5

图 14.5　嵌入与非嵌入圆弧形石板等级与尺寸偏差

14.6 嵌入与非嵌入普通石板平面度允许偏差

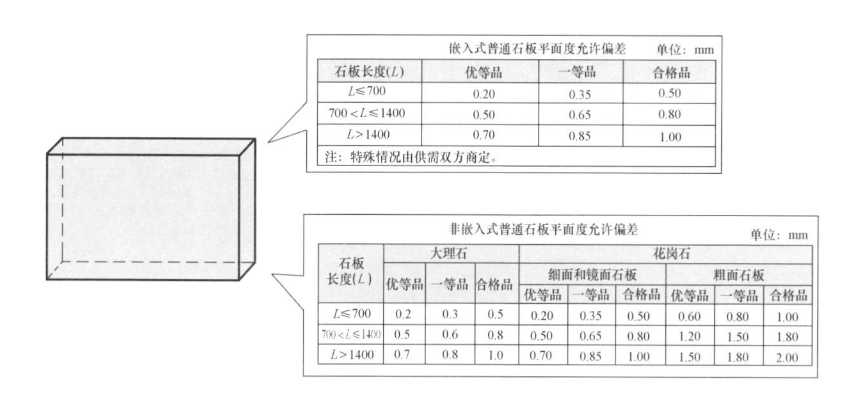

嵌入式普通石板平面度允许偏差　单位：mm

石板长度(L)	优等品	一等品	合格品
$L \leqslant 700$	0.20	0.35	0.50
$700 < L \leqslant 1400$	0.50	0.65	0.80
$L > 1400$	0.70	0.85	1.00

注：特殊情况由供需双方商定。

非嵌入式普通石板平面度允许偏差　单位：mm

石板长度(L)	大理石			花岗石					
	优等品	一等品	合格品	细面和镜面石板			粗面石板		
				优等品	一等品	合格品	优等品	一等品	合格品
$L \leqslant 700$	0.2	0.3	0.5	0.20	0.35	0.50	0.60	0.80	1.00
$700 < L \leqslant 1400$	0.5	0.6	0.8	0.50	0.65	0.80	1.20	1.50	1.80
$L > 1400$	0.7	0.8	1.0	0.70	0.85	1.00	1.50	1.80	2.00

图 14.6　嵌入与非嵌入普通石板平面度允许偏差

14.7 圆弧形石板直线度、线轮廓度允许偏差

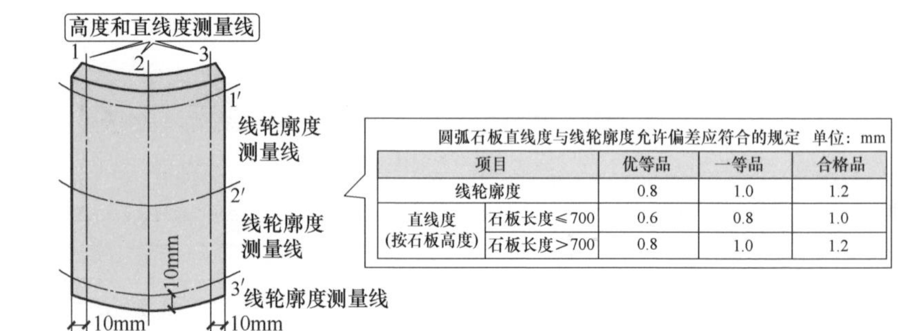

高度和直线度测量线
1
2
3
1′
线轮廓度测量线
2′
线轮廓度测量线
10mm
3′
线轮廓度测量线
10mm
10mm

圆弧石板直线度与线轮廓度允许偏差应符合的规定 单位：mm

项目		优等品	一等品	合格品
线轮廓度		0.8	1.0	1.2
直线度 (按石板高度)	石板长度≤700	0.6	0.8	1.0
	石板长度>700	0.8	1.0	1.2

图 14.7 圆弧形石板直线度、线轮廓度允许偏差

14.8 普通石板角度允许偏差

表 14.1 普通石板角度允许偏差 单位：mm

石板长度（L）	优等品	一等品	合格品
$L \leqslant 700$	0.3	0.4	0.5
$L > 700$	0.4	0.5	0.7

14.9 木塑地板参数

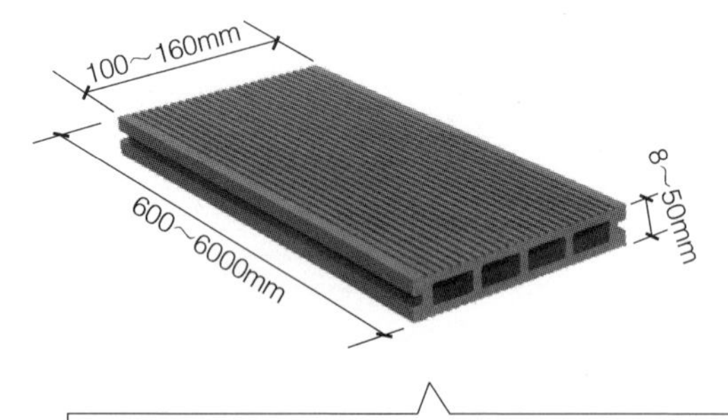

100～160mm
600～6000mm
8～50mm

木塑地板的厚度为8～50mm。
木塑地板的幅面尺寸通常为(600～6000mm)×(100～160mm)。
具有榫舌的木塑地板，其榫舌宽度应不小于3mm

图 14.8 木塑地板参数

14.10 浸渍纸层压木质地板参数

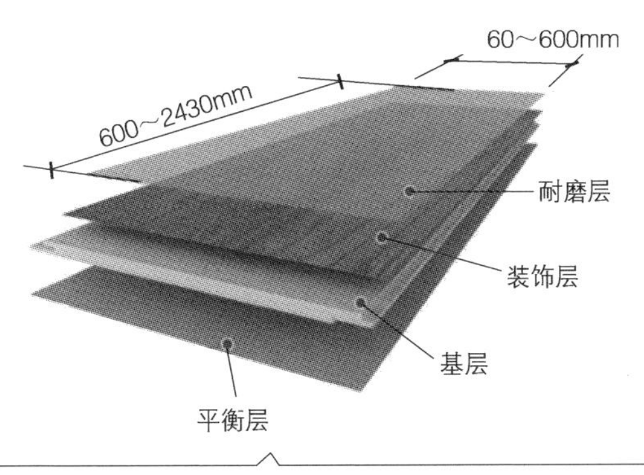

60～600mm
600～2430mm
耐磨层
装饰层
基层
平衡层

规格尺寸

浸渍纸层压木质地板的幅面尺寸为(600～2430mm)×(60～600mm)。

浸渍纸层压木质地板的厚度为6～15mm。

经供需双方协议可以生产其他规格的浸渍纸层压木质地板

图 14.9　浸渍纸层压木质地板参数

14.11 浸渍纸层压实木复合地板要求与规格

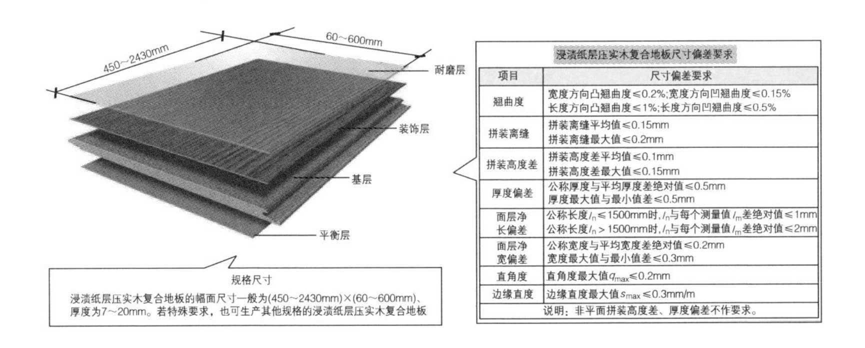

450～2430mm
60～600mm
耐磨层
装饰层
基层
平衡层
规格尺寸
浸渍纸层压实木复合地板的幅面尺寸一般为(450～2430mm)×(60～600mm)、厚度为7～20mm。若特殊要求，也可生产其他规格的浸渍纸层压实木复合地板

浸渍纸层压实木复合地板尺寸偏差要求

项目	尺寸偏差要求
翘曲度	宽度方向凸翘曲度≤0.2%;宽度方向凹翘曲度≤0.15% 长度方向凸翘曲度≤1%;长度方向凹翘曲度≤0.5%
拼装离缝	拼装离缝平均值≤0.15mm 拼装离缝最大值≤0.2mm
拼装高度差	拼装高度差平均值≤0.1mm 拼装高度差最大值≤0.15mm
厚度偏差	公称厚度与平均厚度差绝对值≤0.5mm 厚度最大值与最小值差≤0.5mm
面层净长偏差	公称长度l_n≤1500mm时，l_n与每个测量值l_m差绝对值≤1mm 公称长度l_n>1500mm时，l_n与每个测量值l_m差绝对值≤2mm
面层净宽偏差	公称宽度与平均宽度差绝对值≤0.2mm 宽度最大值与最小值差≤0.3mm
直角度	直角度最大值q_{max}≤0.2mm
边缘直度	边缘直度最大值s_{max}≤0.3mm/m
说明：非平面拼装高度差、厚度偏差不作要求。	

图 14.10　浸渍纸层压实木复合地板要求与规格

14.12 结构用竹集成材要求与规格

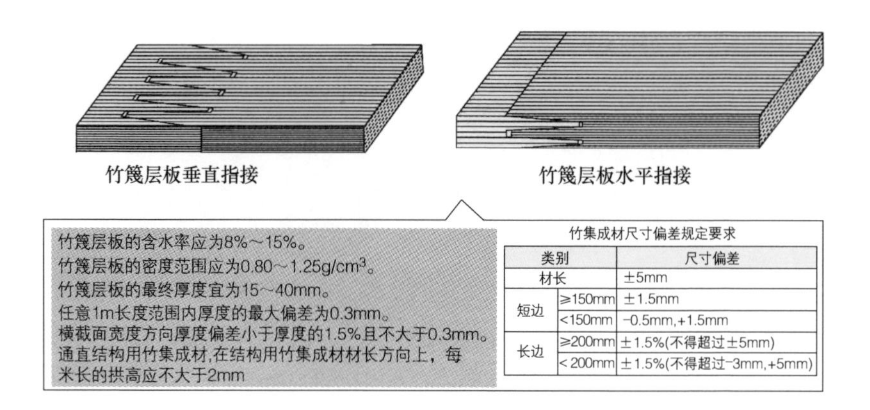
竹篾层板垂直指接
竹篾层板水平指接
竹篾层板的含水率应为8%～15%。
竹篾层板的密度范围应为0.80～1.25g/cm³。
竹篾层板的最终厚度宜为15～40mm。
任意1m长度范围内厚度的最大偏差为0.3mm。
横截面宽度方向厚度偏差小于厚度的1.5%且不大于0.3mm。
通直结构用竹集成材，在结构用竹集成材材长方向上，每米长的拱高应不大于2mm

竹集成材尺寸偏差规定要求

类别		尺寸偏差
材长		±5mm
短边	≥150mm	±1.5mm
	<150mm	-0.5mm,+1.5mm
长边	≥200mm	±1.5%(不得超过±5mm)
	< 200mm	±1.5%(不得超过-3mm,+5mm)

图 14.11　结构用竹集成材要求与规格

14.13 低密度、超低密度纤维板要求与规格

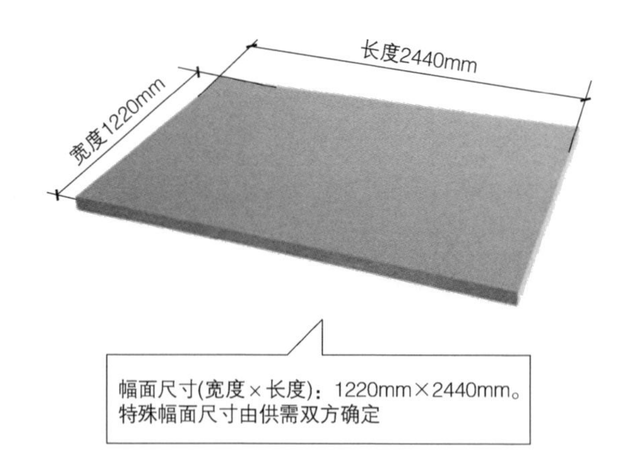
长度2440mm
宽度1220mm
幅面尺寸(宽度×长度)：1220mm×2440mm。
特殊幅面尺寸由供需双方确定

图 14.12　低密度、超低密度纤维板要求与规格

14.14 室内装饰墙板用黄麻、聚酯纤维复合板要求与规格

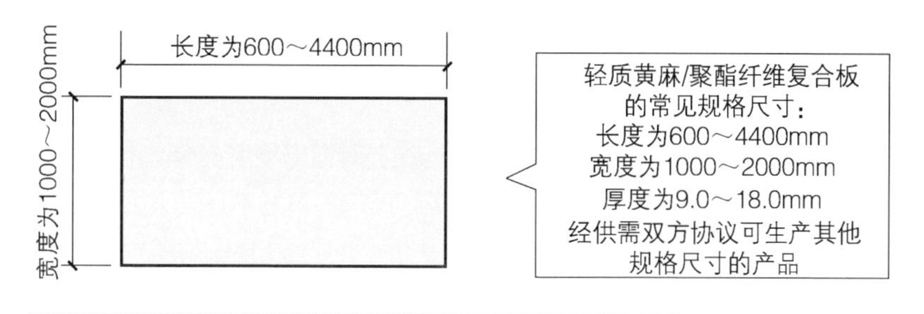

长度为600～4400mm
宽度为1000～2000mm
轻质黄麻/聚酯纤维复合板的常见规格尺寸：
长度为600～4400mm
宽度为1000～2000mm
厚度为9.0～18.0mm
经供需双方协议可生产其他规格尺寸的产品

图 14.13 室内装饰墙板用黄麻、聚酯纤维复合板要求与规格

14.15 实木复合地板用胶合板要求与规格及允许偏差

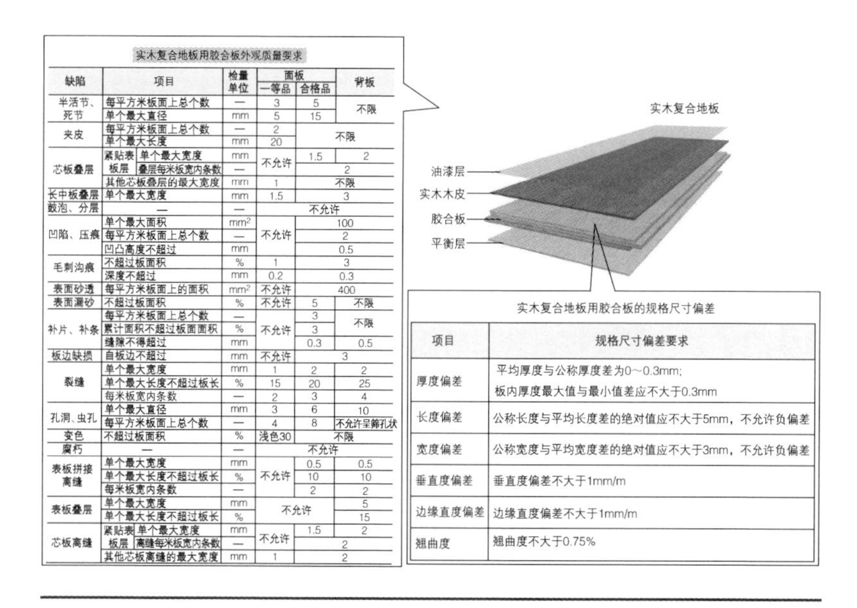

实木复合地板用胶合板外观质量要求

缺陷	项目	检量单位	面板 一等品	面板 合格品	背板
半活节、死节	每平方米板面上总个数	—	3	5	不限
	单个最大直径	mm	5	15	
夹皮	每平方米板面上总个数	—	2	不限	
	单个最大长度	mm	20		
芯板叠层	紧贴表板层 单个最大宽度	mm	不允许	1.5	2
	紧贴表板层 叠层每米板宽内条数	—		2	
	其他芯板叠层的最大宽度	mm	1	不限	
长中板叠层	单个最大宽度	mm	1.5	3	
鼓泡、分层	—	—	不允许		
凹陷、压痕	单个最大面积	mm^2	不允许	100	
	每平方米板面上总个数	—		2	
	凹凸高度不超过	mm		0.5	
毛刺沟痕	不超过板面积	%	1	3	
	深度不超过	mm	0.2	0.3	
表面砂透	每平方米板面上的面积	mm^2	不允许	400	
表面漏砂	不超过板面积	%	不允许	5	不限
补片、补条	每平方米板面上总个数	—	不允许	3	不限
	累计面积不超过板面面积	%		3	
	缝隙不得超过	mm		0.3	0.5
板边缺损	自板边不超过	mm	不允许	3	
裂缝	单个最大宽度	mm	1	2	2
	单个最大长度不超过板长	%	15	20	25
	每米板宽内条数	—	2	3	4
孔洞、虫孔	单个最大直径	mm	3	6	10
	每平方米板面上总个数	—	4	8	不允许呈筛孔状
变色	不超过板面积	%	浅色30	不限	
腐朽	—	—	不允许		
表板拼接离缝	单个最大宽度	mm	不允许	0.5	0.5
	单个最大长度不超过板长	%		10	10
	每米板宽内条数	—		2	2
表板叠层	单个最大宽度	mm	不允许		5
	单个最大长度不超过板长	%			15
芯板离缝	紧贴表板层 单个最大宽度	mm	不允许	1.5	2
	紧贴表板层 离缝每米板宽内条数	—		2	
	其他芯板离缝的最大宽度	mm	1	2	

实木复合地板
油漆层
实木木皮
胶合板
平衡层

实木复合地板用胶合板的规格尺寸偏差

项目	规格尺寸偏差要求
厚度偏差	平均厚度与公称厚度差为0～0.3mm; 板内厚度最大值与最小值差应不大于0.3mm
长度偏差	公称长度与平均长度差的绝对值应不大于5mm，不允许负偏差
宽度偏差	公称宽度与平均宽度差的绝对值应不大于3mm，不允许负偏差
垂直度偏差	垂直度偏差不大于1mm/m
边缘直度偏差	边缘直度偏差不大于1mm/m
翘曲度	翘曲度不大于0.75%

图 14.14 实木复合地板用胶合板要求与规格及允许偏差

实木复合地板用胶合板，就是经单板组坯与胶合制成的实木复合地板用胶合板。根据胶黏剂类型，实木复合地板用胶合板可以分为无甲醛添加实木复合地板用胶合板、有甲醛添加实木复合地板用胶合板。

根据使用环境，实木复合地板用胶合板可以分为：Ⅰ类胶合板——室外条件下使用，Ⅱ类胶合板——潮湿条件下使用。

14.16 抹灰石膏的参数

抹灰石膏的初凝时间应不小于 1h，终凝时间应不大于 8h。抹灰石膏用砂含水率不应大于 0.5%，含泥量不应大于 5%，粒径不宜大于 2.36mm。

轻质抹灰石膏
（内墙专用）

保温层抹灰石膏的体积密度应不大于500kg/m^3。
轻质底层抹灰石膏的体积密度应不大于1000kg/m^3。
抹灰石膏的初凝时间应不小于1h，终凝时间应不大于8h。
保温层抹灰石膏的热导率应不大于0.1W/(m·K)。

抹灰石膏的保水率的数值要求　　单位：%

项目	面层抹灰石膏	底层抹灰石膏	轻质底层抹灰石膏
保水率,≥	90	75	60

说明：保水率以百分数表示。

抹灰石膏的强度应符合的数值

项目	底层抹灰石膏	轻质底层抹灰石膏	保温层抹灰石膏
抗折强度/MPa,≥	2.0	1.0	—
抗压强度/MPa,≥	4.0	2.5	0.6
拉伸黏结强度/MPa,≥	0.4	0.3	—

图 14.15　抹灰石膏的参数

14.17 轻质抹灰石膏与重质抹灰石膏产品的参数比较

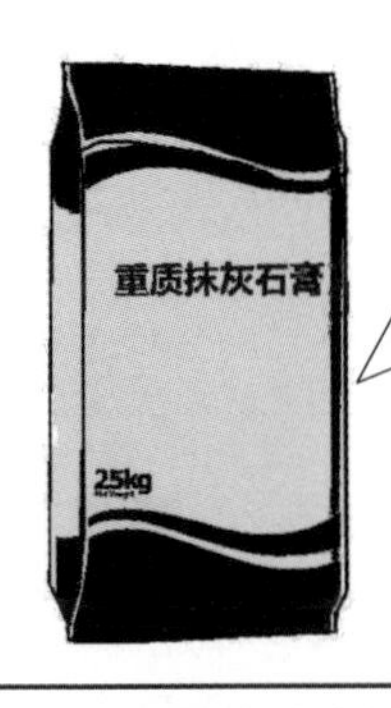

重质抹灰石膏
25kg

轻质抹灰石膏与重质抹灰石膏产品的比较

技术性能指标	轻质抹灰石膏(L)	重质抹灰石膏(B)
抗压强度/MPa	≥1.5	≥4.0
抗折强度/MPa	≥1.0	≥2.0
初凝时间/h	≥1	≤8
终凝时间/h	≥1	≤8
密度/(kg/m^3)	≤1000	>1000
保水率/%	≥60	≥75
拉伸黏结强度/MPa	≥0.3	≥0.4

图 14.16　轻质抹灰石膏与重质抹灰石膏产品的参数比较

14.18 水泥砂浆与抹灰石膏的参数比较

水泥砂浆

水泥砂浆与抹灰石膏的参数比较

种类	强度等级/MPa	拉伸黏结强度/MPa	表观密度/(kg/m³)	保水率/%
聚合物水泥抹灰砂浆	M5.0	≥0.30	—	≥99
重质石膏抹灰砂浆	≥4.0MPa	≥0.40	＞1000	≥75
轻质石膏抹灰砂浆	≥4.0MPa	≥0.40	≤1000	≥60
水泥抹灰砂浆	M15、M20、M25、M30	≥0.20	≥1900	≥82
水泥粉煤灰抹灰砂浆	M5、M10、M15	≥0.15	≥1900	≥82
掺塑化剂水泥抹灰砂浆	M5、M10、M15	≥0.15	≥1800	≥88
水泥石灰抹灰砂浆	M2.5、M5、M7.5、M10	≥0.15	≥1800	≥88

图 14.17 水泥砂浆与抹灰石膏的参数比较

14.19 加气混凝土抗压和抗拉强度标准值

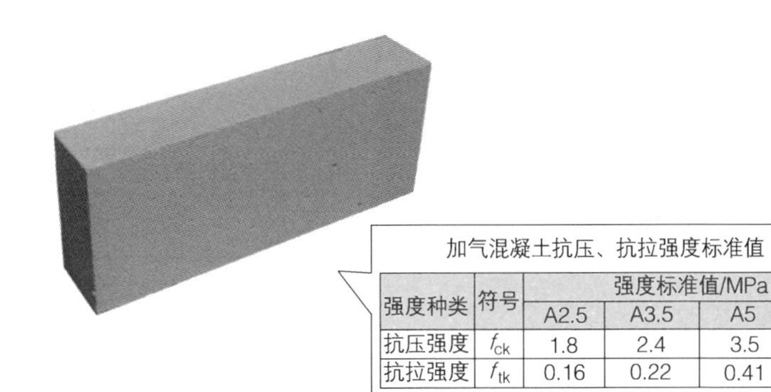

加气混凝土抗压、抗拉强度标准值

强度种类	符号	强度标准值/MPa			
		A2.5	A3.5	A5	A7.5
抗压强度	f_{ck}	1.8	2.4	3.5	5.2
抗拉强度	f_{tk}	0.16	0.22	0.41	0.41

图 14.18 加气混凝土抗压、抗拉强度标准值

14.20 家具五金杯状暗铰链

表 14.2 根据杯状暗铰链的铰杯直径、最大开启角度的分类

类型	铰杯直径 /mm	最大开启角度 /(°)
A	≤ 30	＜ 135

续表

类型	铰杯直径 /mm	最大开启角度 /(°)
B	＞ 30	＜ 135
C	≤ 30	≥ 135
D	＞ 30	≥ 135
E	玻璃门杯状暗铰链	＜ 135
F	玻璃门杯状暗铰链	≥ 135

14.21 隐藏式铰链铰杯安装孔与门板边间的距离

隐藏式铰链，就是安装时隐藏于家具内部而不外露，门没有固定的回转中心，而是靠连杆机构转动实现开启与关闭的一种五金配件。

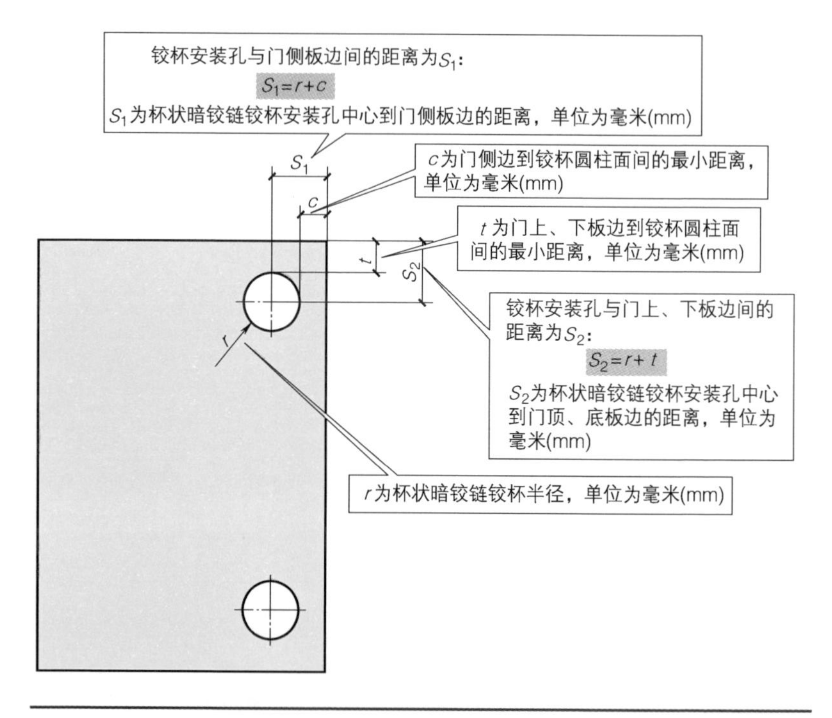

铰杯安装孔与门侧板边间的距离为S_1：
$S_1=r+c$
S_1为杯状暗铰链铰杯安装孔中心到门侧板边的距离，单位为毫米(mm)
S_1
c
c为门侧边到铰杯圆柱面间的最小距离，单位为毫米(mm)
t
S_2
t为门上、下板边到铰杯圆柱面间的最小距离，单位为毫米(mm)
铰杯安装孔与门上、下板边间的距离为S_2：
$S_2=r+t$
S_2为杯状暗铰链铰杯安装孔中心到门顶、底板边的距离，单位为毫米(mm)
r
r为杯状暗铰链铰杯半径，单位为毫米(mm)

图 14.19 隐藏式铰链铰杯安装孔与门板边间的距离

14.22 隐藏式铰链相邻铰杯安装孔中心间的距离

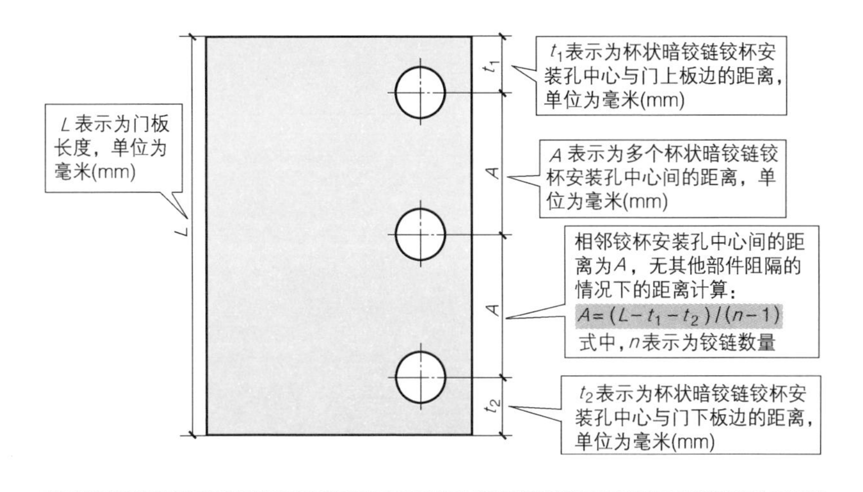

t_1表示为杯状暗铰链铰杯安装孔中心与门上板边的距离，单位为毫米(mm)
L表示为门板长度，单位为毫米(mm)
A表示为多个杯状暗铰链铰杯安装孔中心间的距离，单位为毫米(mm)
相邻铰杯安装孔中心间的距离为A，无其他部件阻隔的情况下的距离计算：
$A=(L-t_1-t_2)/(n-1)$
式中，n表示为铰链数量
t_2表示为杯状暗铰链铰杯安装孔中心与门下板边的距离，单位为毫米(mm)
t_1
A
A
t_2
L

图 14.20 隐藏式铰链相邻铰杯安装孔中心间的距离

14.23 隐藏式铰链铰杯固定孔安装位置

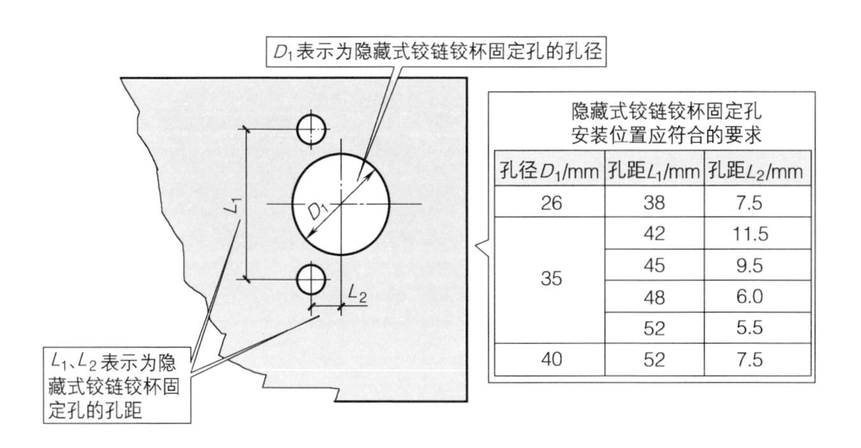

D_1表示为隐藏式铰链铰杯固定孔的孔径
L_1、L_2表示为隐藏式铰链铰杯固定孔的孔距
D_1
L_1
L_2

隐藏式铰链铰杯固定孔安装位置应符合的要求

孔径D_1/mm	孔距L_1/mm	孔距L_2/mm
26	38	7.5
35	42	11.5
	45	9.5
	48	6.0
	52	5.5
40	52	7.5

图 14.21 隐藏式铰链铰杯固定孔安装位置

14.24 隐藏式铰链十字形底座安装位置

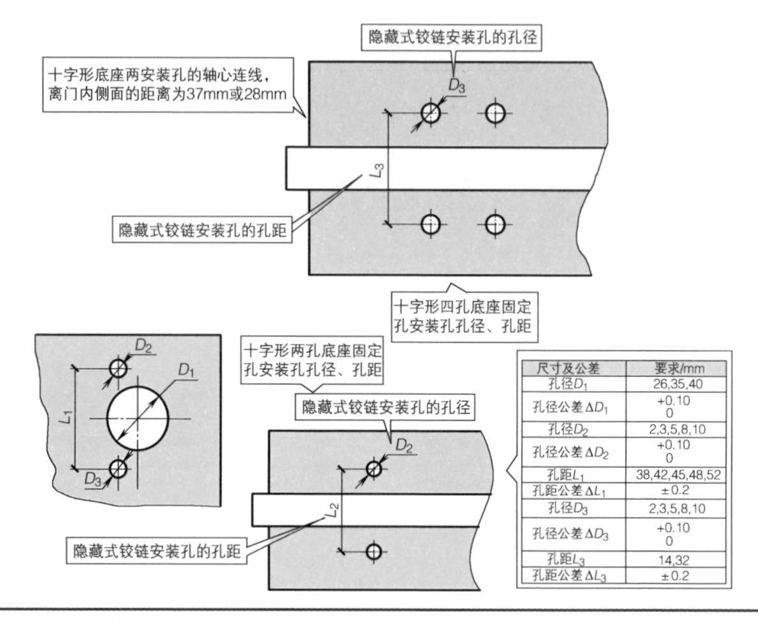

隐藏式铰链安装孔的孔径
十字形底座两安装孔的轴心连线，
离门内侧面的距离为37mm或28mm
D_3
L_3
隐藏式铰链安装孔的孔距
十字形四孔底座固定
孔安装孔孔径、孔距
D_2
D_1
L_1
D_3
十字形两孔底座固定
孔安装孔孔径、孔距
隐藏式铰链安装孔的孔径
D_2
L_2
隐藏式铰链安装孔的孔距

尺寸及公差	要求/mm
孔径D_1	26,35,40
孔径公差ΔD_1	$^{+0.10}_{0}$
孔径D_2	2,3,5,8,10
孔径公差ΔD_2	$^{+0.10}_{0}$
孔距L_1	38,42,45,48,52
孔距公差ΔL_1	±0.2
孔径D_3	2,3,5,8,10
孔径公差ΔD_3	$^{+0.10}_{0}$
孔距L_3	14,32
孔距公差ΔL_3	±0.2

图 14.22　隐藏式铰链十字形底座安装位置

14.25 隐藏式铰链一字形底座安装位置

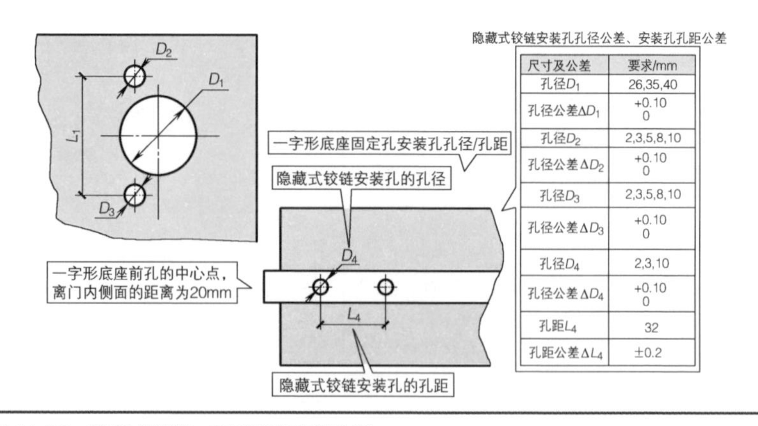

D_2
D_1
L_1
D_3
一字形底座固定孔安装孔孔径/孔距
隐藏式铰链安装孔的孔径
D_4
一字形底座前孔的中心点，
离门内侧面的距离为20mm
L_4
隐藏式铰链安装孔的孔距

隐藏式铰链安装孔孔径公差、安装孔孔距公差

尺寸及公差	要求/mm
孔径D_1	26,35,40
孔径公差ΔD_1	$^{+0.10}_{0}$
孔径D_2	2,3,5,8,10
孔径公差ΔD_2	$^{+0.10}_{0}$
孔径D_3	2,3,5,8,10
孔径公差ΔD_3	$^{+0.10}_{0}$
孔径D_4	2,3,10
孔径公差ΔD_4	$^{+0.10}_{0}$
孔距L_4	32
孔距公差ΔL_4	±0.2

图 14.23　隐藏式铰链一字形底座安装位置

14.26 表面安装式拉手的要求与尺寸及公差

拉手，就是安装于家具的柜门或抽屉面板上，使其完成启、闭、移、拉等功能要求。

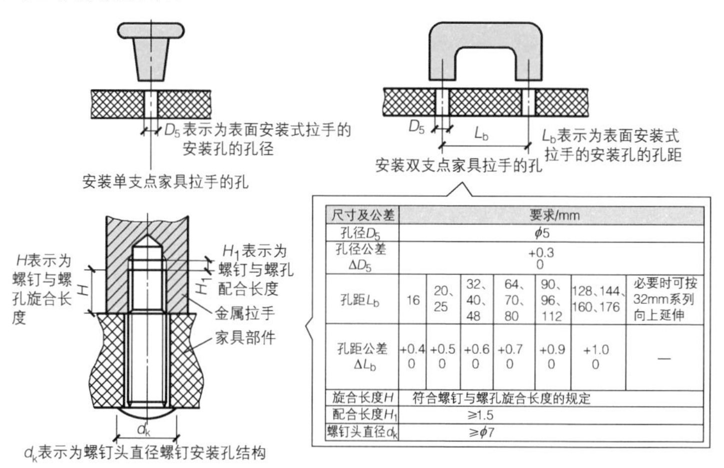

D_5表示为表面安装式拉手的安装孔的孔径
安装单支点家具拉手的孔
D_5
L_b
L_b表示为表面安装式拉手的安装孔的孔距
安装双支点家具拉手的孔
H表示为螺钉与螺孔旋合长度
H_1表示为螺钉与螺孔配合长度
金属拉手
家具部件
d_k
d_k表示为螺钉头直径螺钉安装孔结构

尺寸及公差	要求/mm						
孔径D_5	$\phi5$						
孔径公差ΔD_5	$^{+0.3}_{0}$						
孔距L_b	16	20、25	32、40、48	64、70、80	90、96、112	128、144、160、176	必要时可按32mm系列向上延伸
孔距公差ΔL_b	$^{+0.4}_{0}$	$^{+0.5}_{0}$	$^{+0.6}_{0}$	$^{+0.7}_{0}$	$^{+0.9}_{0}$	$^{+1.0}_{0}$	—
旋合长度H	符合螺钉与螺孔旋合长度的规定						
配合长度H_1	≥1.5						
螺钉头直径d_k	≥$\phi7$						

图 14.24　表面安装式拉手的要求与尺寸及公差

14.27 嵌入安装式拉手的要求与装孔尺寸及公差

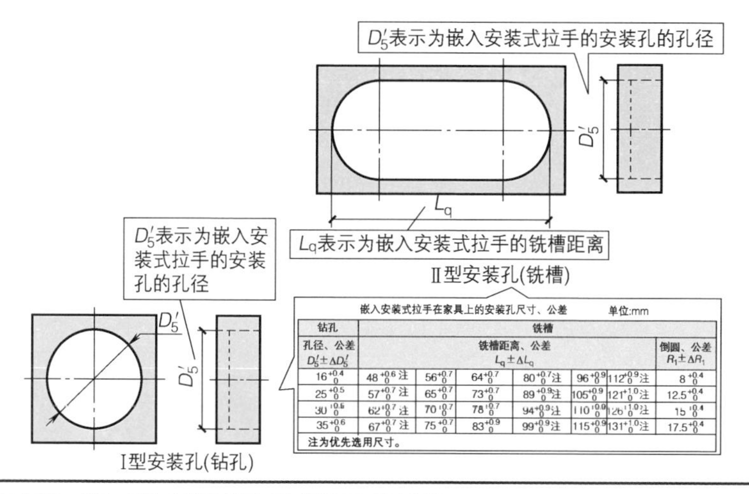

D_5'表示为嵌入安装式拉手的安装孔的孔径
D_5'
L_q
L_q表示为嵌入安装式拉手的铣槽距离
Ⅱ型安装孔(铣槽)
D_5'表示为嵌入安装式拉手的安装孔的孔径
D_5'
Ⅰ型安装孔(钻孔)

嵌入安装式拉手在家具上的安装孔尺寸、公差　　单位:mm

钻孔	铣槽						
孔径、公差 $D_5'\pm\Delta D_5'$	铣槽距离、公差 $L_q\pm\Delta L_q$						倒圆、公差 $R_1\pm\Delta R_1$
$16^{+0.4}_{0}$	$48^{+0.6}_{0}$注	$56^{+0.7}_{0}$	$64^{+0.7}_{0}$	$80^{+0.7}_{0}$注	$96^{+0.9}_{0}$	$112^{+0.9}_{0}$注	$8^{+0.4}_{0}$
$25^{+0.5}_{0}$	$57^{+0.7}_{0}$注	$65^{+0.7}_{0}$	$73^{+0.7}_{0}$	$89^{+0.9}_{0}$注	$105^{+0.9}_{0}$	$121^{+1.0}_{0}$注	$12.5^{+0.4}_{0}$
$30^{+0.6}_{0}$	$62^{+0.7}_{0}$注	$70^{+0.7}_{0}$	$78^{+0.7}_{0}$	$94^{+0.9}_{0}$注	$110^{+0.9}_{0}$	$126^{+1.0}_{0}$注	$15^{+0.4}_{0}$
$35^{+0.6}_{0}$	$67^{+0.7}_{0}$注	$75^{+0.7}_{0}$	$83^{+0.9}_{0}$	$99^{+0.9}_{0}$注	$115^{+0.9}_{0}$	$131^{+1.0}_{0}$注	$17.5^{+0.4}_{0}$

注为优先选用尺寸。

图 14.25　嵌入安装式拉手的要求与装孔尺寸及公差

14.28 封边拉手系列装孔尺寸与公差

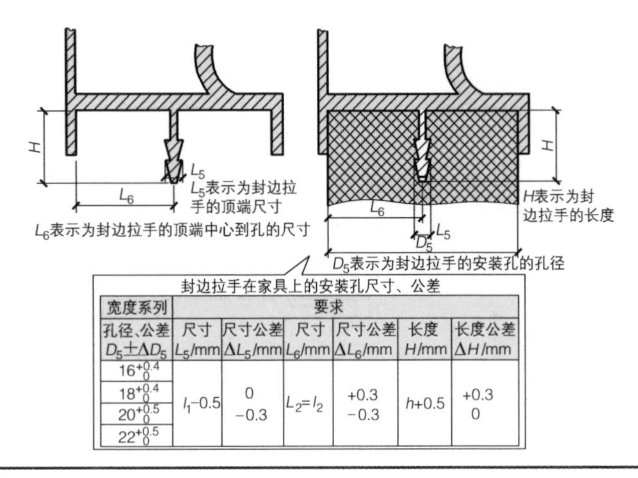
H
L_5
L_5表示为封边拉手的顶端尺寸
L_6
L_6表示为封边拉手的顶端中心到孔的尺寸
H
H表示为封边拉手的长度
L_6
L_5
D_5
D_5表示为封边拉手的安装孔的孔径

封边拉手在家具上的安装孔尺寸、公差

宽度系列	要求					
孔径、公差 $D_5 \pm \Delta D_5$	尺寸 L_5/mm	尺寸公差 ΔL_5/mm	尺寸 L_6/mm	尺寸公差 ΔL_6/mm	长度 H/mm	长度公差 ΔH/mm
$16^{+0.4}_{0}$	$l_1-0.5$	0 −0.3	$L_2=l_2$	+0.3 −0.3	$h+0.5$	+0.3 0
$18^{+0.4}_{0}$						
$20^{+0.5}_{0}$						
$22^{+0.5}_{0}$						

图 14.26 封边拉手系列装孔尺寸与公差

14.29 侧面安装抽屉滑轨安装孔尺寸与公差

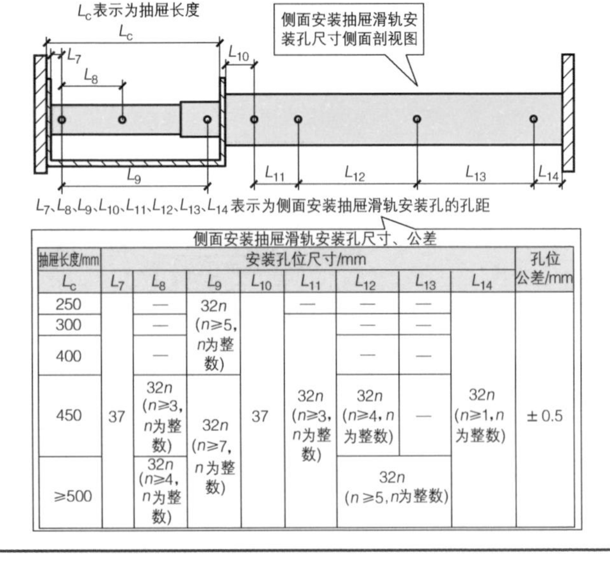
L_c表示为抽屉长度
L_c
侧面安装抽屉滑轨安装孔尺寸侧面剖视图
L_7
L_8
L_{10}
L_9
L_{11}
L_{12}
L_{13}
L_{14}
L_7、L_8、L_9、L_{10}、L_{11}、L_{12}、L_{13}、L_{14}表示为侧面安装抽屉滑轨安装孔的孔距

侧面安装抽屉滑轨安装孔尺寸、公差

抽屉长度/mm	安装孔位尺寸/mm								孔位公差/mm
L_c	L_7	L_8	L_9	L_{10}	L_{11}	L_{12}	L_{13}	L_{14}	
250	37	—	32n(n≥5，n为整数)	37	—	—	—	32n(n≥1，n为整数)	±0.5
300		—			32n(n≥3，n为整数)	—	—		
400		—				—	—		
450		32n(n≥3，n为整数)	32n(n≥7，n为整数)			32n(n≥4，n为整数)	—		
≥500		32n(n≥4，n为整数)				32n(n≥5，n为整数)			

图 14.27 侧面安装抽屉滑轨安装孔尺寸与公差

抽屉滑轨，就是主要用于使抽屉（含键盘搁板等）推拉灵活方便，不产生歪斜或倾翻的一种导向支承件。

14.30 滚轮安装抽屉滑轨安装孔尺寸与公差

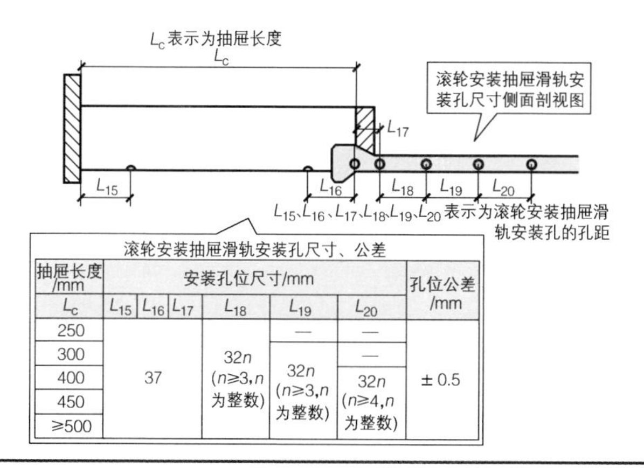

L_c表示为抽屉长度
L_c
滚轮安装抽屉滑轨安装孔尺寸侧面剖视图
L_{17}
L_{15}
L_{16}
L_{18}
L_{19}
L_{20}
L_{15}、L_{16}、L_{17}、L_{18}、L_{19}、L_{20}表示为滚轮安装抽屉滑轨安装孔的孔距

滚轮安装抽屉滑轨安装孔尺寸、公差

抽屉长度/mm	安装孔位尺寸/mm						孔位公差/mm
L_c	L_{15}	L_{16}	L_{17}	L_{18}	L_{19}	L_{20}	
250	37			32*n*（*n*≥3，*n*为整数）	—	—	±0.5
300					32*n*（*n*≥3，*n*为整数）	—	
400						32*n*（*n*≥4，*n*为整数）	
450							
≥500							

图 14.28　滚轮安装抽屉滑轨安装孔尺寸与公差

14.31 隐藏式托底安装抽屉滑轨安装孔尺寸与公差

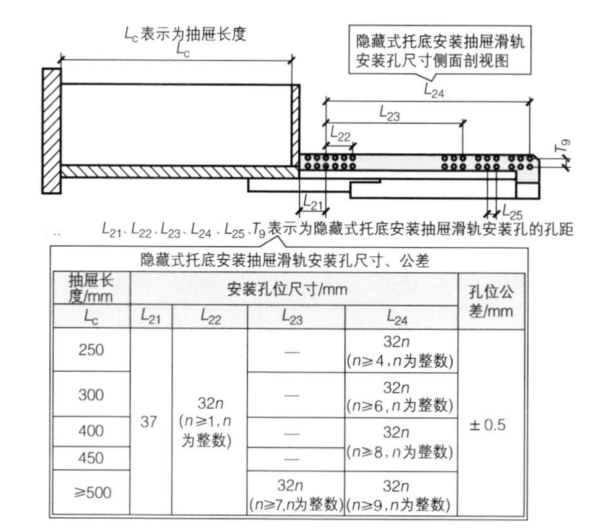

L_c表示为抽屉长度
L_c
隐藏式托底安装抽屉滑轨安装孔尺寸侧面剖视图
L_{24}
L_{23}
L_{22}
T_9
L_{21}
L_{25}
L_{21}、L_{22}、L_{23}、L_{24}、L_{25}、T_9表示为隐藏式托底安装抽屉滑轨安装孔的孔距

隐藏式托底安装抽屉滑轨安装孔尺寸、公差

抽屉长度/mm	安装孔位尺寸/mm				孔位公差/mm
L_c	L_{21}	L_{22}	L_{23}	L_{24}	
250	37	32*n*（*n*≥1，*n*为整数）	—	32*n*（*n*≥4，*n*为整数）	±0.5
300			—	32*n*（*n*≥6，*n*为整数）	
400			—	32*n*（*n*≥8，*n*为整数）	
450			—		
≥500			32*n*（*n*≥7，*n*为整数）	32*n*（*n*≥9，*n*为整数）	

图 14.29　隐藏式托底安装抽屉滑轨安装孔尺寸与公差

14.32 自弹型和液压缓冲型杯状暗铰链规格

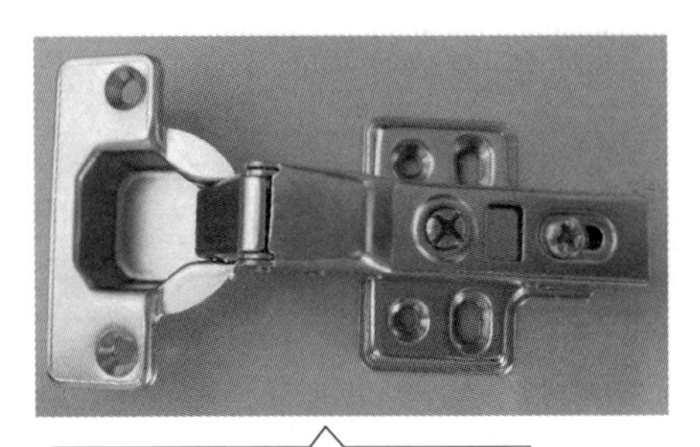

按其铰杯直径分为：ϕ26、ϕ35、ϕ40

图 14.30　自弹型和液压缓冲型杯状暗铰链规格

14.33 家具锁规格尺寸

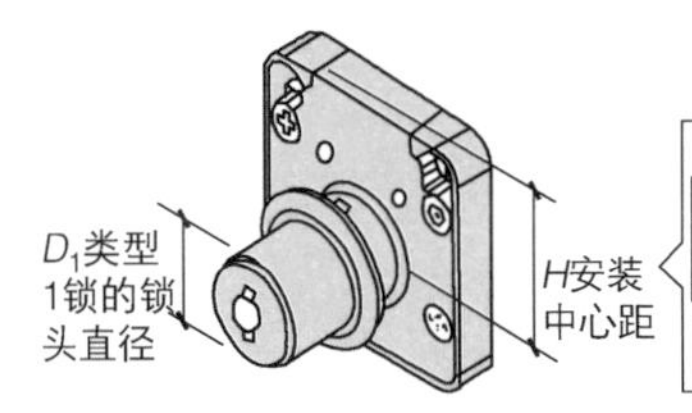
D_1类型1锁的锁头直径
H安装中心距

类型1锁的规格尺寸

名称	规格尺寸/mm			
锁头直径	16	18	20	22
安装中心距	20、22.5			

注:锁头直径、安装中心距均按公差h12级生产制造。安装中心距的规格尺寸可根据需求选择。

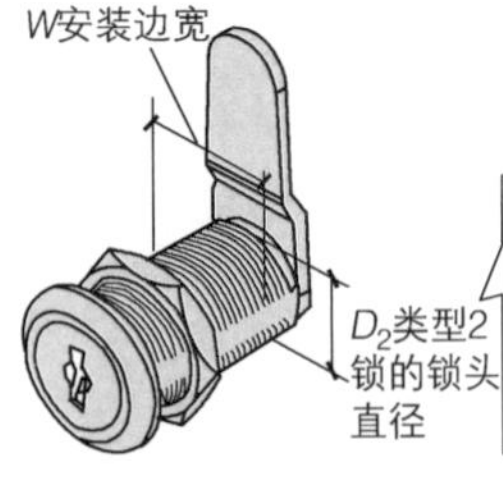
W安装边宽
D_2类型2锁的锁头直径

类型2锁的规格尺寸

名称	规格尺寸/mm					
锁头直径(螺纹、非螺纹)	12	16	18	19	22	28
安装边宽	10.6	13	16		18	26

注：锁头直径(非螺纹)按公差h12级生产制造；锁头直径(螺纹)按公差b12级生产制造；安装边宽按公差h12级生产制造。

图 14.31　家具锁规格尺寸

14.34 家具用脚轮类型与尺寸

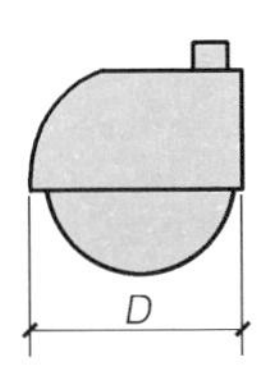

D

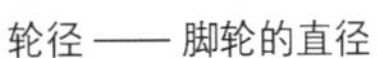

轮径 —— 脚轮的直径

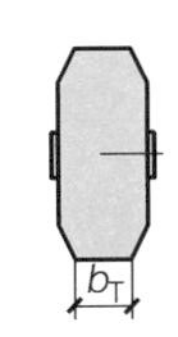

b_T

轮宽 —— 平行于转动轴，脚轮接触地面的宽度(球形脚轮除外)

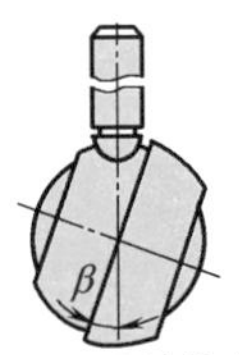

β

倾斜角 —— 脚轮转动轴具有倾斜功能时，垂直于转动轴的直线与铅垂线间的夹角

名称	符号	尺寸	适用脚轮类型
轮径/mm ≥	D	20	所有类型脚轮
轮宽/mm ≥	b_T	7.5	单轮脚轮
		5	双联轮脚轮
外角倒圆半径/mm ≥	γ	1.5	所有类型脚轮
倾斜角/(°) ≤	β	25	S型脚轮

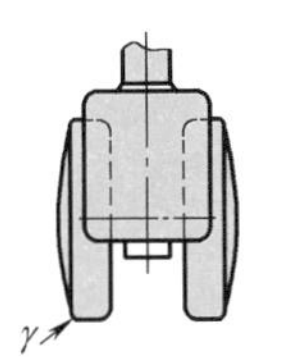

γ

外角倒圆半径 —— 脚轮外侧边缘处的圆弧半径

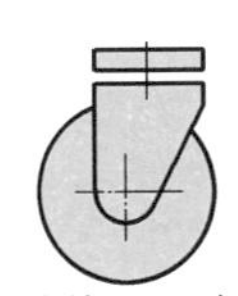

万向脚轮 —— 由一个或多个轮子安装在外罩上，且外罩能绕垂直轴线自由转动的脚轮

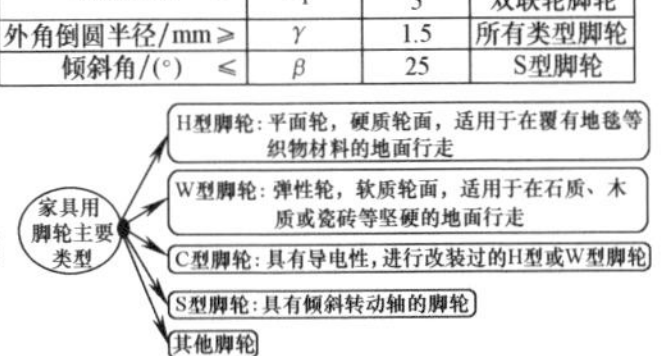

家具用脚轮主要类型
H型脚轮：平面轮，硬质轮面，适用于在覆有地毯等织物材料的地面行走
W型脚轮：弹性轮，软质轮面，适用于在石质、木质或瓷砖等坚硬的地面行走
C型脚轮：具有导电性，进行改装过的H型或W型脚轮
S型脚轮：具有倾斜转动轴的脚轮
其他脚轮

图 14.32　家具用脚轮类型与尺寸

第15章

厨卫设施

15.1 橱柜门板

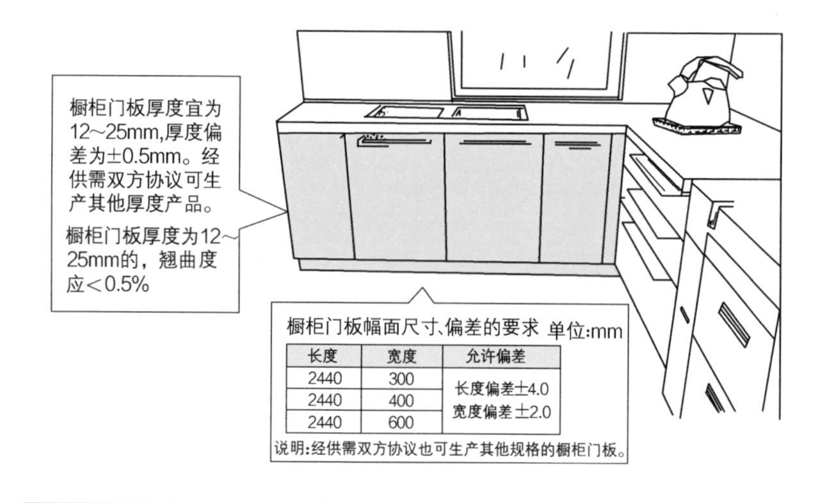
橱柜门板厚度宜为12~25mm,厚度偏差为±0.5mm。经供需双方协议可生产其他厚度产品。
橱柜门板厚度为12~25mm的，翘曲度应<0.5%
橱柜门板幅面尺寸、偏差的要求 单位:mm

长度	宽度	允许偏差
2440	300	长度偏差±4.0 宽度偏差±2.0
2440	400	
2440	600	

说明:经供需双方协议也可生产其他规格的橱柜门板。

图 15.1　橱柜门板

↘ 速看贴士——橱柜尺寸

★橱柜宽一般为 550mm。

★底柜高一般为 700 ~ 900mm。

★底柜深一般小于 450mm。

15.2 厨房操作台高度

厨房操作台的高度，一般以 85 ～ 90cm 为佳，具体尺寸需要根据使用者与公式来计算。

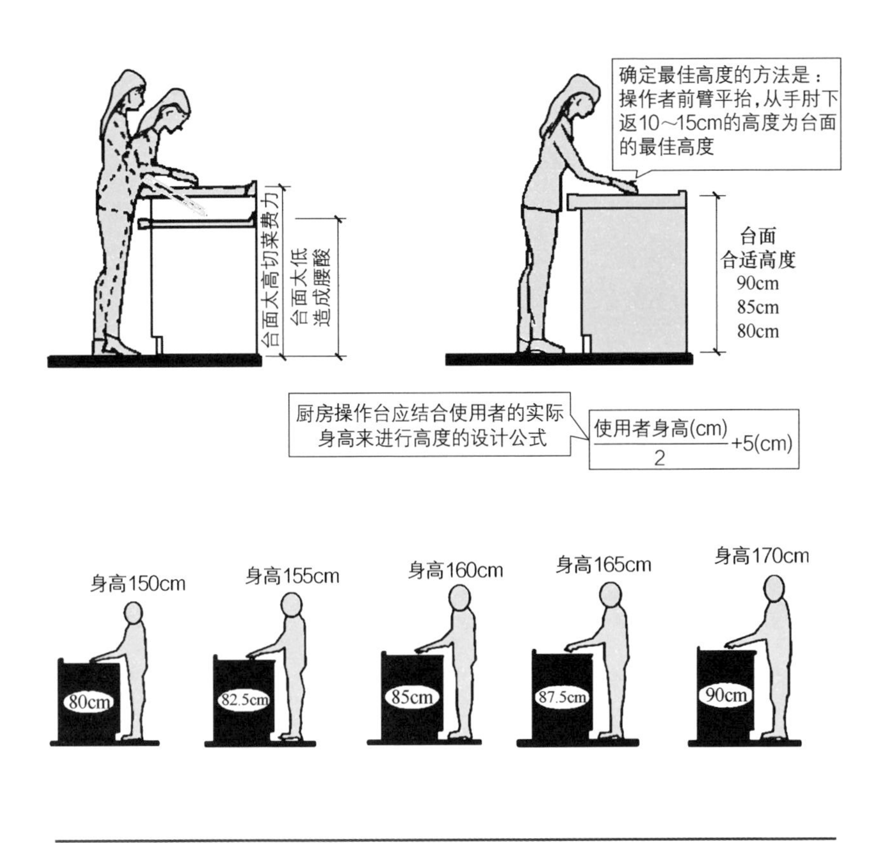

台面太高切菜费力
台面太低
造成腰酸
确定最佳高度的方法是：
操作者前臂平抬，从手肘下返10～15cm的高度为台面的最佳高度
台面
合适高度
90cm
85cm
80cm
厨房操作台应结合使用者的实际身高来进行高度的设计公式
使用者身高(cm)/2 +5(cm)
身高150cm
身高155cm
身高160cm
身高165cm
身高170cm
80cm
82.5cm
85cm
87.5cm
90cm

图 15.2　厨房操作台高度

15.3 厨房吊柜的高度

厨房吊柜的高度，一般离地面 1.6m 的位置最佳。但是，具体多高，受到使用者身高、地柜宽度等影响。

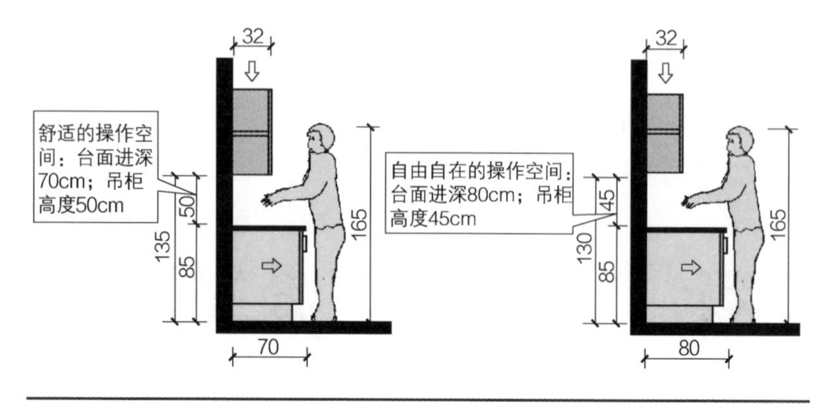
32
舒适的操作空间：台面进深70cm；吊柜高度50cm
50
135
85
165
70
32
自由自在的操作空间：台面进深80cm；吊柜高度45cm
45
130
85
165
80

图 15.3　厨房吊柜的高度（单位：cm）

速看贴士——橱柜吊柜尺寸

★吊柜距地面一般大于 1300mm。

★吊柜距台面一般为 500 ~ 700mm。

★吊柜宽一般为 350mm，常小于 400mm。

★吊柜深一般为 250 ~ 350mm。

15.4 水槽相关尺寸

水槽尺寸，需要根据水槽材质、橱柜台面的大小、厨房大小等确定。

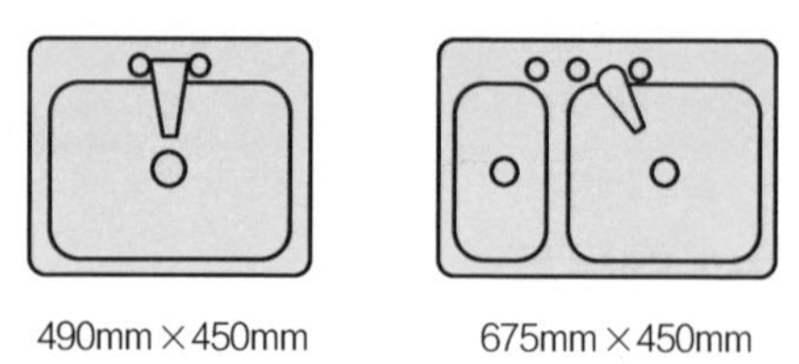
490mm×450mm
675mm×450mm

图 15.4　水槽相关尺寸

表 15.1 水槽相关尺寸

项目	尺寸与数据
厨房水槽的一般尺寸	49cm×45cm、67cm×45cm、80cm×45cm、92cm×46cm、80cm×46cm、97cm×48cm、103cm×50cm、81cm×47cm、88cm×48cm 等
水槽合理的宽度	一般为 43 ～ 48cm
水槽上的水龙头抽拉长度	大约 15cm 为最佳
水槽上的水龙头距离台面高度	25cm
水槽上的水龙头距离台面宽度	22cm
水槽上的水龙头全高	38cm
水槽深度	大于 18cm 比较适宜

15.5 水池的空间尺寸

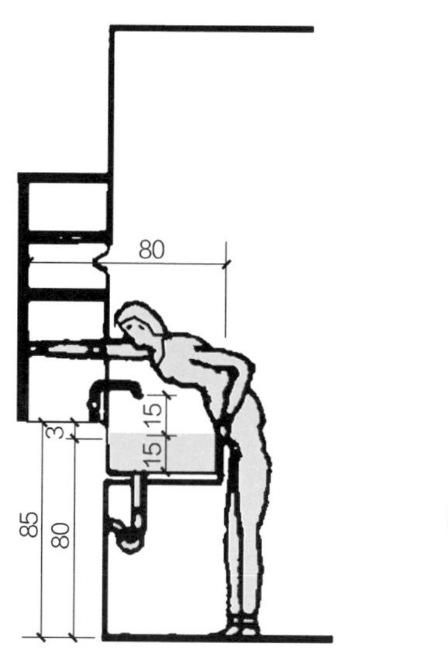
80
15
15
3
85
80

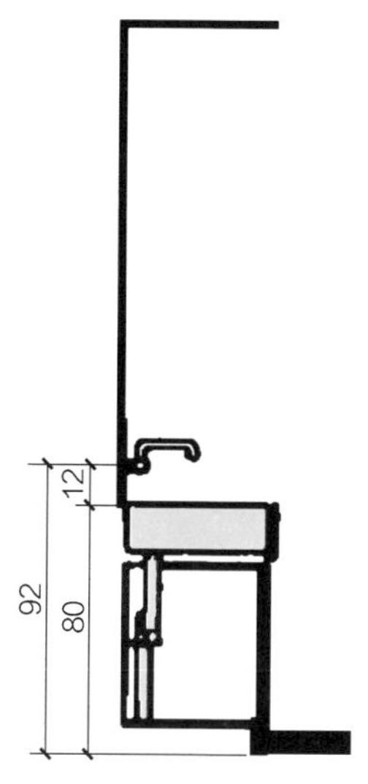
12
92
80

图 15.5 水池的空间尺寸（单位：cm）

15.6 调理台常用尺寸

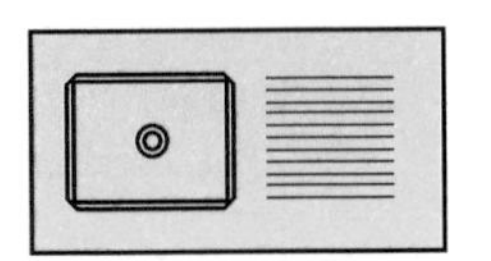

700mm×380mm

900mm×470mm

1200mm×560mm

图 15.6 调理台常用尺寸

调理台常用尺寸有：1200mm×560mm、800mm×500mm、1000mm×500mm、900mm×470mm 等。

15.7 洗脸盆、洗手盆台与洗脸台（洗漱台）尺寸

卫生间的洗漱台，如果太高，则使用吃力。如果太低，则又难受。

表 15.2 洗脸盆、洗手盆台与洗脸台（洗漱台）尺寸

项目	尺寸与数据
洗脸盆中的台盆尺度	550mm×900mm 等
洗脸台长度	一般为 600mm、700mm、750mm、800mm、900mm、1000mm、1200mm 等
洗脸台宽度	一般为 450 ～ 700mm
洗手盆池面或台面离地高度	一般大约为 0.8m（具体看家中人的平均身高来确定）
洗手盆台面背挡板宽度	一般为 10 ～ 15cm
洗手盆台面规格	一般为 635mm×560mm、790mm×560mm、940mm×560mm、1245mm×560mm、1550mm×560mm 等
洗手盆台面厚度	一般为 2 ～ 3.8cm

15.8 浴室柜外形尺寸、设计尺寸与安装尺寸

考虑到卫浴空间地面潮湿，柜底到地面最少要保持 150mm 的距离。根据主人身高和使用习惯，浴室柜的台面到地面的距离一般为 800 ～ 900mm。

镜柜的安装要根据主人的高度、习惯，以人站在前面，头在镜子的正中间最为合适。

表 15.3 浴室柜外形尺寸、设计尺寸与安装尺寸

项目	尺寸与数据
多数浴室柜的尺寸（长 × 宽）（浴室柜到底采用多大，则需要看浴室预留给浴室柜的大小与尺寸、空间协调情况）	[800 ～ 1000mm（包括挂柜在内）] × [450 ～ 500mm（墙距）]
浴室柜的高度	一般大约为 650mm

15.9 坐式便器常用尺寸

国家建筑标准的马桶（坐式便器）坑距为 300mm 或 400mm，可根据实际情况选择、安装。

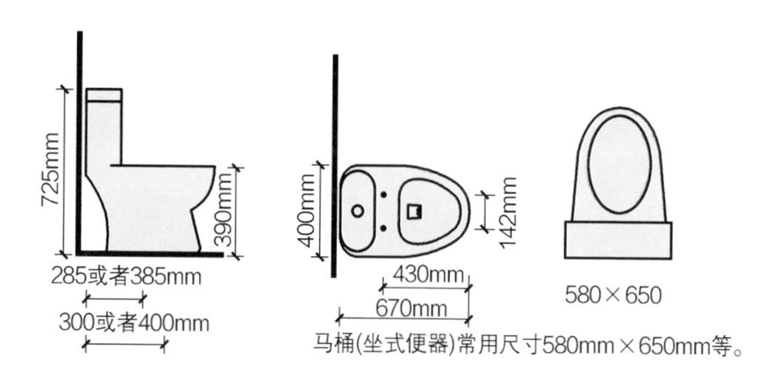
725mm
390mm
285或者385mm
300或者400mm
400mm
142mm
430mm
670mm
580×650
马桶(坐式便器)常用尺寸580mm×650mm等。

图 15.7 马桶（坐式便器）常用尺寸

15.10 浴缸常用尺寸

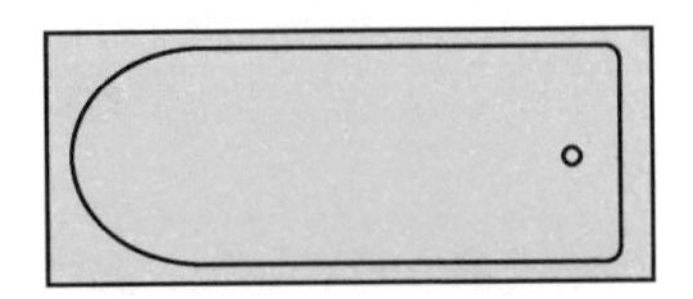

1500mm×750mm

图 15.8　浴缸常用尺寸

表 15.4　浴缸种类与尺寸

单位：mm

浴缸类别	长度	宽度	高度
普通浴缸	1200、1300、1400、1500、1600、1700	700～900	355～518
坐泡式浴缸	1100	700	475（坐处 310）
按摩浴缸	1500	800～900	470

第16章 门、沙发、床、茶几、床头柜与梳妆台

16.1 木质门尺寸

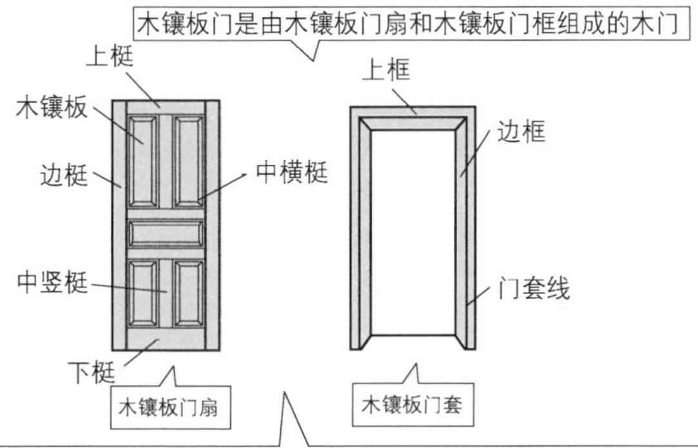
木镶板门是由木镶板门扇和木镶板门框组成的木门
上梃
木镶板
边梃
中横梃
中竖梃
下梃
木镶板门扇
上框
边框
门套线
木镶板门套

门扇、门框构造尺寸可根据门洞口尺寸、门框结构、安装缝隙确定。
门扇的常规厚度为35mm、38mm、40mm、45mm、50mm、55mm、60mm。
也可以供需方协商生产其他厚度的门。
门框的厚度根据设计要求确定。门框与普通铰链连接处的厚度不应低于25mm，与T形铰链连接处的厚度应不低于18mm。优先选用28mm、30mm、38mm、40mm、45mm、50mm

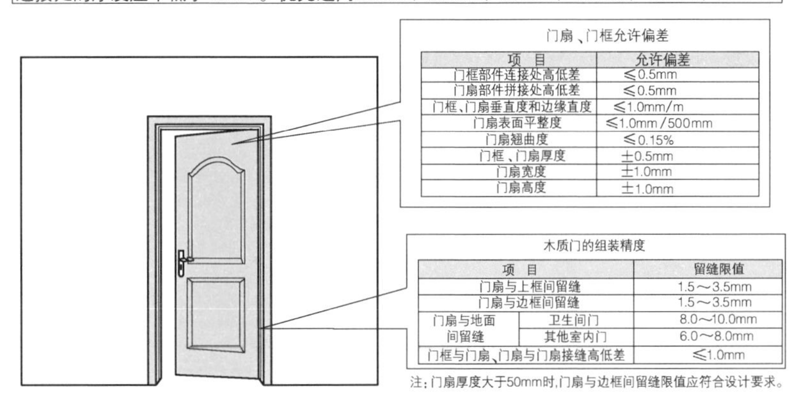

门扇、门框允许偏差

项目	允许偏差
门框部件连接处高低差	≤0.5mm
门扇部件拼接处高低差	≤0.5mm
门框、门扇垂直度和边缘直度	≤1.0mm/m
门扇表面平整度	≤1.0mm/500mm
门扇翘曲度	≤0.15%
门框、门扇厚度	±0.5mm
门扇宽度	±1.0mm
门扇高度	±1.0mm

木质门的组装精度

项目		留缝限值
门扇与上框间留缝		1.5～3.5mm
门扇与边框间留缝		1.5～3.5mm
门扇与地面间留缝	卫生间门	8.0～10.0mm
	其他室内门	6.0～8.0mm
门框与门扇、门扇与门扇接缝高低差		≤1.0mm

注：门扇厚度大于50mm时，门扇与边框间留缝限值应符合设计要求。

图16.1 木质门尺寸

16.2 人体工程沙发尺寸要求

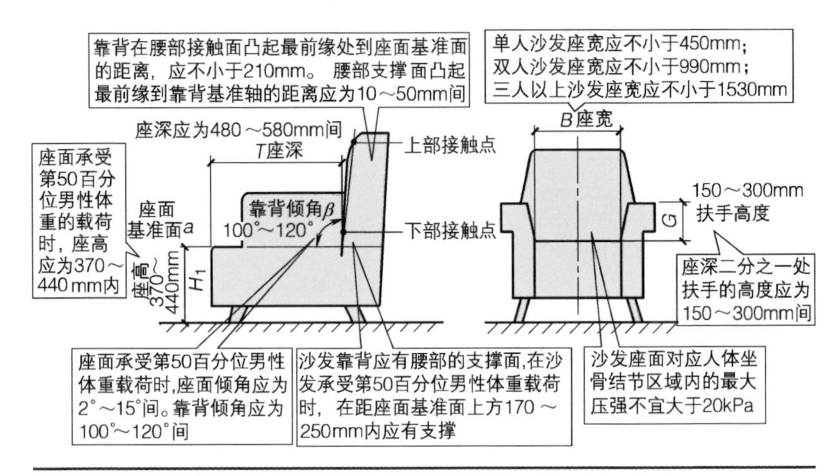

靠背在腰部接触面凸起最前缘处到座面基准面的距离，应不小于210mm。 腰部支撑面凸起最前缘到靠背基准轴的距离应为10～50mm间
单人沙发座宽应不小于450mm；双人沙发座宽应不小于990mm；三人以上沙发座宽应不小于1530mm
座深应为480～580mm间
T座深
上部接触点
B座宽
座面承受第50百分位男性体重的载荷时，座高应为370～440mm内
座面基准面a
靠背倾角β 100°～120°
下部接触点
150～300mm 扶手高度
G
座高370～440mm
H1
座深二分之一处扶手的高度应为150～300mm间
座面承受第50百分位男性体重载荷时,座面倾角应为2°～15°间。靠背倾角应为100°～120°间
沙发靠背应有腰部的支撑面,在沙发承受第50百分位男性体重载荷时，在距座面基准面上方170～250mm内应有支撑
沙发座面对应人体坐骨结节区域内的最大压强不宜大于20kPa

图 16.2 人体工程沙发尺寸要求

16.3 沙发常用尺寸

沙发比一般椅子矮，并且宽大。起居室沙发总高 750 ～ 900mm、座高 350 ～ 400mm、座宽 450 ～ 600mm。加扶手、靠背平面宽 800 ～ 1000mm、深度 800 ～ 1000mm。

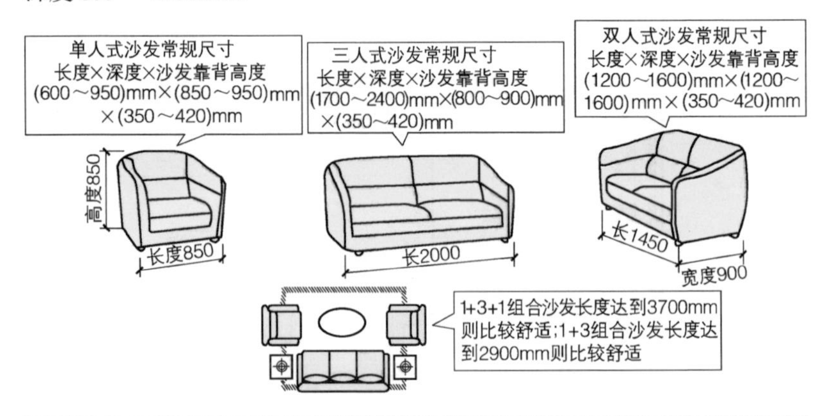

单人式沙发常规尺寸
长度×深度×沙发靠背高度
(600～950)mm×(850～950)mm×(350～420)mm
三人式沙发常规尺寸
长度×深度×沙发靠背高度
(1700～2400)mm×(800～900)mm×(350～420)mm
双人式沙发常规尺寸
长度×深度×沙发靠背高度
(1200～1600)mm×(1200～1600)mm×(350～420)mm
高度850
长度850
长2000
长1450
宽度900
1+3+1组合沙发长度达到3700mm则比较舒适;1+3组合沙发长度达到2900mm则比较舒适

图 16.3 沙发常用尺寸

16.4 茶几相关尺寸

茶几，就是配合沙发使用的小桌。

表 16.1　茶几相关尺寸　　单位：mm

项目	尺寸与数据
长方形大型茶几尺寸（长×宽×高）	（1000～1800）×（600～680）×（330～420）
长方形中型茶几尺寸（长×宽×高）	（1200～1350）×（380～500）×（430～500）
大型长茶几（长×宽×高）	1400×550×500
小型茶几尺寸（长×宽×高）	（600～700）×450×（380～500）
小型长茶几（长×宽×高）	1000×450×450
正方形大型茶几尺寸（长×宽×高）	（900、1050、1200、1350、1500）×（430～500）×（300～500）
正方形中型茶几尺寸（长×宽×高）	（750～900）×（750～900）×（430～500）
中型长茶几（长×宽×高）	1200×500×450

16.5 茶几的选择

摆放可容纳三四个人的沙发，可以搭配（长×宽×高）140cm×70cm×45cm 的茶几。茶几的高度最好与沙发坐垫位置持平。

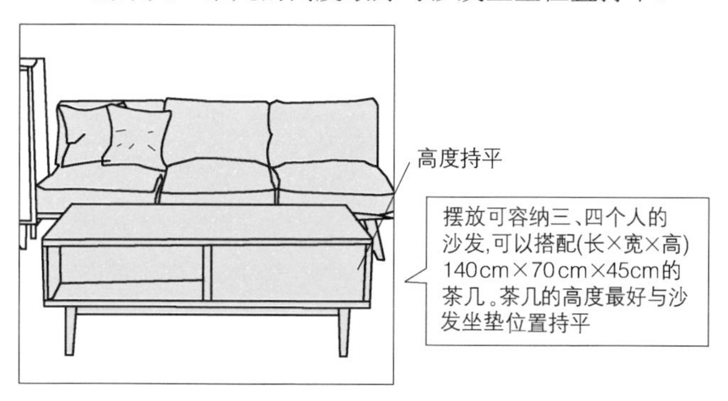
高度持平
摆放可容纳三、四个人的沙发,可以搭配(长×宽×高)140cm×70cm×45cm的茶几。茶几的高度最好与沙发坐垫位置持平

图 16.4　茶几的选择

16.6 单层床

单层床，就是床铺面高度小于 800mm，长度大于 1400mm 的主要用于睡眠的一种家具。

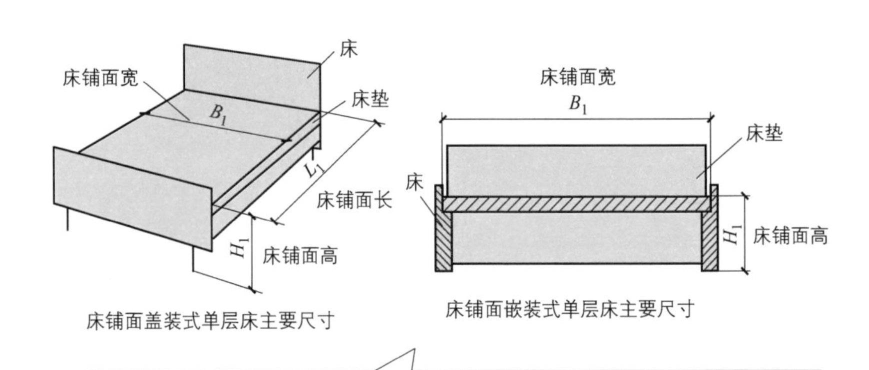
床
床铺面宽
床垫
B_1
L_1
床铺面长
H_1
床铺面高
床铺面盖装式单层床主要尺寸
床铺面宽
B_1
床垫
床
H_1
床铺面高
床铺面嵌装式单层床主要尺寸

外形尺寸偏差

嵌装式床的内宽尺寸偏差为+20mm。
软体床外形尺寸偏差为±10mm。
折叠式床为±6mm。
其他单层床外形尺寸偏差为±5mm。
配套或组合产品的极限偏差应同取正值或负值

形状位置公差应符合的规定

<table>
<tr><th>项目</th><th colspan="5">尺寸要求/mm</th></tr>
<tr><td>位差度</td><td colspan="4">抽屉与框架、抽屉与抽屉相邻两表面间的距离偏差</td><td>≤2</td></tr>
<tr><td>分缝</td><td colspan="5">所有分缝≤2</td></tr>
<tr><td>着地平稳性</td><td colspan="3">底脚与水平面的差值</td><td colspan="2">≤2</td></tr>
<tr><td rowspan="4">邻边垂直度</td><td rowspan="4">床屏、床铺面、框架</td><td rowspan="2">对角线长度</td><td>≥1000</td><td>床铺面折叠式≤6</td><td>非折叠式≤3</td></tr>
<tr><td><1000</td><td>床铺面折叠式≤4</td><td>非折叠式≤2</td></tr>
<tr><td rowspan="2">对边长度</td><td>≥1000</td><td>床铺面折叠式≤6</td><td>非折叠式≤3</td></tr>
<tr><td><1000</td><td>床铺面折叠式≤4</td><td>非折叠式≤2</td></tr>
<tr><td rowspan="2">翘曲度</td><td colspan="2" rowspan="2">床铺面、床屏对角线长度</td><td colspan="2">≥1400</td><td>≤3</td></tr>
<tr><td colspan="2">>700，且<1400</td><td>≤2</td></tr>
</table>

图 16.5　单层床

↘ 速看贴士——双层床

★双层床，就是在高度方向上有双层铺面的，或者只有一层大于等于 800mm 铺面的床类产品。

16.7 单层铁艺床、铁架床

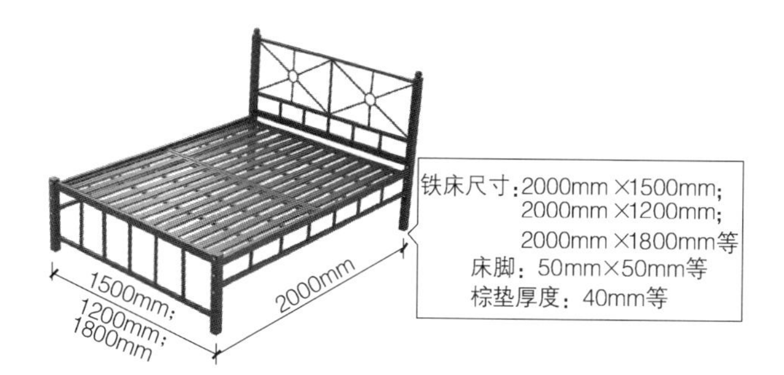
铁床尺寸:2000mm ×1500mm;
2000mm ×1200mm;
2000mm ×1800mm等
床脚：50mm×50mm等
棕垫厚度：40mm等
2000mm
1500mm;
1200mm;
1800mm

图 16.6 单层铁艺床、铁架床

16.8 单人床、双人床

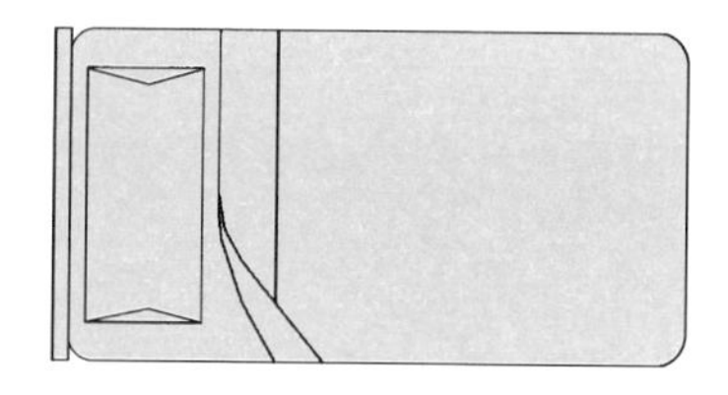

单人床一般2150mm×(1050～1350)mm等。

双人床尺寸一般有2150mm×1650mm、2150mm×1950mm。小型双人床(宽×长)1350mm×(1900～2120)mm等。

图 16.7 单人床、双人床

速看贴士——床的适配

★紧凑型卧室床的适配：200 ~ 300mm 床头、常规双人床（宽 × 长）1500mm ×（1900 ~ 2120）mm，或者中型双人床（宽 × 长）1800mm ×（1900 ~ 2120）mm。

★舒适型卧室床的适配：200 ~ 300mm 床头、加大双人床（宽 × 长）1800mm ×（2200 ~ 2220）mm，或者加大双人床（宽 × 长）2000mm ×（2000 ~ 2020）mm。

16.9 床垫

床垫的体压分布，人体腰部的压强峰值应为 3 ～ 10kPa。腰臀压强比应在 30% ～ 70% 内。

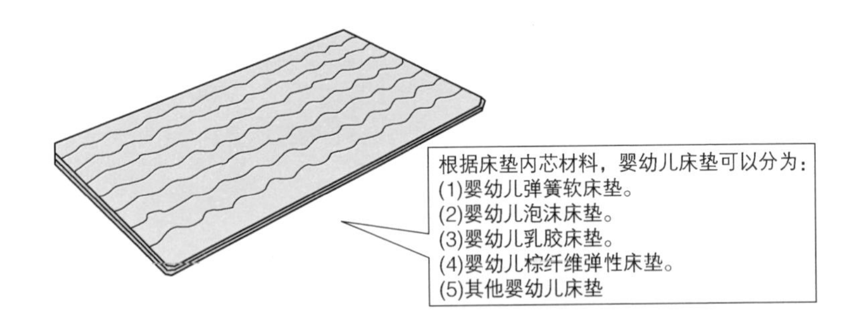
根据床垫内芯材料，婴幼儿床垫可以分为：
(1)婴幼儿弹簧软床垫。
(2)婴幼儿泡沫床垫。
(3)婴幼儿乳胶床垫。
(4)婴幼儿棕纤维弹性床垫。
(5)其他婴幼儿床垫

图 16.8 床垫

速看贴士——婴幼儿、儿童家具

★婴幼儿家具，就是供年龄在 36 个月以内的婴幼儿使用的家具。

★儿童家具，就是供 3 ~ 14 岁儿童使用的家具。

★儿童高椅，就是供 6 ~ 36 个月内具有独坐能力的婴幼儿使用的，能使婴幼儿接近餐桌高度用餐的、独立摆放的椅子。

★童床，就是床铺面长度在 900 ~ 1400mm，产品四周有护栏围绕的婴儿或儿童使用的床类产品。

★婴儿床，就是床铺面长度≤ 900mm，为不能自行坐起或通过手和膝盖拉起或跪起自己的婴儿提供睡眠区域的家具，包括摇床、悬挂床、床边床。

16.10 床头柜相关尺寸

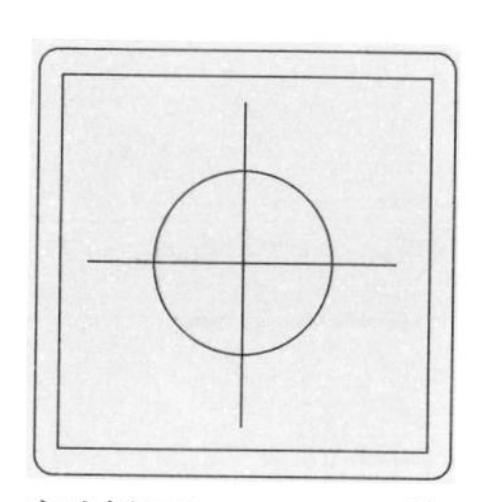

床头柜500mm×500mm等

图 16.9　床头柜相关尺寸

表 16.2　床头柜相关尺寸

项目	尺寸与数据 /mm
床头柜常见尺寸（长 × 宽 × 高）	（400 ～ 800）×（350 ～ 450）×（500 ～ 700）
国家轻工业部门提出床头柜标准尺寸	宽 400 ～ 600、深 350 ～ 450、高 500 ～ 700
小型床头柜常见尺寸	高 500 ～ 700、宽 300 ～ 450、深 350 ～ 450

16.11 梳妆台常见尺寸与常用尺寸

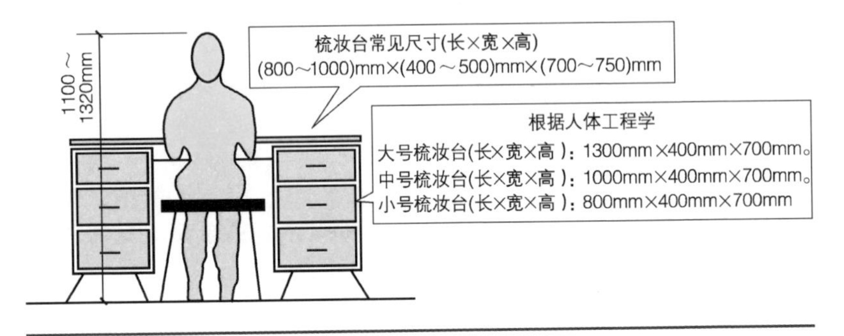
1100～1320mm
梳妆台常见尺寸(长×宽×高)
(800～1000)mm×(400～500)mm×(700～750)mm
根据人体工程学
大号梳妆台(长×宽×高)：1300mm×400mm×700mm。
中号梳妆台(长×宽×高)：1000mm×400mm×700mm。
小号梳妆台(长×宽×高)：800mm×400mm×700mm

图16.10　梳妆台常见尺寸与常用尺寸

第17章

日用品

17.1 牙刷尺寸

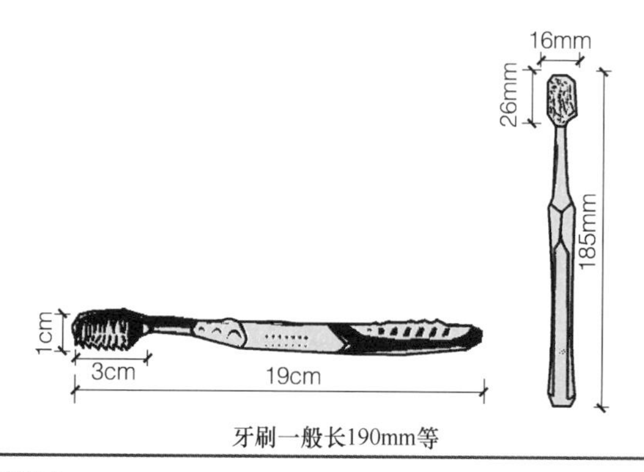

16mm
26mm
185mm
1cm
3cm
19cm
牙刷一般长190mm等

图17.1 牙刷尺寸

17.2 牙膏尺寸

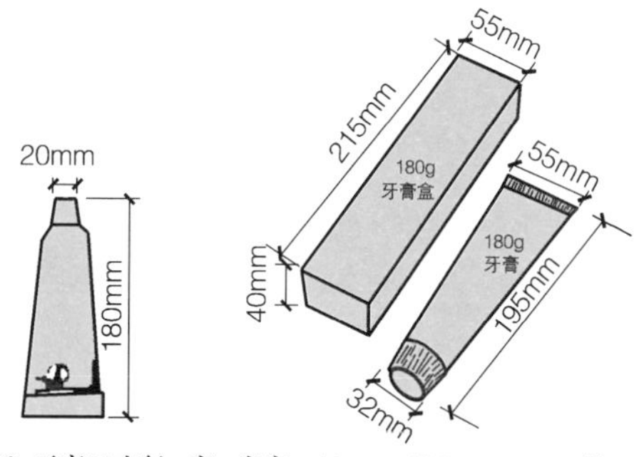

20mm
180mm
55mm
215mm
180g
牙膏盒
40mm
55mm
180g
牙膏
195mm
32mm
180g牙膏口直径×高×底宽：32mm×195mm×55mm等。180g
牙膏盒子长×宽×高：215mm×55mm×40mm等

图17.2 牙膏尺寸

17.3 刷口杯尺寸

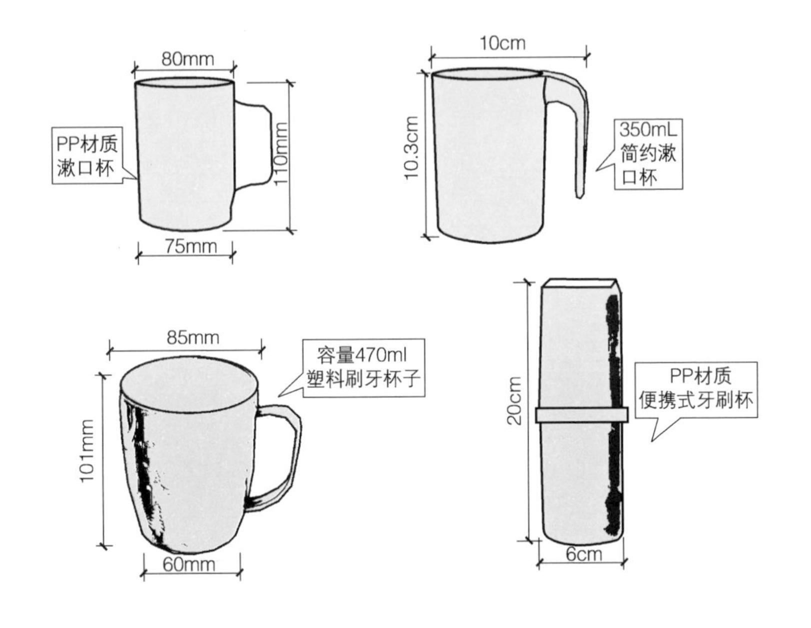

80mm
PP材质
漱口杯
110mm
75mm
10cm
10.3cm
350mL
简约漱
口杯
85mm
容量470ml
塑料刷牙杯子
101mm
60mm
20cm
PP材质
便携式牙刷杯
6cm

图 17.3 刷口杯尺寸

17.4 水桶、脸盆尺寸

31.2cm
28.7cm
20.3cm
29.8cm
10.8cm
21.5cm
26L套装
34.5cm
31.5cm
22cm
33cm
12.2cm
23cm
30L套装
37.5cm
34cm
24.4cm
35.2cm
13.6cm
24.5cm
35L套装

图 17.4 水桶、脸盆尺寸

17.5 调料盒尺寸

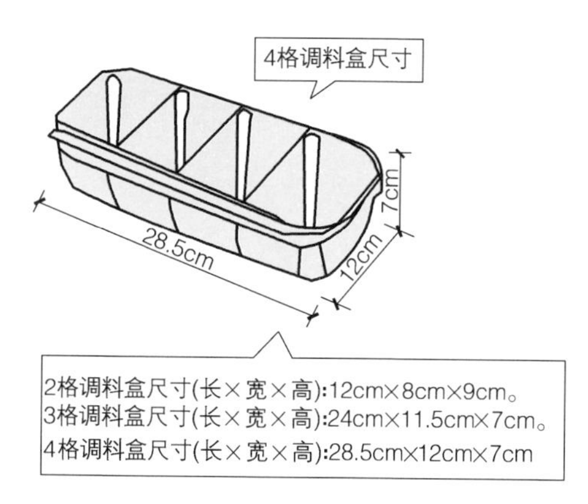
4格调料盒尺寸
7cm
28.5cm
12cm
2格调料盒尺寸(长×宽×高):12cm×8cm×9cm。
3格调料盒尺寸(长×宽×高):24cm×11.5cm×7cm。
4格调料盒尺寸(长×宽×高):28.5cm×12cm×7cm

图 17.5 调料盒尺寸

17.6 洗洁精尺寸

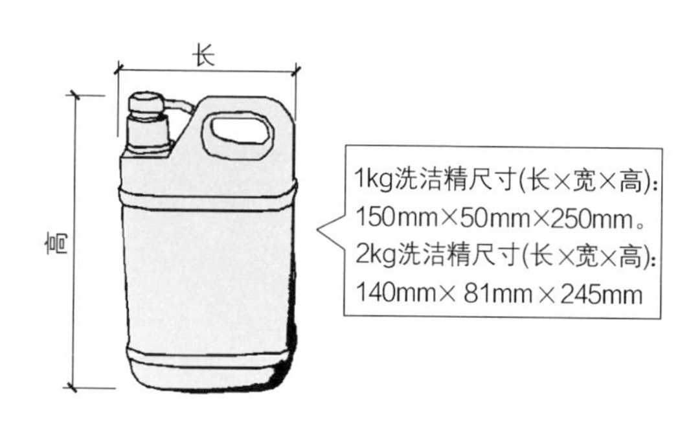
长
高
1kg洗洁精尺寸(长×宽×高):
150mm×50mm×250mm。
2kg洗洁精尺寸(长×宽×高):
140mm× 81mm ×245mm

图 17.6 洗洁精尺寸

17.7 洗发水尺寸

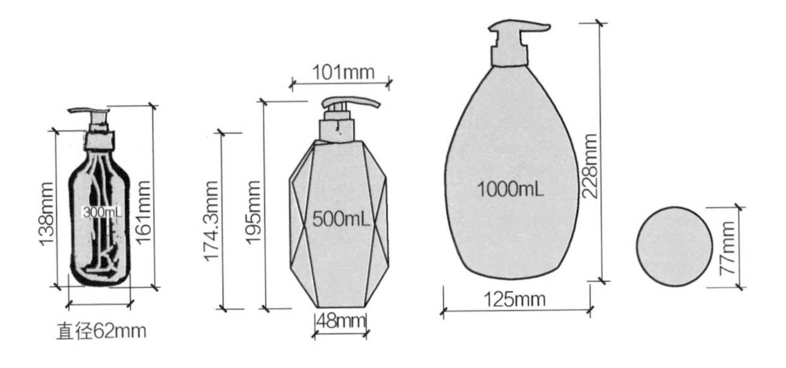

300mL
138mm
161mm
直径62mm
101mm
174.3mm
195mm
500mL
48mm
1000mL
228mm
125mm
77mm

图 17.7　洗发水尺寸

17.8 沐浴露尺寸

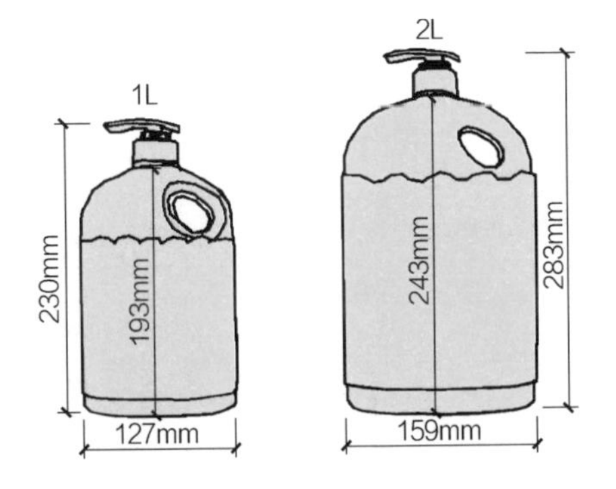

1L
230mm
193mm
127mm
2L
243mm
283mm
159mm

图 17.8　沐浴露尺寸

17.9 洗衣液尺寸

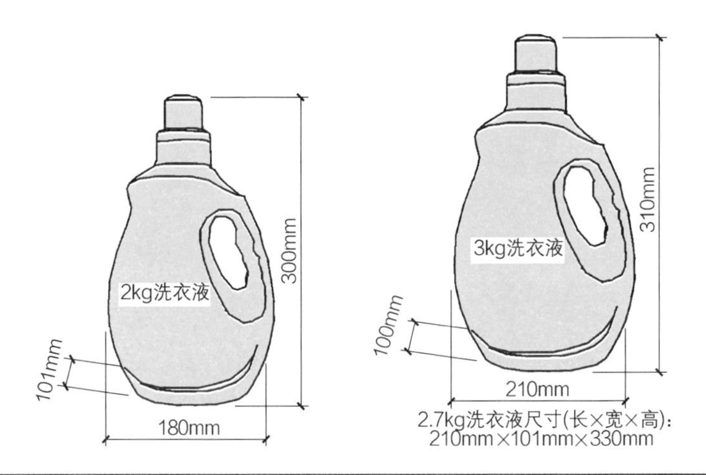

2kg洗衣液
300mm
101mm
180mm
3kg洗衣液
310mm
100mm
210mm
2.7kg洗衣液尺寸(长×宽×高):
210mm×101mm×330mm

图 17.9　洗衣液尺寸

17.10 PET 透明塑料桶规格尺寸

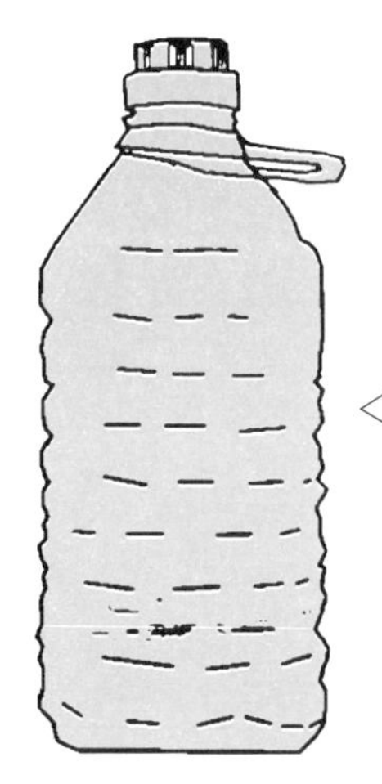

PET透明塑料桶1.1L尺寸(长×宽×高):84mm×75mm×275mm。
PET透明塑料桶1.5L尺寸(长×高):110mm×260mm。
PET透明塑料桶11L尺寸(长×高):206mm×435mm。
PET透明塑料桶2.5L尺寸(长×宽×高):120mm×120mm×280mm。
PET透明塑料桶2.8L尺寸(长×宽×高):133mm×125mm×286mm。
PET透明塑料桶5.5L尺寸(长×宽×高):150mm×150mm×350mm。
PET透明塑料桶500mL尺寸(长×宽×高):65mm×65mm×195mm。
PET透明塑料桶5L尺寸(长×宽×高):159mm×148mm×330mm等

图 17.10　PET 透明塑料桶规格尺寸

17.11 食品级手提塑料方桶规格与尺寸

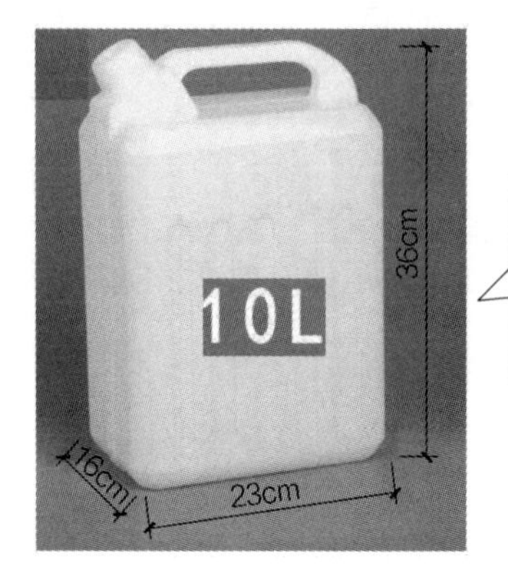
10L
36cm
16cm
23cm

2.5L尺寸(长×宽×高):160mm×110mm×140mm。
5L尺寸(长×宽×高):190mm×130mm×290mm。
10L尺寸(长×宽×高):230mm×160mm×360mm。
25L尺寸(长×宽×高):330mm×200mm×460mm。
30L尺寸(长×宽×高):350mm×220mm×490mm等

图 17.11 食品级手提塑料方桶规格与尺寸

17.12 纯净水桶规格与尺寸

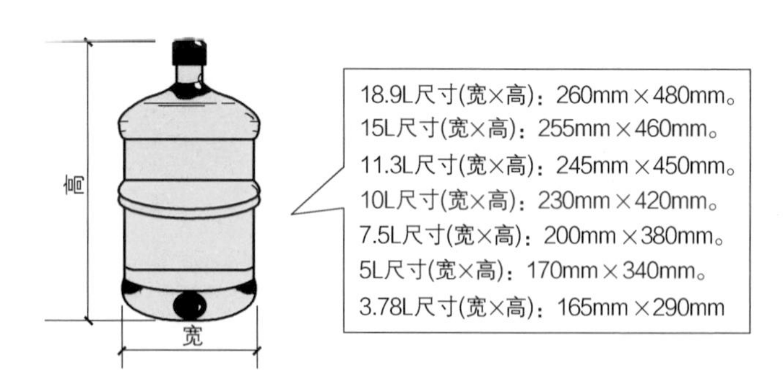
高
宽
18.9L尺寸(宽×高)：260mm×480mm。
15L尺寸(宽×高)：255mm×460mm。
11.3L尺寸(宽×高)：245mm×450mm。
10L尺寸(宽×高)：230mm×420mm。
7.5L尺寸(宽×高)：200mm×380mm。
5L尺寸(宽×高)：170mm×340mm。
3.78L尺寸(宽×高)：165mm×290mm

图 17.12 纯净水桶规格与尺寸

17.13 伞尺寸

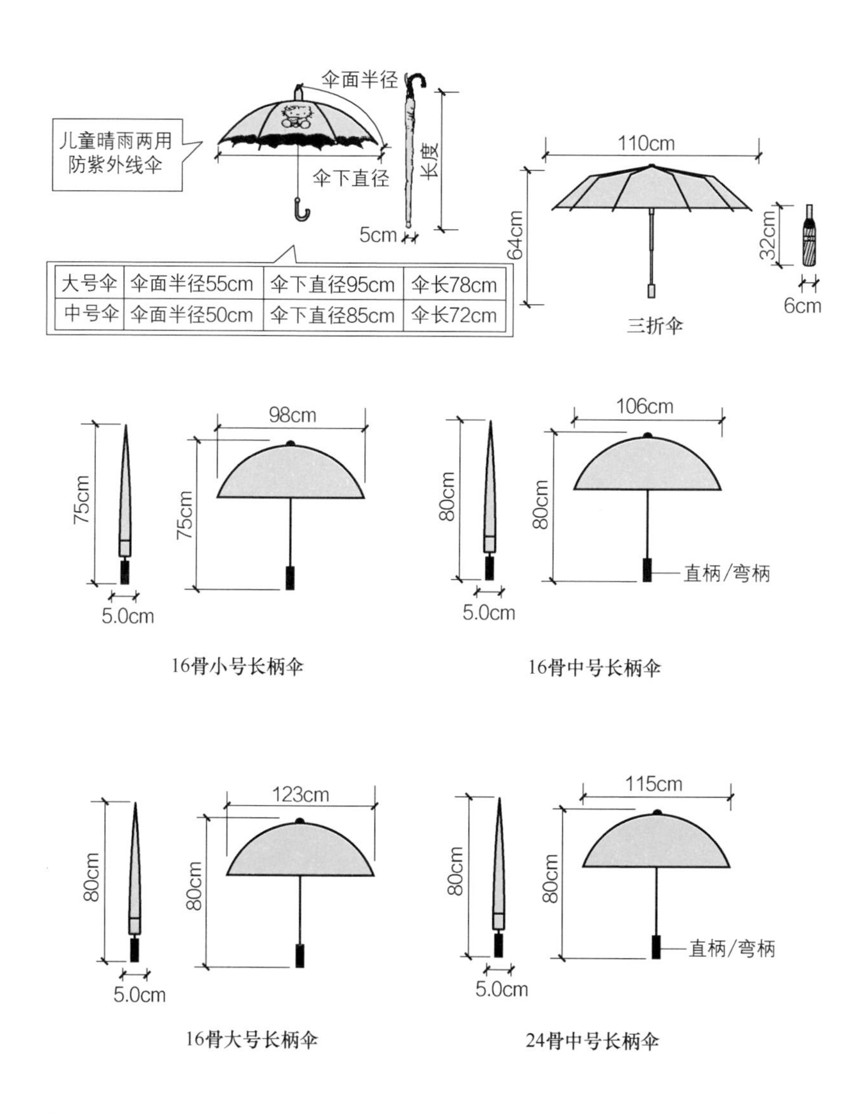

儿童晴雨两用
防紫外线伞
伞面半径
伞下直径
长度
5cm
110cm
64cm
32cm
6cm
三折伞
98cm
75cm
75cm
5.0cm
16骨小号长柄伞
106cm
80cm
80cm
5.0cm
直柄/弯柄
16骨中号长柄伞
123cm
80cm
80cm
5.0cm
16骨大号长柄伞
115cm
80cm
80cm
5.0cm
直柄/弯柄
24骨中号长柄伞

大号伞	伞面半径55cm	伞下直径95cm	伞长78cm
中号伞	伞面半径50cm	伞下直径85cm	伞长72cm

图17.13 伞尺寸

17.14 垃圾桶尺寸

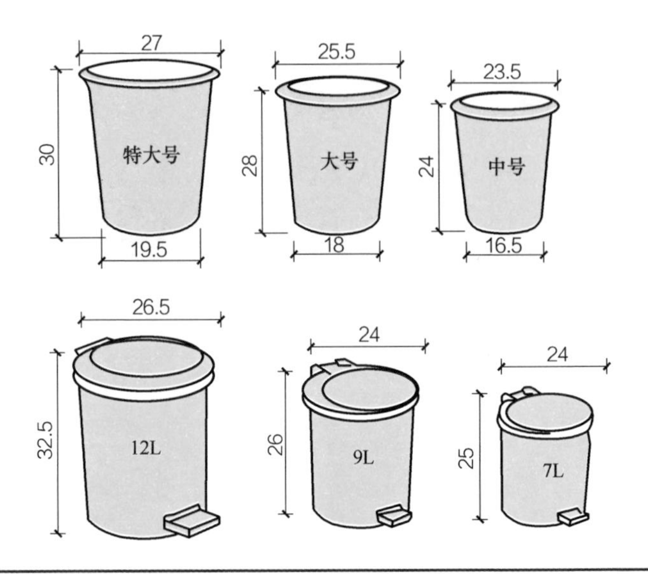

27
25.5
23.5
30
28
24
特大号
大号
中号
19.5
18
16.5
26.5
24
24
32.5
26
25
12L
9L
7L

图 17.14　垃圾桶尺寸（单位：cm）

17.15 卫生卷纸尺寸

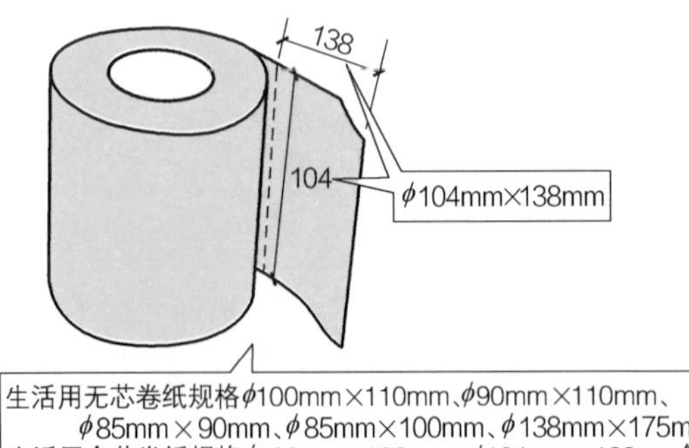

138
104
ϕ104mm×138mm
生活用无芯卷纸规格ϕ100mm×110mm、ϕ90mm×110mm、
ϕ85mm×90mm、ϕ85mm×100mm、ϕ138mm×175mm等。
生活用含芯卷纸规格ϕ100mm×138mm、ϕ104mm×138mm等

图 17.15　卫生卷纸尺寸

表 17.1　卫生卷纸尺寸

项目	尺寸与数据
生活用无芯卷纸规格	φ100mm×110mm、φ90mm×110mm、φ85mm×90mm、φ85mm×100mm、138mm×175mm 等
生活用含芯卷纸规格	φ100mm×138mm、φ104mm×138mm 等
生活用纸包装外袋规格	有 1600mm×865mm× 夹高 180mm、1600mm×880mm× 夹高 180mm 等
生活用纸包装内袋规格（长：不包括手抠 6 ～ 8cm）X1——（宽 × 长）	28cm×71cm（12 卷）等
生活用纸包装内袋规格（长：不包括手抠 6 ～ 8cm）X2——（宽 × 长）	27.3cm×60cm（10 卷）等
生活用纸包装内袋规格（长：不包括手抠 6 ～ 8cm）X3——（宽 × 长）	30.5cm×68cm（10 卷）等
生活用纸包装内袋规格（长：不包括手抠 6 ～ 8cm）X5——（宽 × 长）	26cm×71cm（14 卷）等
生活用纸包装内袋规格（长：不包括手抠 6 ～ 8cm）X6——（宽 × 长）	24.5cm×71cm（14 卷）等
生活用纸包装内袋规格（长：不包括手抠 6 ～ 8cm）X7——（宽 × 长）	24.5cm×64.5cm（12 卷）等
生活用纸包装内袋规格（长：不包括手抠 6 ～ 8cm）X8——（宽 × 长）	28cm×71cm（12 卷）等
生活用纸包装内袋规格（长：不包括手抠 6 ～ 8cm）X9——（宽 × 长）	31.5cm×71cm（10 卷）等
生活用纸包装内袋规格（长：不包括手抠 6 ～ 8cm）X10——（宽 × 长）	30.5cm×68cm（10 卷）等
生活用纸包装内袋规格（长：不包括手抠 6 ～ 8cm）X11——（宽 × 长）	26.8cm×59cm（10 卷）等

17.16 日杂用品的尺寸

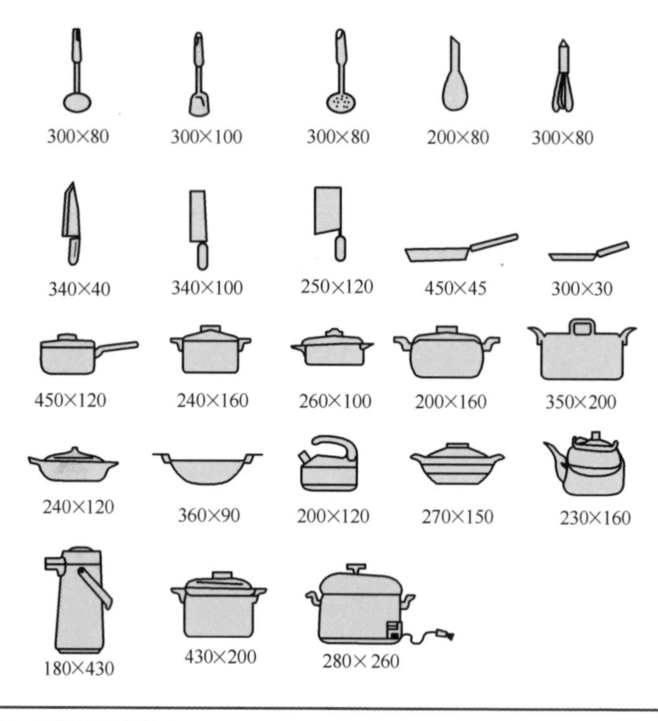
300×80
300×100
300×80
200×80
300×80
340×40
340×100
250×120
450×45
300×30
450×120
240×160
260×100
200×160
350×200
240×120
360×90
200×120
270×150
230×160
180×430
430×200
280× 260

图17.16　日杂用品的尺寸

第18章

服饰、衣柜与鞋柜

18.1 男服装尺寸

约750
400～500
夹克
约 800
480～550
西服
约1200
480～550
大衣或风衣
约1300
500
400mm
1100mm
西裤
领带长度132～142cm、
宽度2～15cm
肩宽
胸围
腰围

男装标准尺码对照

上衣尺码	S	M	L	XL	XXL	XXXL
服装尺码	46	48	50	52	54	56
中国号型	165/80A	170/84A	175/88A	180/92A	185/96A	190/100A
胸围/cm	82～85	86～89	90～93	94～97	98～102	103～107
腰围/cm	72～75	76～79	80～84	85～88	89～92	93～96
肩宽/cm	42	44	46	48	50	52
适合身高/cm	163/167	168/172	173/177	178/182	182/187	187/190

男衬衫尺码对照

衬衫尺码	37	38	39	40	41	42	43
国际型号	160/80A	165/84A	170/88A	175/92A	180/96A	180/100A	185/104A
肩宽/cm	42～43	44～45	46～47	47～48	49～50	51～52	53～54
胸围/cm	98～101	102～105	106～109	110～113	114～117	118～121	122～125
衣长/cm	72	74	76	78	80	82	83
身高/cm	160	165	170	175	180	185	190
上衣尺码	XS	S	M	L	XL	XXL	XXXL

西装尺码对照

尺码	规格	板型	衣长/cm	胸围/cm	肩宽/cm	袖长/cm
2R48	165/96C	偏胖	70	106	44.7	60
2R50	170/100C	偏胖	72	110	45.9	61.5
2R52	175/104C	偏胖	74	114	47.1	63
2R54	180/108C	偏胖	76	118	48.3	64.5
2R56	185/112C	偏胖	78	122	49.5	66
4R46	165/92B	标准	70	102	43.5	60
4R48	170/96B	标准	72	106	44.7	61.5
4R50	175/100B	标准	74	110	45.9	63
4R52	180/104B	标准	76	114	47.1	64.5
4R54	185/108B	标准	78	118	48.3	66
6R44	165/88A	偏瘦	70	98	42.3	60
6R46	170/92A	偏瘦	72	102	43.5	61.5
6R48	175/96A	偏瘦	74	106	44.7	63
6R50	180/100A	偏瘦	76	110	45.9	64.5
6R52	185/104A	偏瘦	78	114	47.1	66

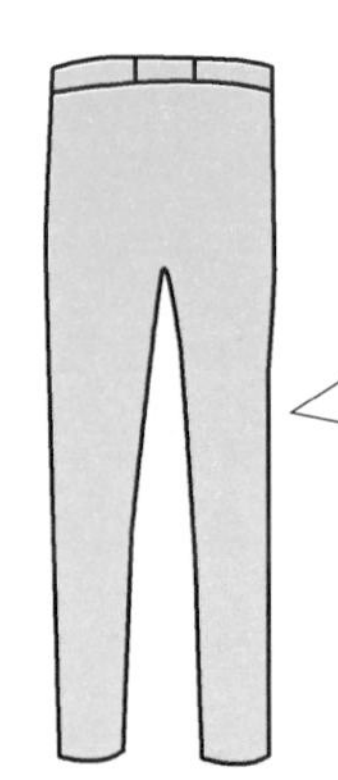

男裤尺码对照

男裤子尺码	S		M		L	
	170/72A	170/74A	170/76A	175/80A	175/82A	175/84A
裤子尺码/in	29	30	31	32	33	34
对应臀围/cm	97.5	100	102.5	105	107.5	110
对应腰围/cm	73.7	76.2	78.7	81.3	83.8	86.4

男裤子尺码	XL		XXL		XXXL	
	180/86A	180/90A	185/92A	185/94B	190/98B	195/102B
裤子尺码/in	35	36	37	38	40	42
对应臀围/cm	112.5	100	117.5	120	122.5	130
对应腰围/cm	89	91.4	93.3	96.5	101.6	106.6

图 18.1 男服装尺寸

1in=25.4mm

18.2 女服装尺寸

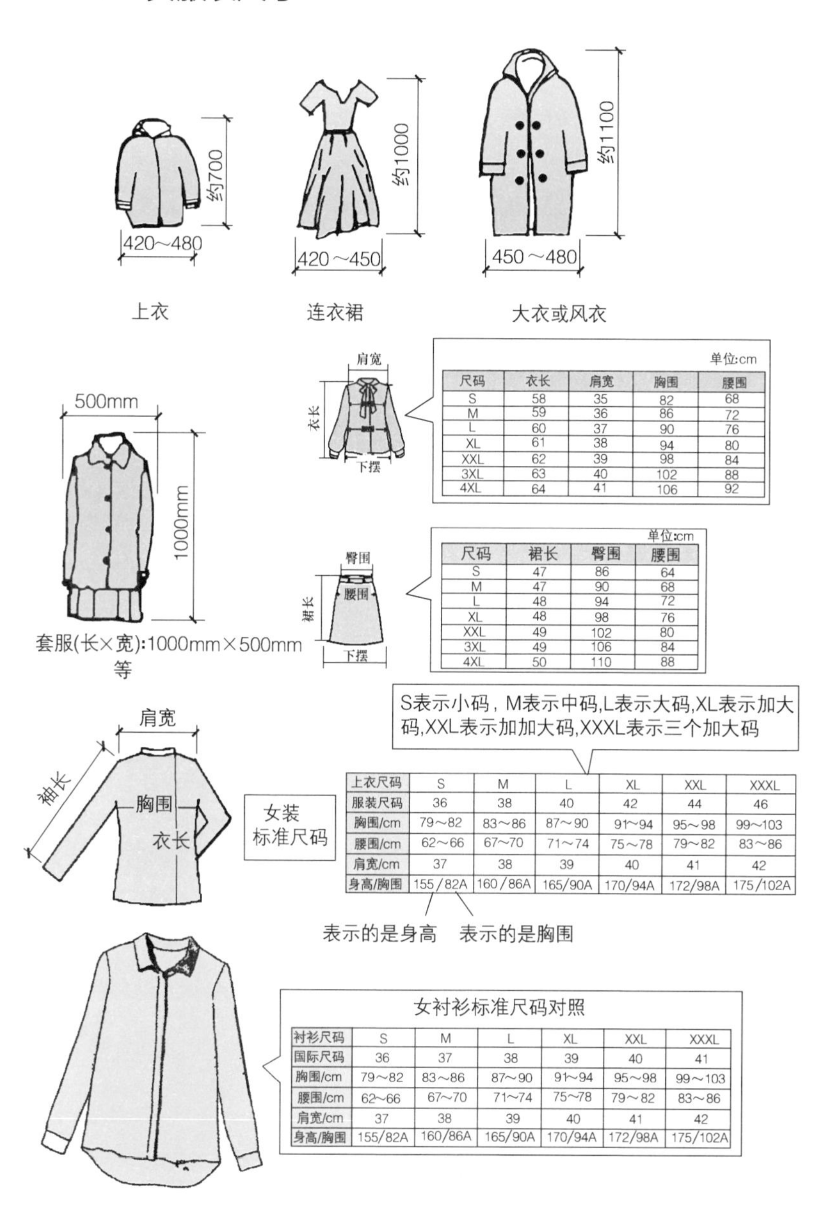

约700
420～480
上衣
约1000
420～450
连衣裙
约1100
450～480
大衣或风衣
500mm
1000mm
套服(长×宽):1000mm×500mm
等
肩宽
衣长
下摆
臀围
腰围
裙长
下摆
肩宽
袖长
胸围
衣长
女装
标准尺码
S表示小码，M表示中码,L表示大码,XL表示加大码,XXL表示加加大码,XXXL表示三个加大码
表示的是身高
表示的是胸围

单位:cm

尺码	衣长	肩宽	胸围	腰围
S	58	35	82	68
M	59	36	86	72
L	60	37	90	76
XL	61	38	94	80
XXL	62	39	98	84
3XL	63	40	102	88
4XL	64	41	106	92

单位:cm

尺码	裙长	臀围	腰围
S	47	86	64
M	47	90	68
L	48	94	72
XL	48	98	76
XXL	49	102	80
3XL	49	106	84
4XL	50	110	88

上衣尺码	S	M	L	XL	XXL	XXXL
服装尺码	36	38	40	42	44	46
胸围/cm	79～82	83～86	87～90	91～94	95～98	99～103
腰围/cm	62～66	67～70	71～74	75～78	79～82	83～86
肩宽/cm	37	38	39	40	41	42
身高/胸围	155/82A	160/86A	165/90A	170/94A	172/98A	175/102A

女衬衫标准尺码对照

衬衫尺码	S	M	L	XL	XXL	XXXL
国际尺码	36	37	38	39	40	41
胸围/cm	79～82	83～86	87～90	91～94	95～98	99～103
腰围/cm	62～66	67～70	71～74	75～78	79～82	83～86
肩宽/cm	37	38	39	40	41	42
身高/胸围	155/82A	160/86A	165/90A	170/94A	172/98A	175/102A

胸围
腰围
裙长
袖长

连衣裙尺码对照

裙子尺码	S	M	L	XL	XXL
服装尺码	36	38	40	42	44
胸围/cm	79～82	83～86	87～90	91～94	95～98
腰围/cm	62～66	67～70	71～74	75～78	79～82
肩宽/cm	37	38	39	40	41
身高/胸围	155/82A	160 /86A	165/90A	170/94A	172/98A

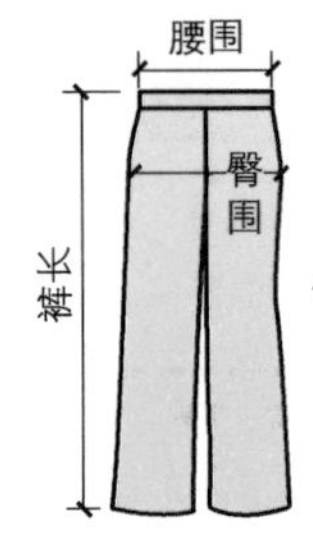
腰围
臀围
裤长

女裤尺码对照

女裤	S		M		L		XL	
裤子尺码/英寸	25	26	27	28	29	30	31	32
国标号型	155/62A	159/64A	160/66A	164/68A	165/70A	169/72A	170/74A	170/76A
对应臀围/cm	85	87.5	90	92.5	95	97.5	100	102.5
对应腰围/cm	62	64.5	67	69.5	72	74.5	77	79.5

图 18.2　女服装尺寸

18.3 童装尺码对照

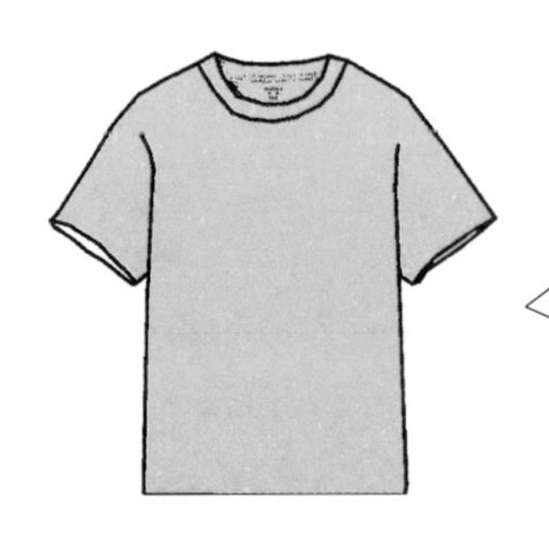

童装尺码对照

年龄	尺码	身高/cm	胸围/cm	腰围/cm
0~3个月	59	59	50	38
3~6个月	66	66	53	40
6~9个月	73	73	56	42
9~12个月	80	80	59	44
1~1.5岁	90	90	62	46
1.5~3岁	100	100	54	52
3~6岁	110	110	58	54
6~8岁	120	120	64	56
8~10岁	130	130	65	58
10~11岁	140	150	68	60
12~13岁	150	150	72	62
14~15岁	160	160	76	64

图 18.3　童装尺码对照

18.4 婴童尺码对照

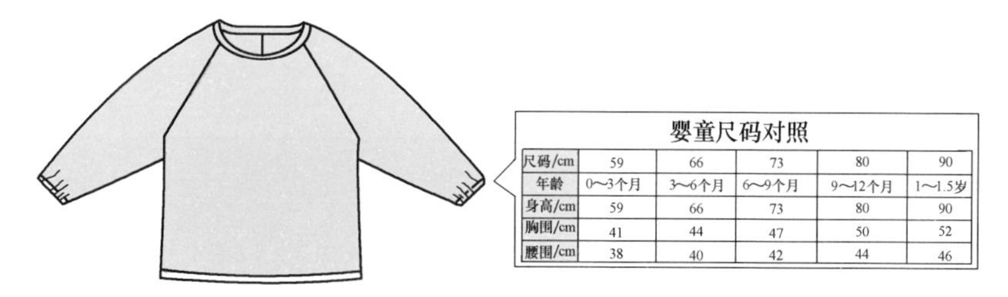

婴童尺码对照

尺码/cm	59	66	73	80	90
年龄	0～3个月	3～6个月	6～9个月	9～12个月	1～1.5岁
身高/cm	59	66	73	80	90
胸围/cm	41	44	47	50	52
腰围/cm	38	40	42	44	46

图 18.4　婴童尺码对照

18.5 中童尺码对照

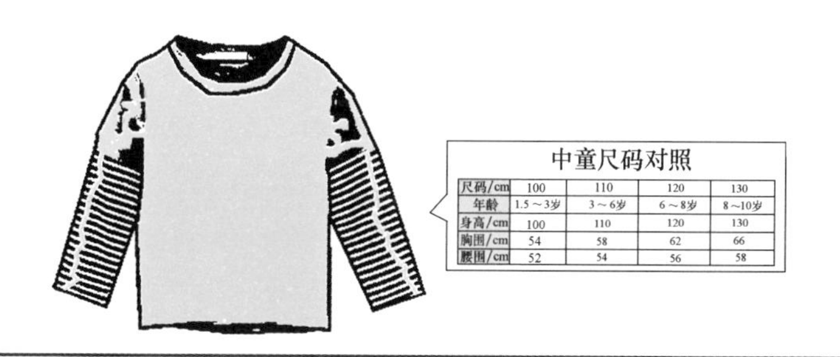

中童尺码对照

尺码/cm	100	110	120	130
年龄	1.5～3岁	3～6岁	6～8岁	8～10岁
身高/cm	100	110	120	130
胸围/cm	54	58	62	66
腰围/cm	52	54	56	58

图 18.5　中童尺码对照

18.6 大童尺码对照

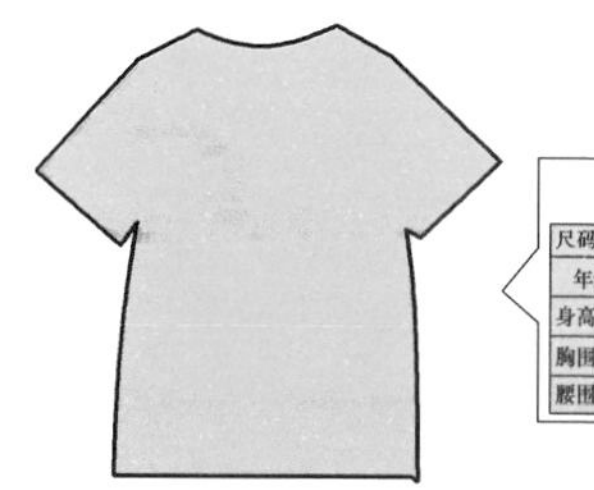

大童尺码对照

尺码/cm	130	140	150	160
年龄	8～10岁	10～11岁	12～13岁	14～15岁
身高/cm	130	140	150	160
胸围/cm	66	69	73	78
腰围/cm	58	60	62	64

图 18.6　大童尺码对照

18.7 女式内裤尺码

女式内裤尺码

女式内裤尺码	S	M	L	XL
腰围/cm	55~61	61~67	67~73	73~79
臀围/cm	80~86	85~93	90~98	95~103

图 18.7 女式内裤尺码

18.8 男式内裤尺码

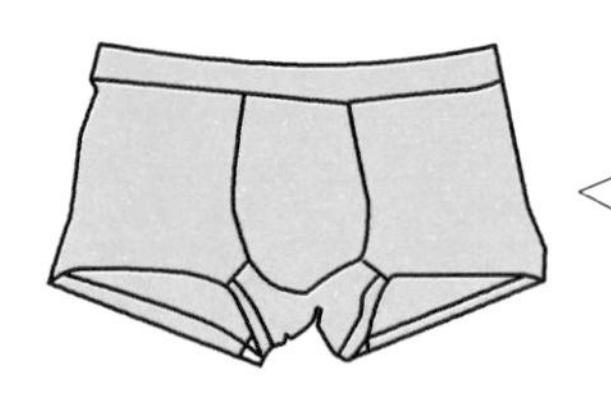

男式内裤尺码

男式内裤尺码	M	L	XL	XXL
腰围/cm	62~70	66~74	72~82	76~84
臀围/cm	82~90	86~94	88~96	94~102

图 18.8 男式内裤尺码

18.9 文胸尺码对照

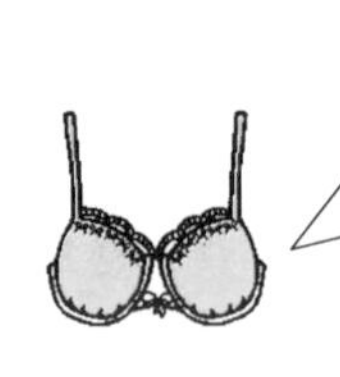

文胸尺码对照

下胸围/cm	上胸围/cm	国际尺码
68~72	80	32/70A
	83	32/70B
	85	32/70C
	88	32/70D

下胸围/cm	上胸围/cm	国际尺码
73~77	85	34/75A
	88	34/75B
	90	34/75C
	95	34/75D
	98	34/75E

下胸围/cm	上胸围/cm	国际尺码
78~82	90	36/80A
	93	36/80B
	95	36/80C
	98	36/80D
	103	36/80E

下胸围/cm	上胸围/cm	国际尺码
83~87	95~97	38/85A
	99~101	38/85B
	101~103	38/85C
	103~105	38/85D

下胸围/cm	上胸围/cm	国际尺码
88~92	103	40/90B
	105	40/90C
	108	40/90D
	113	40/90E

图 18.9 文胸尺码对照

18.10 鞋子尺寸

男、女鞋子尺寸不同，大人、小孩鞋子尺寸不同。除了一些超大鞋子或者小孩的鞋子外，一般人的鞋子尺寸不会超过300mm。为此，鞋柜深度一般为350～400mm。

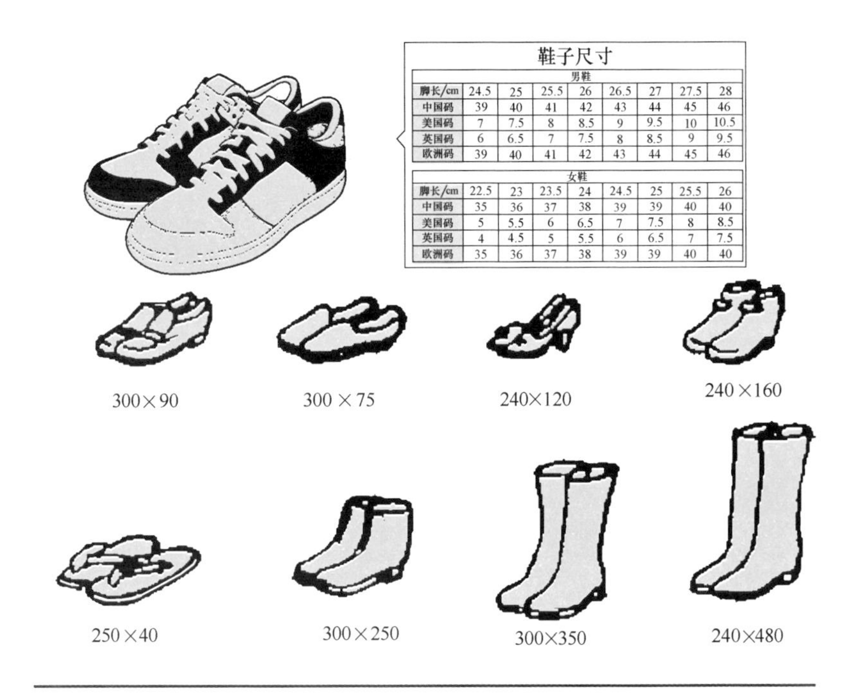

鞋子尺寸

男鞋

脚长/cm	24.5	25	25.5	26	26.5	27	27.5	28
中国码	39	40	41	42	43	44	45	46
美国码	7	7.5	8	8.5	9	9.5	10	10.5
英国码	6	6.5	7	7.5	8	8.5	9	9.5
欧洲码	39	40	41	42	43	44	45	46

女鞋

脚长/cm	22.5	23	23.5	24	24.5	25	25.5	26
中国码	35	36	37	38	39	39	40	40
美国码	5	5.5	6	6.5	7	7.5	8	8.5
英国码	4	4.5	5	5.5	6	6.5	7	7.5
欧洲码	35	36	37	38	39	39	40	40

300×90
300×75
240×120
240×160
250×40
300×250
300×350
240×480

图18.10 鞋子尺寸

表18.1 成人鞋鞋号对照

脚长/mm	世界鞋号，中国鞋号，日本鞋号		欧洲鞋号	英国鞋号	有效楦长范围/mm	
	号差1（5mm）	号差2（7.5mm）	（6.67mm）	（8.47mm）		
210.0	210					
211.7				2	219	231
213.4			34		220	232

续表

脚长 /mm	世界鞋号，中国鞋号，日本鞋号		欧洲鞋号	英国鞋号	有效楦长范围 /mm	
	号差 1（5mm）	号差 2（7.5mm）	（6.67mm）	（8.47mm）		
215.0	215				222	234
215.9				2.5	223	237
216.8			34.5		224	236
217.5		217.5			225	237
220.1	220		35		227	239
220.2				3	227	239
223.4			35.5		230	242
224.4				3.5	231	243
225.0	225	225			232	244
226.8			36		234	246
228.7				4	236	248
230.1	230		36.5		237	249
232.5		232.5			240	252
232.9				4.5	240	252
233.5			37		240	252
235.0	235				242	254
236.8			37.5		244	256
237.1				5	244	256
240.1	240	240	38		247	259
241.4				5.5	248	260
243.5			38.5		250	262
245.0	245				252	264
245.6				6	253	265
246.8			39		254	266
247.5		247.5			255	267
249.8	250			6.5	257	269
250.1			39.5		257	269
253.5			40		260	272
254.1				7	261	273
255.0	255	255			262	274

续表

脚长 /mm	世界鞋号，中国鞋号，日本鞋号		欧洲鞋号	英国鞋号	有效楦长范围 /mm	
	号差 1（5mm）	号差 2（7.5mm）	（6.67mm）	（8.47mm）		
256.8			40.5		264	276
258.3				7.5	265	276
260.1	260		41		267	279
262.5		262.5		8	270	282
263.5			41.5		270	282
265.0	265				272	284
266.8			42	8.5	274	286
270.1	270	270	42.5		277	289
271.0				9	278	290
273.5			43		280	292
275.2	275			9.5	282	294
276.8			43.5		284	296
277.5		277.5			285	297
279.5				10	286	298
280.1	280		44		287	299
283.5			44.5		290	302
283.7				10.5	291	303
285.0	285	285			292	304
286.8			45		294	306
287.9				11	295	307
290.1	290		45.5		297	309
292.2		292.5		11.5	299	311
293.5			46		300	312
295.0	295				302	314
296.4				12	303	315
296.8			46.5		304	316
300.2	300	300	47		307	319
300.6				12.5	308	320
303.5			47.5		310	322
304.9	305			13	312	324

续表

脚长 /mm	世界鞋号，中国鞋号，日本鞋号		欧洲鞋号	英国鞋号	有效楦长范围 /mm	
	号差 1（5mm）	号差 2（7.5mm）	（6.67mm）	（8.47mm）		
306.8			48		314	326
307.5		307.5			315	327
309.1				13.5	316	328
310.2	310		48.5		317	329
313.4				14	320	332
313.5			49		320	332
315.0	315	315			322	334
316.8			49.5		324	336
317.6				14.5	325	337
320.2	320		50		327	339
321.8				15	329	341

表 18.2　儿童鞋鞋号对照

脚长 /mm	世界鞋号	欧洲鞋号	英国鞋号	美国鞋号	有效楦长范围 /mm	
					最小	最大
120	120	19.5	3.5	4	130	136
123	125	20	4	4.5	133	139
127		20.5	4.5	5	137	143
130	130	21	5	5.5	140	146
133		21.5	5.5	6	143	149
135	135	22			147	153
138	140	22.5	6	6.5	150	156
142		23	6.5	7	153	159
146	145	23.5	7	7.5	157	163
148		24			160	166
150	150	24.5	7.5	8	163	169
154	155	25	8	8.5	167	173
157		25.5	8.5	9	170	176
160	160	26	9	9.5	173	179

续表

脚长 /mm	世界鞋号	欧洲鞋号	英国鞋号	美国鞋号	有效楦长范围 /mm	
					最小	最大
164		26.5			177	183
166	165	27	9.5	10	180	186
169	170	27.5	10	10.5	183	189
173		28	10.5	11	187	193
176	175	28.5	11	11.5	190	196
179	180	29	11.5	12	193	199
182		29.5			197	203
185	185	30	12	12.5	200	206
188		30.5	12.5	13	203	209
192	190	31	13	13.5	207	213
195	195	31.5	13.5	1	210	216
198		32			213	219
200	200	32.5	1	1.5	217	223
204	205	33	1.5	2	220	226
207		33.5			223	229
210	210	34	2	2.5	227	233
213		34.5	2.5	3	230	236
217	215	35	3	3.5	233	239
220	220	35.5	3.5	4	237	243
224		36			240	246
226	225	36.5	4	4.5	243	249
230	230	37	4.5	5	247	253
232		37.5			250	256
236	235	38	5		253	259

注：中国鞋号参考世界鞋号。

18.11 衣柜常见尺寸

衣柜一般深 550 ～ 600mm。衣柜长、高可根据房间情况来确定。

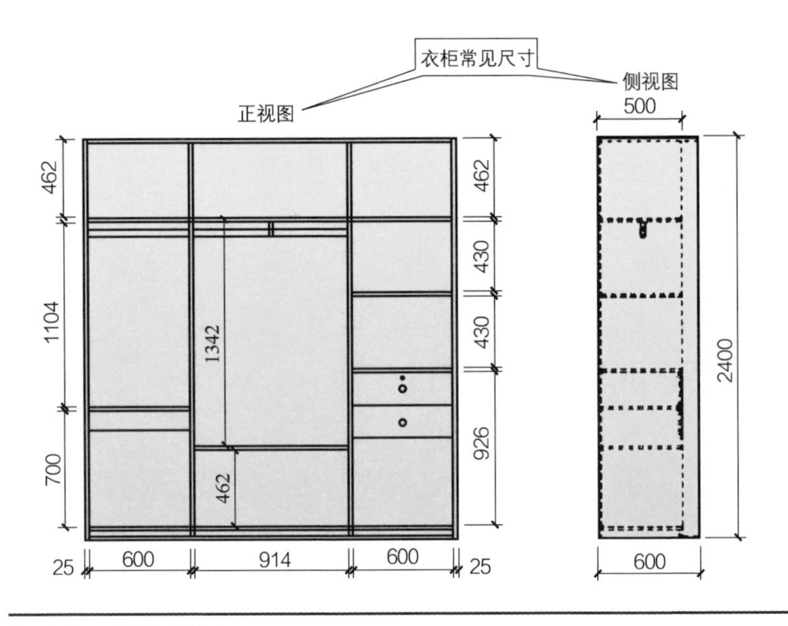
衣柜常见尺寸
正视图
侧视图
500
462
1104
700
462
430
430
926
1342
462
25
600
914
600
25
2400
600

图 18.11　衣柜常见尺寸

18.12 人造板定制衣柜

表 18.3　人造板定制衣柜组件的通用尺寸

名称	设计要求
挂衣柜	（1）宽度≤ 1000mm。 （2）深度≥ 530mm（设计为宽度方向挂衣时不受此限）。 （3）搁板宽度＞ 650mm 时，搁板厚度应≥ 18mm
基础柜	（1）柜内空间净宽尺寸推荐值：328mm、400mm、480mm、550mm、600mm、650mm 系列尺寸。 （2）折叠衣物放置空间深度≥ 450mm
试衣镜	（1）推荐使用规格：宽度 380mm、高度 980mm、玻璃厚度 5mm 的试衣镜。 （2）推荐安装高度为试衣镜顶部到地面距离 1780mm
推拉构件	设计宽度需要符合基础柜空间的净宽度，推荐宽度值：328mm、480mm、650mm

续表

名称	设计要求
推拉门	（1）门宽≤ 1200mm。 （2）门高≤ 2700mm。 （3）每扇门至少配置两个底轮与两个顶轮
掩门	（1）门宽≤ 550mm。 （2）门高（H）≤ 2100mm。当 400mm ≤ H < 900mm 时配置 2 个门铰；900mm ≤ H < 1500mm 时配置 3 个门铰；1500mm ≤ H ≤ 2100mm 时配置 4 个门铰
圆弧柜	（1）高度≤ 1400mm 时，柜体可以独立摆放。 （2）高度> 1400mm 时，柜体需与相邻柜体连接
转角柜	开口宽度≥ 500mm

表 18.4　人造板定制衣柜部件的尺寸偏差要求

项目	要求 /mm
框架部件的邻边垂直度——两对边长度差（对边长度< 1000mm）	≤ 1
框架部件的邻边垂直度——两对边长度差（对边长度≥ 1000mm）	≤ 2
框架部件的邻边垂直度——两对角线长度差	≤ 2
正视面部件的平整度（表面为非平面的板件除外）	≤ 0.2
正视面部件的翘曲度（700mm ≤对角线长度< 1400mm）	≤ 2
正视面部件的翘曲度（对角线长度< 700mm）	≤ 1
正视面部件的翘曲度（对角线长度≥ 1400mm）	≤ 3

表 18.5　人造板定制衣柜部件的安装偏差要求

项目	要求
垫板	垫板与脚线、侧板间的分缝≤ 1.5mm
顶封板与见光侧板	顶封板与见光侧板上端平齐，分缝≤ 1mm
顶线	（1）顶线接驳时，驳口要与柜门平齐。 （2）顶线与顶线接驳处正面位差度≤ 0.2mm，上下位差度≤ 1mm
封板	封板与墙、梁间的分缝≤ 2mm，梁位的封板与下柜收口板正面位差度≤ 0.5mm
搁板、侧板与背板	搁板、侧板与背板间的分缝≤ 1mm
格子架、裤架	（1）采用上格子架下裤架时，格子架底表面距其上面搁板的下表面宜为（120±2）mm。 （2）格子架底板下表面与裤架上表面间的距离宜为（120±2）mm。 （3）裤架底表面距底固层的上表面宜为（600±2）mm

续表

项目	要求
基础柜体连接	基础柜与侧板间的正面位差度≤ 0.5mm
脚线与侧板	脚线两端与侧板间的分缝≤ 1mm
上柜掩门	（1）掩门门扇间的分缝需要均匀一致，并且≤ 2mm。 （2）掩门与顶封板间的分缝≤ 3mm。 （3）掩门间的位差度≤ 2mm
上下侧板	上、下侧板接驳处的正面位差度和上下位差度应≤ 0.3mm
收口板	收口板与侧板平齐，与墙体间的分缝≤ 2mm
趟门上下轨	（1）上轨与两侧板间分缝≤ 1.5mm。 （2）下轨与两侧板间分缝≤ 1.5mm
趟门与侧板	趟门紧靠柜侧板时，趟门与侧板间的分缝≤ 2mm
推拉衣架、拉篮、领带架	推拉衣架、拉篮和领带架的前缘和侧边，应分别相对于搁板和侧板的前边缘缩进 6mm

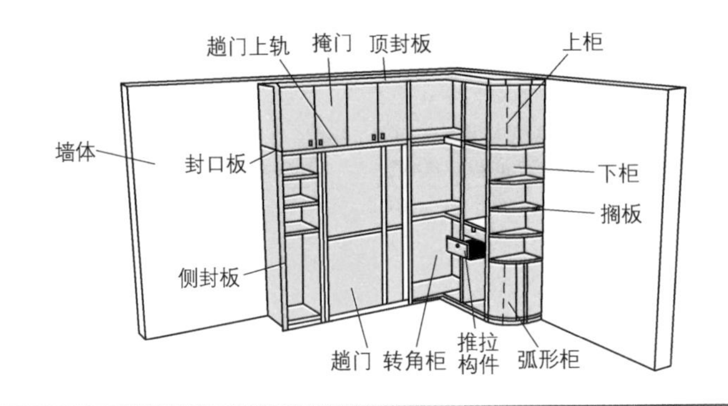
趟门上轨
掩门
顶封板
上柜
墙体
封口板
下柜
搁板
侧封板
趟门
转角柜
推拉
构件
弧形柜

图 18.12　衣柜

表 18.6　衣柜项目尺寸范围与级差

项目	尺寸范围 /mm	级差 /mm
宽	>500	50
挂衣棒下沿到底板表面的距离	>850 >1350	50
顶层抽屉上沿离地面距离	<1250	50
底层抽屉下沿离地面距离	>60	50
抽屉深	400 ～ 550	50

18.13 壁柜常见尺寸

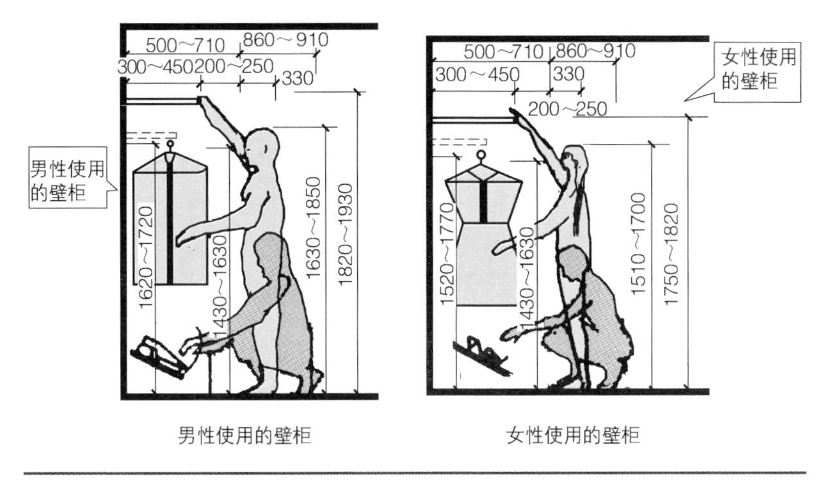

500~710
860~910
300~450
200~250
330
男性使用的壁柜
1620~1720
1430~1630
1630~1850
1820~1930
300~450
330
200~250
女性使用的壁柜
1520~1770
1430~1630
1510~1700
1750~1820
男性使用的壁柜
女性使用的壁柜

图 18.13 壁柜常见尺寸

18.14 布衣柜主要尺寸与偏差

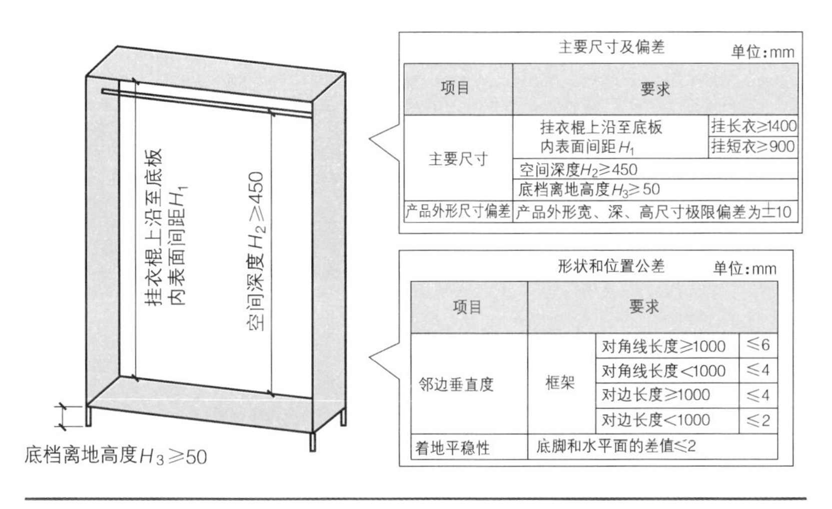

挂衣棍上沿至底板内表面间距H_1
空间深度$H_2 \geq 450$
底档离地高度$H_3 \geq 50$

主要尺寸及偏差 单位:mm

项目	要求	
主要尺寸	挂衣棍上沿至底板内表面间距H_1	挂长衣≥1400
		挂短衣≥900
	空间深度H_2≥450	
	底档离地高度H_3≥50	
产品外形尺寸偏差	产品外形宽、深、高尺寸极限偏差为±10	

形状和位置公差 单位:mm

项目	要求		
邻边垂直度	框架	对角线长度≥1000	≤6
		对角线长度<1000	≤4
		对边长度≥1000	≤4
		对边长度<1000	≤2
着地平稳性	底脚和水平面的差值≤2		

图 18.14 布衣柜主要尺寸与偏差

18.15 鞋柜

鞋柜，就是贮藏或存放鞋子的柜子。鞋柜宽度，根据实际情况来确定。既不能太小，以免不够用；也不能太大，以免影响美观。

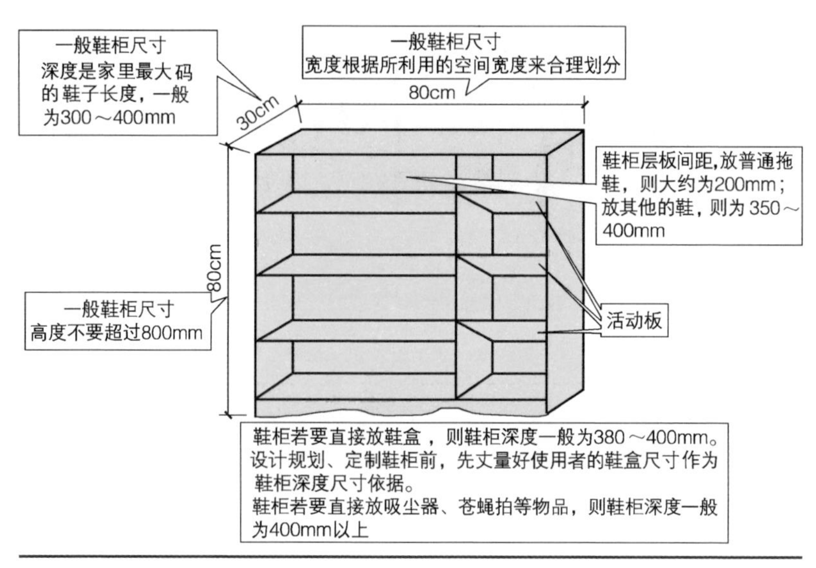

一般鞋柜尺寸
深度是家里最大码的鞋子长度，一般为300～400mm
一般鞋柜尺寸
宽度根据所利用的空间宽度来合理划分
80cm
30cm
鞋柜层板间距，放普通拖鞋，则大约为200mm；放其他的鞋，则为350～400mm
80cm
一般鞋柜尺寸
高度不要超过800mm
活动板
鞋柜若要直接放鞋盒，则鞋柜深度一般为380～400mm。
设计规划、定制鞋柜前，先丈量好使用者的鞋盒尺寸作为鞋柜深度尺寸依据。
鞋柜若要直接放吸尘器、苍蝇拍等物品，则鞋柜深度一般为400mm以上

图 18.15　鞋柜

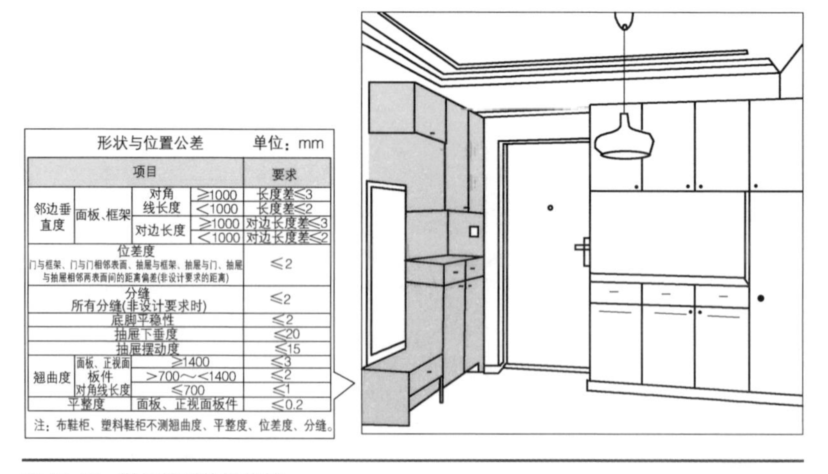

形状与位置公差　　单位：mm

项目				要求
邻边垂直度	面板、框架	对角线长度	≥1000	长度差≤3
			＜1000	长度差≤2
		对边长度	≥1000	对边长度差≤3
			＜1000	对边长度差≤2
位差度 门与框架、门与门相邻表面、抽屉与框架、抽屉与门、抽屉与抽屉相邻两表面间的距离偏差(非设计要求的距离)				≤2
分缝 所有分缝(非设计要求时)				≤2
底脚平稳性				≤2
抽屉下垂度				≤20
抽屉摆动度				≤15
翘曲度	面板、正视面板件对角线长度	≥1400		≤3
		＞700～＜1400		≤2
		≤700		≤1
平整度		面板、正视面板件		≤0.2

注：布鞋柜、塑料鞋柜不测翘曲度、平整度、位差度、分缝。

图 18.16　鞋柜的形状与公差

表 18.7 鞋柜有关尺寸、数据

项目	尺寸与数据
家用鞋柜尺寸（宽度）	一般为 500 ～ 1500mm
家用鞋柜尺寸（深度）	一般为 300mm 左右
家用鞋柜尺寸（高度）	一般为 900 ～ 1300mm
单人鞋柜尺寸（长 × 宽 × 高）（独居的，不建议选择大型的鞋柜，选择单人鞋柜即可）	602mm×318mm×456mm、598mm×516mm×457mm 等
中小家庭的鞋柜尺寸（长 × 宽 × 高）	947mm×318mm×1032mm、907mm×318mm×1021mm 等
人口比较多家庭的鞋柜尺寸（长 × 宽 × 高）	1347mm×318mm×1032mm、1240mm×330mm×1050mm 等
玄关处的鞋柜（至少要以能放置平时常穿的鞋的数量）	6 ～ 8 双鞋或拖鞋
普通鞋柜容量（一般能储藏鞋的数量）	15 ～ 30 双鞋子
居室玄关较小时鞋柜的容量（宜选择滑动门鞋柜或翻板门鞋柜，门的厚度不要太大）	容量以 10 双鞋为宜
如果想一进门就能随手放些东西，则鞋柜高度需要把握好，尺寸参考选择（长 × 宽 × 高）	820mm×350mm×1080mm、670mm×255mm×1050mm、1000mm×250mm×1200mm 等
一般鞋柜高度	不要超过 800mm
一般鞋柜宽度	根据所利用的空间宽度来合理划分
一般鞋柜深度	是家里最大码的鞋子长度，一般为 300 ～ 400mm
直接放鞋盒的鞋柜深度（设计规划、定制鞋柜前，先丈量好使用者的鞋盒尺寸作为鞋柜深度尺寸依据）	一般为 380 ～ 400mm
直接放吸尘器、苍蝇拍等物品的鞋柜深度	一般为 400mm 以上
鞋柜层板间距（放普通拖鞋）	大约 200mm
鞋柜层板间距（放拖鞋外的其他的鞋）	350 ～ 400mm
鞋柜每层高度（层数自定）	一般正常的鞋 150 ～ 200mm 左右即可（长筒靴子除外）
常见家用的玄关鞋柜层板间距	为 350 ～ 400mm

第19章

餐饮、书柜、文件柜、电脑桌、写字桌与投影机布

19.1 大米包装袋尺寸（塑料袋装大米）

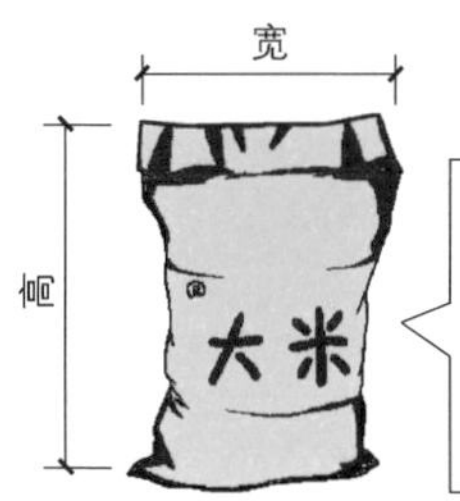
宽
高
大米
4kg大米包装袋尺寸(宽×高):24cm×45cm(包括手提)
5kg大米包装袋尺寸(宽×高):30cm×45cm(包括手提)
10kg大米包装袋尺寸(宽×高):35cm×55cm(包括手提)
20kg大米包装袋尺寸(宽×高):45cm×70cm。
25kg大米包装袋尺寸(宽×高):45cm×75cm。
50kg大米包装袋尺寸(宽×高):95cm×55cm

图19.1 大米包装袋尺寸（塑料袋装大米）

19.2 切菜板尺寸

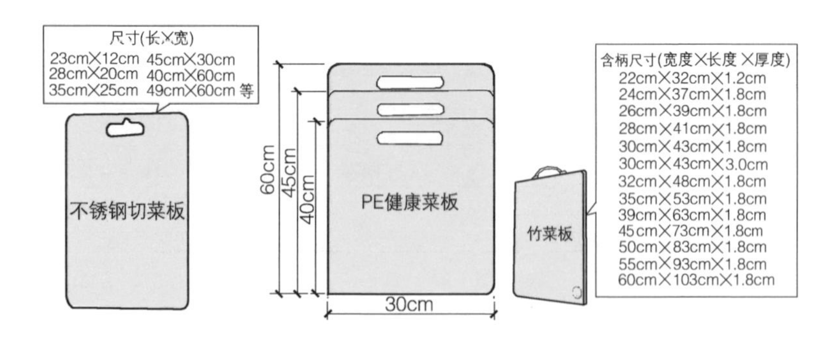
尺寸(长×宽)
23cm×12cm 45cm×30cm
28cm×20cm 40cm×60cm
35cm×25cm 49cm×60cm 等
不锈钢切菜板
60cm
45cm
40cm
PE健康菜板
30cm
竹菜板
含柄尺寸(宽度×长度×厚度)
22cm×32cm×1.2cm
24cm×37cm×1.8cm
26cm×39cm×1.8cm
28cm×41cm×1.8cm
30cm×43cm×1.8cm
30cm×43cm×3.0cm
32cm×48cm×1.8cm
35cm×53cm×1.8cm
39cm×63cm×1.8cm
45cm×73cm×1.8cm
50cm×83cm×1.8cm
55cm×93cm×1.8cm
60cm×103cm×1.8cm

图19.2 切菜板尺寸

19.3 酒瓶规格

高
宽

250mL酒瓶尺寸(宽×高):55mm×195mm。
275mL酒瓶尺寸(宽×高):58mm×230mm。
330mL酒瓶尺寸(宽×高):60mm×230mm。
500mL酒瓶尺寸(宽×高):68mm×270mm等

图 19.3 酒瓶规格

19.4 易拉罐规格

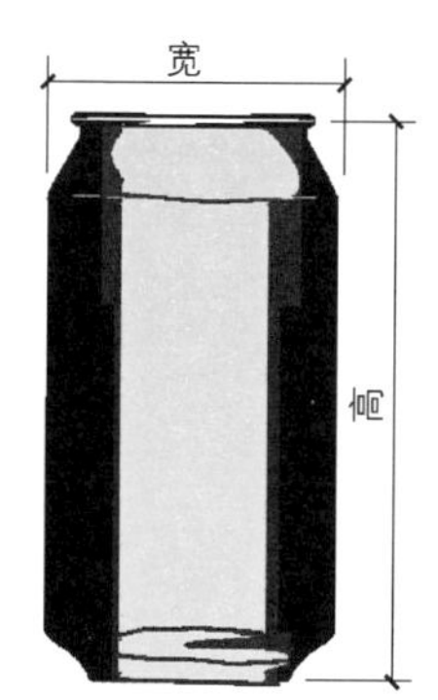

宽
高

250mL易拉罐尺寸(宽×高):66mm×92mm。
330mL易拉罐尺寸(宽×高):66mm×115mm。
355mL易拉罐尺寸(宽×高):67.7mm×124.7mm。
500mL易拉罐尺寸(宽×高):66mm×167mm等

图 19.4 易拉罐规格

19.5 餐桌尺寸

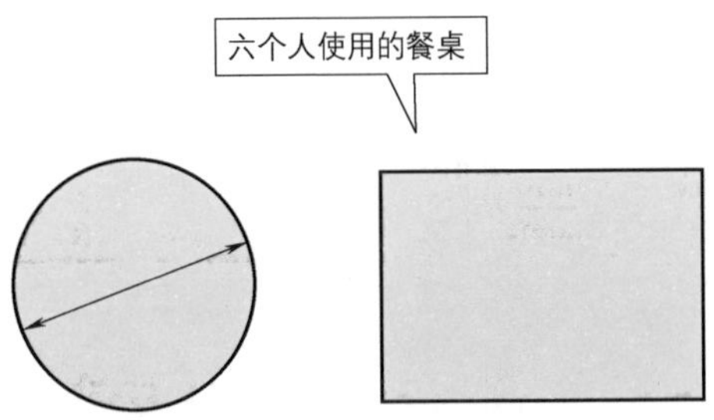
六个人使用的餐桌
圆餐桌直径120cm
长方形、椭圆形餐桌尺寸:140cm×70cm

图 19.5 餐桌尺寸

表 19.1 餐桌有关尺寸、数据

项目	尺寸与数据
4 人长方形餐桌尺寸	1200mm×600mm×750mm 等
4 人正方形餐桌尺寸	600mm×600mm×750mm 等
6 人餐桌尺寸	1200mm×800mm×750mm、 1400mm×800mm×750mm、 1500mm×900mm×750mm 等
一般餐桌尺寸	800mm×（1300 ～ 1400）mm 等
小餐桌尺寸	700mm×1200mm 等
4 ～ 6 人餐桌一般尺寸 （长度 × 宽度）	（1000 ～ 1400）mm×（600 ～ 1000）mm 等

19.6 书的尺寸

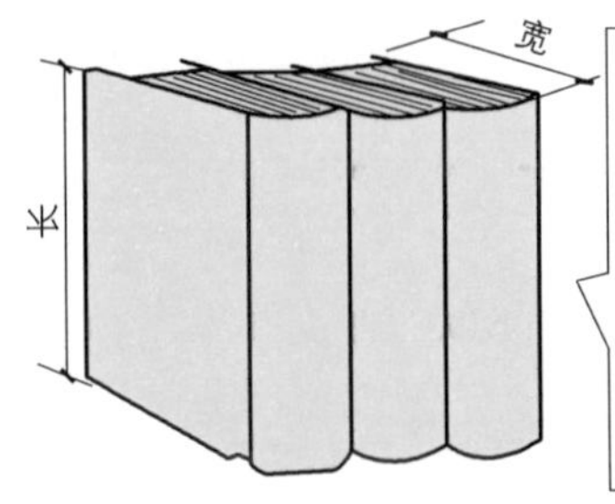
宽
长

16K精装书，成品尺寸(长×宽):260mm×185mm
16K平装书，成品尺寸(长×宽):260mm×185mm
32K精装书，成品尺寸(长×宽):184mm×130mm
32K平装书，成品尺寸(长×宽):184mm×130mm
64K精装书，成品尺寸(长×宽):130mm×92mm
64K平装书，成品尺寸(长×宽):130mm×92mm
大16K精装书，成品尺寸(长×宽):297mm×210mm
大16K平装书，成品尺寸(长×宽):297mm×210mm
大32K精装书，成品尺寸(长×宽):204mm×140mm
大32K平装书，成品尺寸(长×宽):204mm×140mm

图 19.6

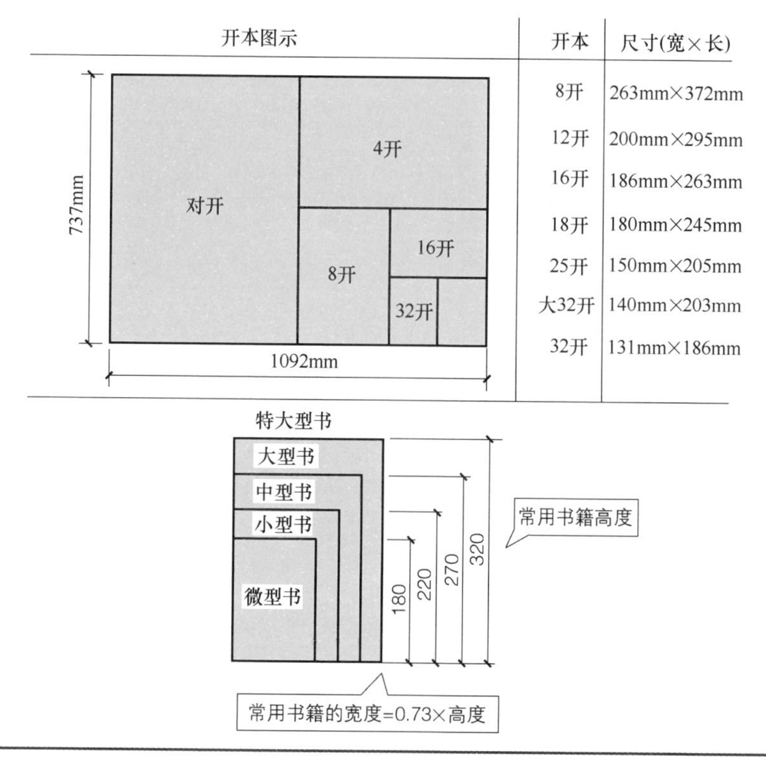

开本	尺寸(宽×长)
8开	263mm×372mm
12开	200mm×295mm
16开	186mm×263mm
18开	180mm×245mm
25开	150mm×205mm
大32开	140mm×203mm
32开	131mm×186mm

开本图示
737mm
1092mm
对开
4开
8开
16开
32开
特大型书
大型书
中型书
小型书
微型书
180
220
270
320
常用书籍高度
常用书籍的宽度=0.73×高度

图 19.6　书的尺寸

19.7 线装图书尺寸

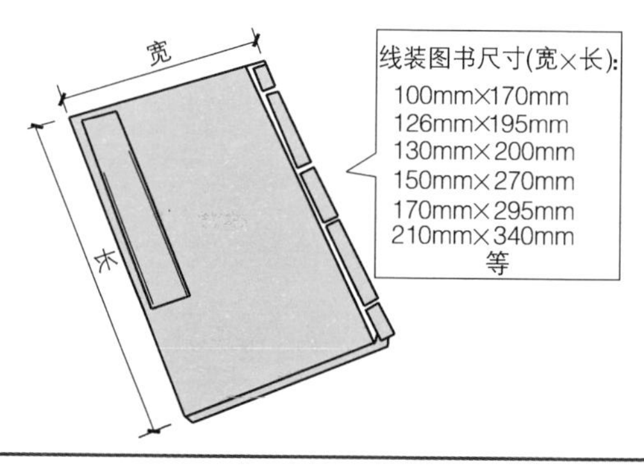
宽
长
线装图书尺寸(宽×长):
100mm×170mm
126mm×195mm
130mm×200mm
150mm×270mm
170mm×295mm
210mm×340mm
等

图 19.7　线装图书尺寸

19.8 各种资料集规格

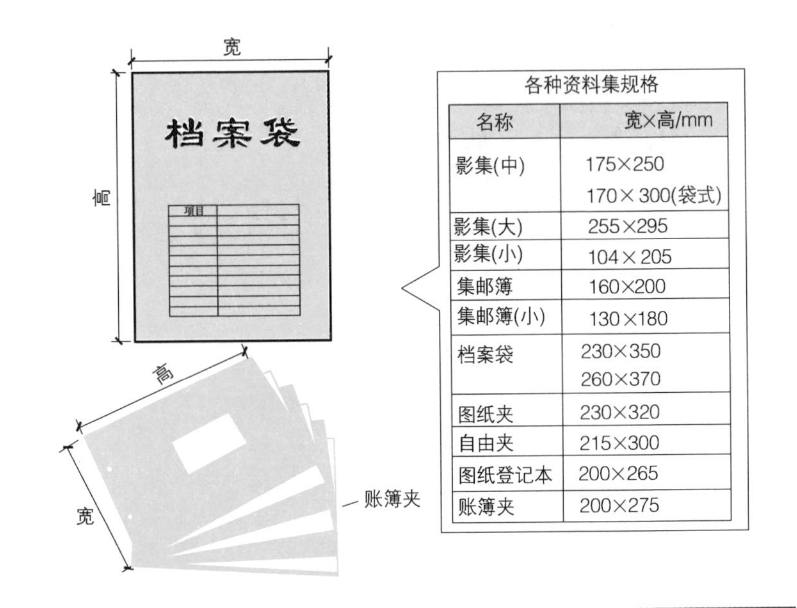
宽
高
档案袋
项目
高
宽
账簿夹

各种资料集规格

名称	宽×高/mm
影集(中)	175×250 170×300(袋式)
影集(大)	255×295
影集(小)	104×205
集邮簿	160×200
集邮簿(小)	130×180
档案袋	230×350 260×370
图纸夹	230×320
自由夹	215×300
图纸登记本	200×265
账簿夹	200×275

图 19.8　各种资料集规格

19.9 书柜的尺寸

书柜没有统一的标准尺寸，包含书柜外部宽高、内部书架深度、隔板高度等尺寸。

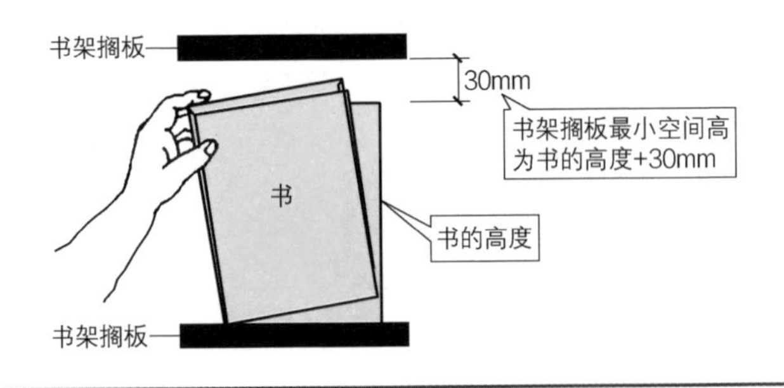
书架搁板
30mm
书架搁板最小空间高
为书的高度+30mm
书
书的高度
书架搁板

图 19.9　书架搁板最小空间

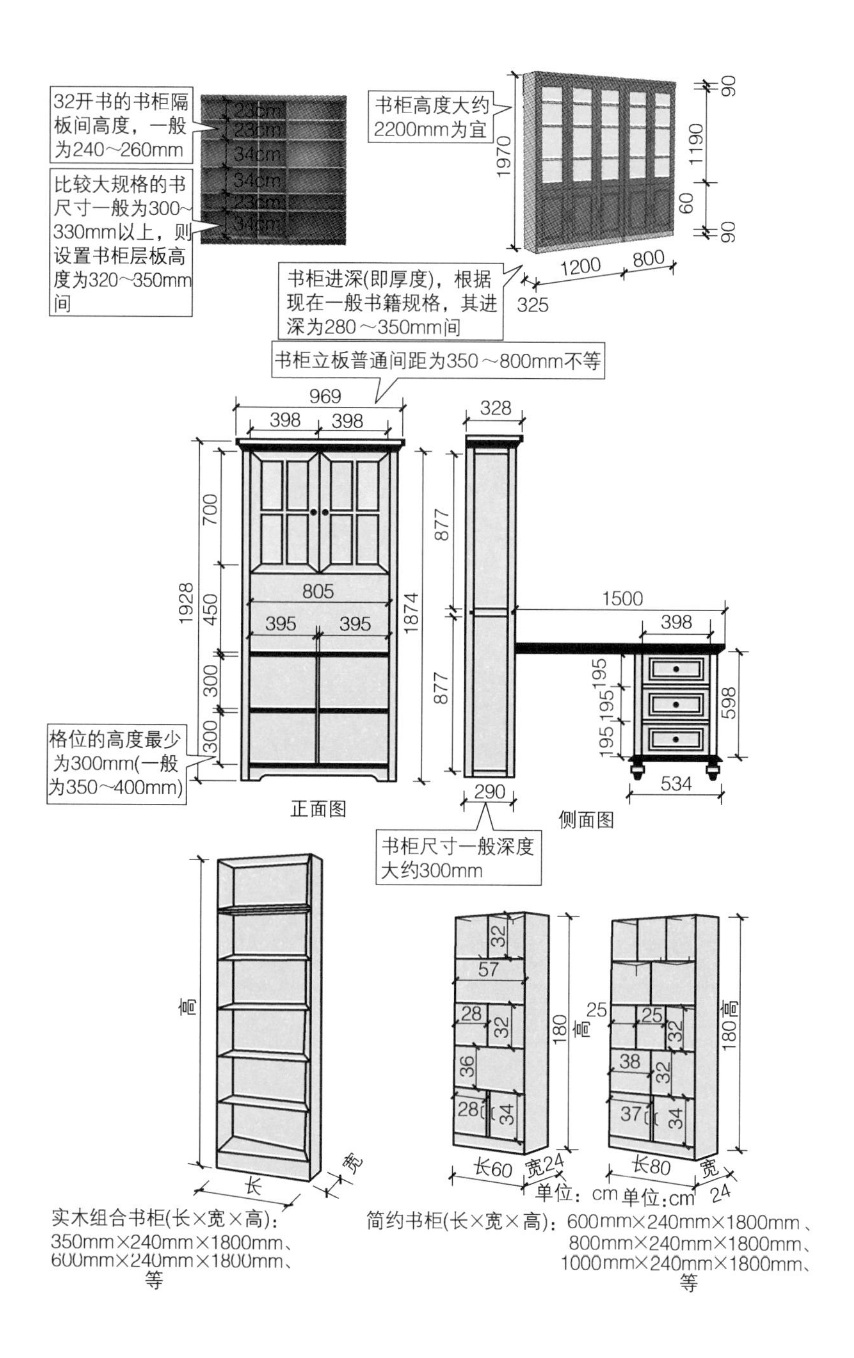

32开书的书柜隔板间高度，一般为240～260mm
比较大规格的书尺寸一般为300～330mm以上，则设置书柜层板高度为320～350mm间
23cm
23cm
34cm
34cm
23cm
34cm
书柜高度大约2200mm为宜
1970
90
1190
60
90
1200
800
325
书柜进深(即厚度)，根据现在一般书籍规格，其进深为280～350mm间
书柜立板普通间距为350～800mm不等
969
398
398
1928
700
450
300
300
805
395
395
1874
328
877
877
1500
398
195
195
195
598
534
290
格位的高度最少为300mm(一般为350～400mm)
正面图
侧面图
书柜尺寸一般深度大约300mm
高
长
宽
32
57
28
32
36
28
34
180
高
长60
宽24
单位：cm
25
25
32
38
32
37
34
180高
长80
宽
24
单位:cm
实木组合书柜(长×宽×高)：
350mm×240mm×1800mm、
600mm×240mm×1800mm、
等
简约书柜(长×宽×高)：600mm×240mm×1800mm、
800mm×240mm×1800mm、
1000mm×240mm×1800mm、
等

450
450
450
330
330
330
330
80
300
300
1120
高
长1400
200宽
多功能储物书柜(长×宽×高)：
800mm×200mm×1120mm、
1000mm×200mm×1120mm、
1200mm×200mm×1120mm、
1400mm×200mm×1120mm、
900mm×200mm×1200mm、
800mm×170mm× 900mm、
等

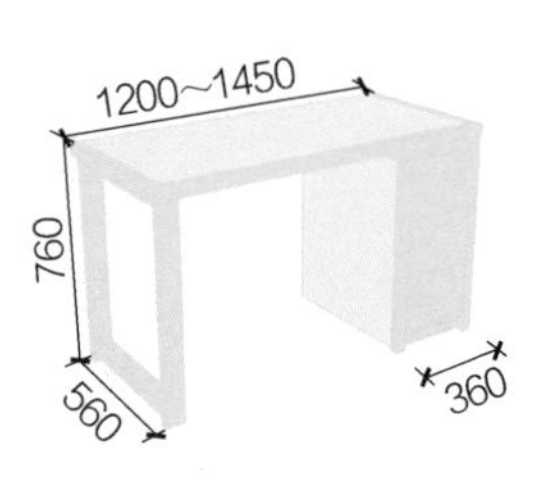
1200~1450
760
560
360

图 19.10 书柜

表 19.2 书柜项目尺寸范围的级差 单位：mm

项目	尺寸范围	级差
宽	750 ~ 900	50
深	300 ~ 400	10
高	1200 ~ 1800	50
层高	>220	—

表 19.3 书柜有关尺寸、数据

项目	尺寸与数据
一般书柜的深度尺寸	大约 300mm
一般书柜的高度尺寸	大约 2200mm 为宜
一般书柜的格位高度尺寸	最少为 300mm（一般为 350 ~ 400mm）
一般书柜的宽度尺寸	需要根据情况来决定
两门书柜，一般高度（书柜顶部最高，以成人伸手可拿到最上层隔板书籍为原则）	为 120 ~ 210cm 间
一般两门书柜宽度尺寸（书柜的宽度尺寸，可以根据书柜门的数量来综合考虑）	500 ~ 650mm
一般三门或者四门书柜宽度尺寸	书柜宽度扩大到原宽度的 1.5 ~ 2 倍不等（根据两门书柜宽度尺寸）

续表

项目	尺寸与数据
个别转角书柜、大型书柜宽度尺寸	达到 1m 以上到 2m
书柜进深（即厚度）（根据现在一般书籍规格来确定）	进深为 28 ～ 35cm
32 开书的书柜隔板间高度（书柜隔板的高度，需要根据书籍规格来确定）	一般为 240 ～ 260mm
16 开书的书柜层板高度	多为 280 ～ 300mm
书柜层板高度（存放 300 ～ 330mm 以上的大规格的书）	320 ～ 350mm 间
书柜放音像光盘层板高度	需 150mm 左右
书柜 18mm 厚度的刨花板或密度板的格位极限宽度	不能超越 800mm
书柜 25mm 厚度的刨花板或密度板的格位极限宽度	不能超越 900mm
书柜采用实木格板的极限宽度	普通的为 1200mm
普通书柜立板间距	350 ～ 800mm 不等
书柜板厚度	可以选择 18mm 厚度的刨花板或密度板，也可以选择 25mm 厚度的刨花板或密度板
特性化设计，普通摆放 32 开图书的层板高度	250mm
特性化设计，摆放 16 开图书的层板高度	320mm
书柜参考尺寸（高 × 宽 × 深）	（1800 ～ 2200）mm×（1200 ～ 1500）mm×（450 ～ 500）mm
书柜抽屉高度（书柜可以设置抽屉以方便使用）	一般为 150 ～ 200mm 间
书架搁板最小空间高度	为书的高度 +30mm

速看贴士——书柜的设计

★书柜形式，根据实际情况选择半敞开式、敞开式、封闭式，或两者结合。

★书柜柜门形式，根据实际情况选择内嵌式、外盖式。

★书柜内可以设置装饰品的位置，以使书柜不呆板。

★书柜的材料，根据实际情况选择金属材质、木材等。

★书柜的玻璃门设计，可以避免书籍上粘灰尘。

★书柜的中层隔板可以做活板，以便寄存大件物品。

19.10 文件柜尺寸与级差

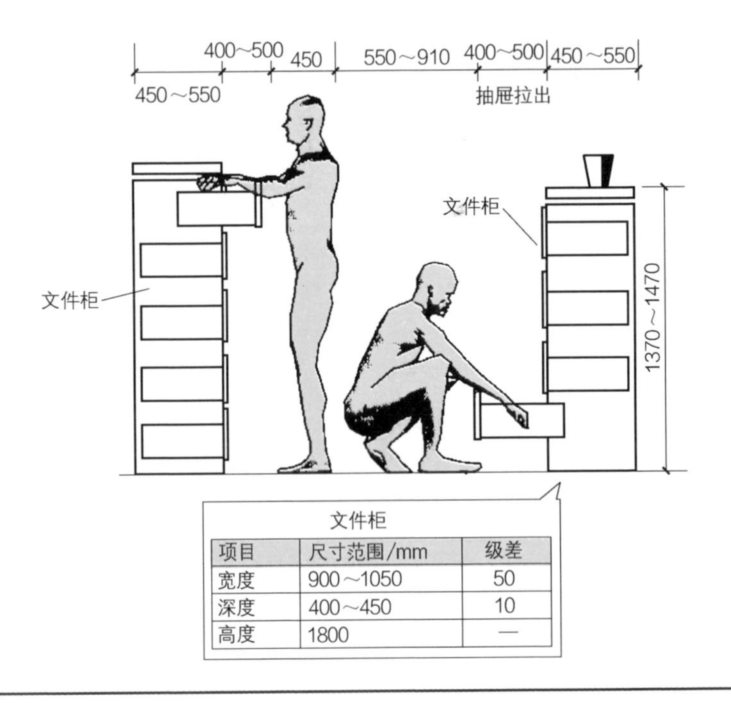
400~500
450
550~910
400~500
450~550
450~550
抽屉拉出
文件柜
文件柜
1370~1470

文件柜

项目	尺寸范围/mm	级差
宽度	900~1050	50
深度	400~450	10
高度	1800	—

图 19.11　文件柜尺寸与级差

速看贴士——书架、写字台、高桌台

★书架高为 600 ~ 2100mm，深 240 ~ 280mm。宽较为灵活，常见的书架宽 280 ~ 350mm。

★写字台一般尺寸为（1000 ~ 1200）mm×（550 ~ 650）mm。

★高桌台，就是总高度超过 1000mm，并且上方有书架结构或类似结构的桌台类产品。

19.11 简易电脑桌尺寸

电脑桌一般长为 800 ~ 1200mm，宽 480 ~ 620mm，高 650 ~ 700mm。

电脑桌常见的长 × 宽（*L*×*W*）为：650mm×520mm、1200mm×600mm 等。

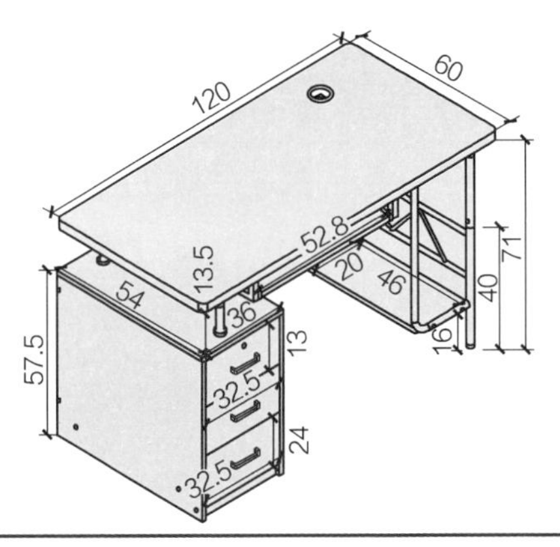

120
60
71
52.8
13.5
20
46
40
54
36
57.5
13
16
32.5
24
32.5

图 19.12 简易电脑桌尺寸（单位：cm）

19.12 移动小书桌尺寸

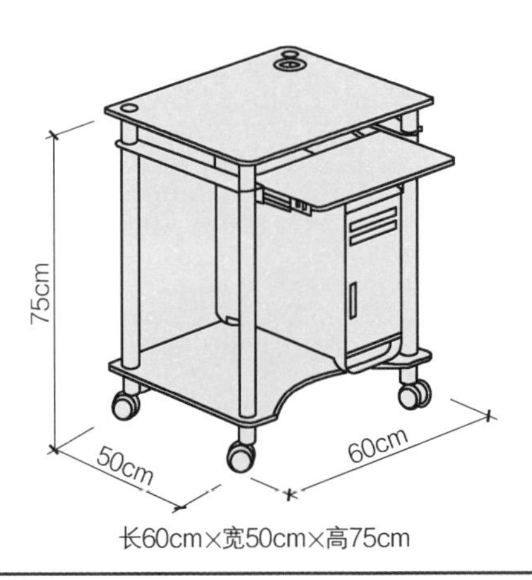

75cm
50cm
60cm
长60cm×宽50cm×高75cm

图 19.13 移动小书桌尺寸

19.13 课桌椅尺寸

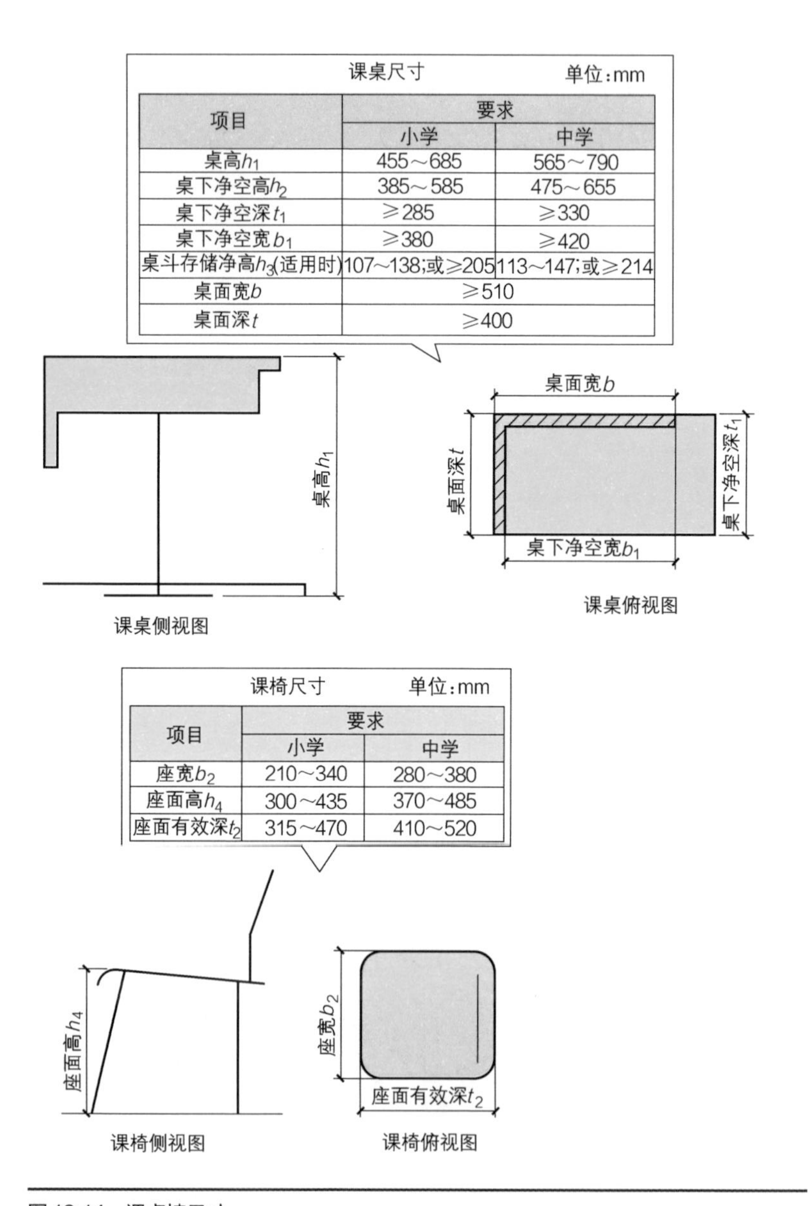

课桌尺寸　　单位:mm

项目	要求	
	小学	中学
桌高h_1	455～685	565～790
桌下净空高h_2	385～585	475～655
桌下净空深t_1	≥285	≥330
桌下净空宽b_1	≥380	≥420
桌斗存储净高h_3(适用时)	107～138;或≥205	113～147;或≥214
桌面宽b	≥510	
桌面深t	≥400	

课椅尺寸　　单位:mm

项目	要求	
	小学	中学
座宽b_2	210～340	280～380
座面高h_4	300～435	370～485
座面有效深t_2	315～470	410～520

桌高h_1
课桌侧视图
桌面宽b
桌面深t
桌下净空深t_1
桌下净空宽b_1
课桌俯视图
座面高h_4
课椅侧视图
座宽b_2
座面有效深t_2
课椅俯视图

图19.14　课桌椅尺寸

19.14 木制写字桌尺寸与要求

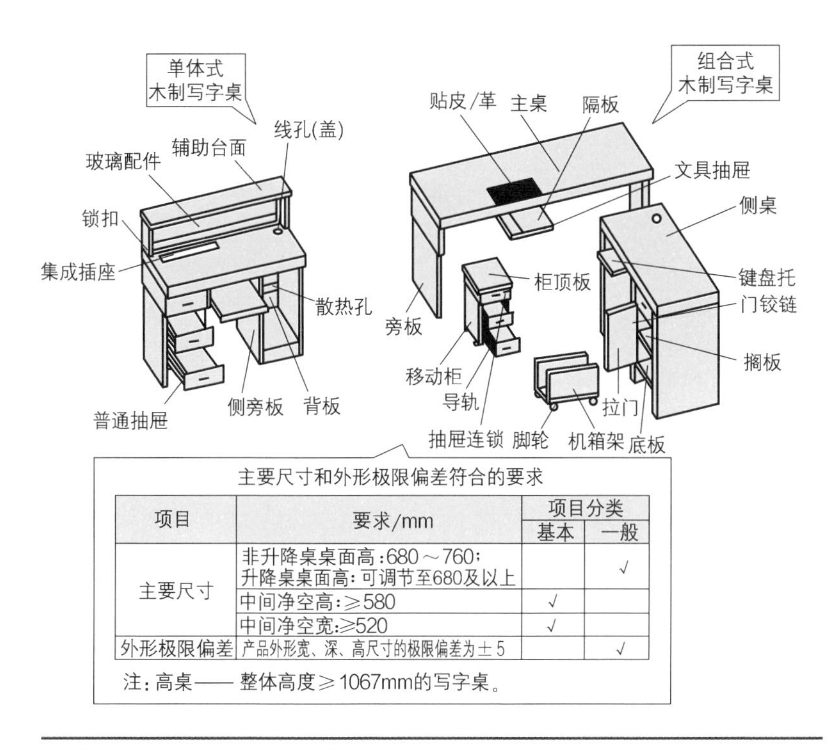

单体式
木制写字桌
线孔(盖)
辅助台面
玻璃配件
锁扣
集成插座
散热孔
普通抽屉
侧旁板
背板
组合式
木制写字桌
贴皮/革
主桌
隔板
文具抽屉
侧桌
键盘托
门铰链
柜顶板
旁板
移动柜
导轨
抽屉连锁
脚轮
机箱架
拉门
底板
搁板

主要尺寸和外形极限偏差符合的要求

项目	要求/mm	项目分类	
		基本	一般
主要尺寸	非升降桌桌面高：680～760； 升降桌桌面高：可调节至680及以上		√
	中间净空高：≥580	√	
	中间净空宽：≥520	√	
外形极限偏差	产品外形宽、深、高尺寸的极限偏差为±5		√

注：高桌—— 整体高度≥1067mm的写字桌。

图 19.15 木制写字桌尺寸与要求

19.15 投影机布尺寸

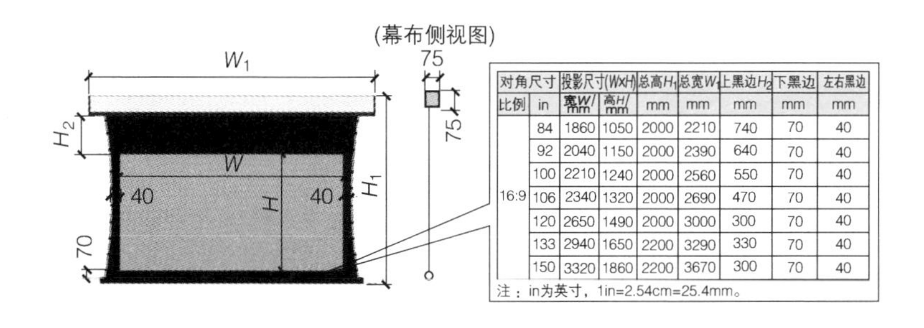

(幕布侧视图)
W_1
75
75
H_2
W
40
H
40
H_1
70

对角尺寸		投影尺寸(W×H)		总高H_1	总宽W_1	上黑边H_2	下黑边	左右黑边
比例	in	宽W/mm	高H/mm	mm	mm	mm	mm	mm
16:9	84	1860	1050	2000	2210	740	70	40
	92	2040	1150	2000	2390	640	70	40
	100	2210	1240	2000	2560	550	70	40
	106	2340	1320	2000	2690	470	70	40
	120	2650	1490	2000	3000	300	70	40
	133	2940	1650	2200	3290	330	70	40
	150	3320	1860	2200	3670	300	70	40

注：in为英寸，1in=2.54cm=25.4mm。

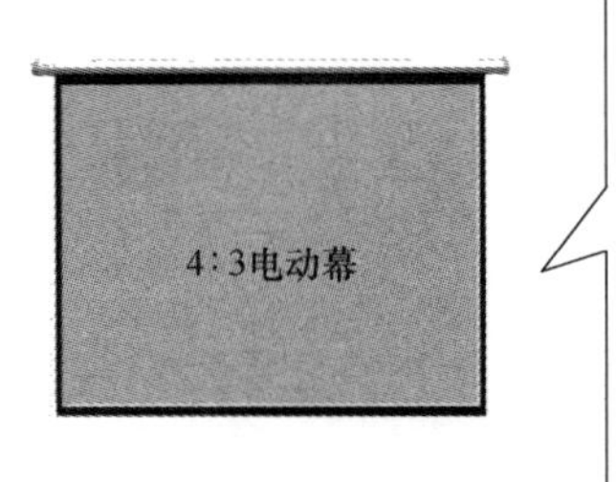
4:3电动幕

比例	尺寸/	投影尺寸 $W \times H$/(mm×mm)	黑边/mm		
			下B_2尺寸/mm	左右B_1尺寸/mm	外露B_3尺寸/mm
4:3	72	1460×1090	100	30	40
	84	1700×1280	100	30	40
	100	2030×1520	100	40	50
	120	2430×1820	100	40	50
	150	2890×2170	100	60	70

注：“下B_2”为下黑边；“左右B_1”为左右黑边；“外露B_3”为外露黑边。

图19.16　投影机布尺寸

第20章

电器

20.1 电吹风的尺寸与功率

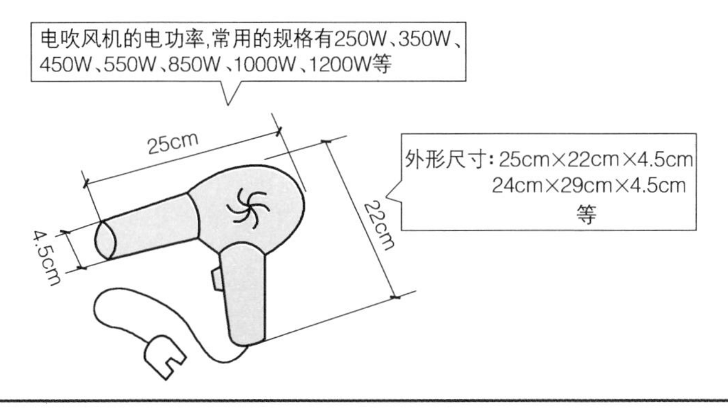

电吹风机的电功率,常用的规格有250W、350W、450W、550W、850W、1000W、1200W等
25cm
22cm
4.5cm
外形尺寸:25cm×22cm×4.5cm
24cm×29cm×4.5cm
等

图20.1 电吹风的尺寸与功率

20.2 电风扇尺寸

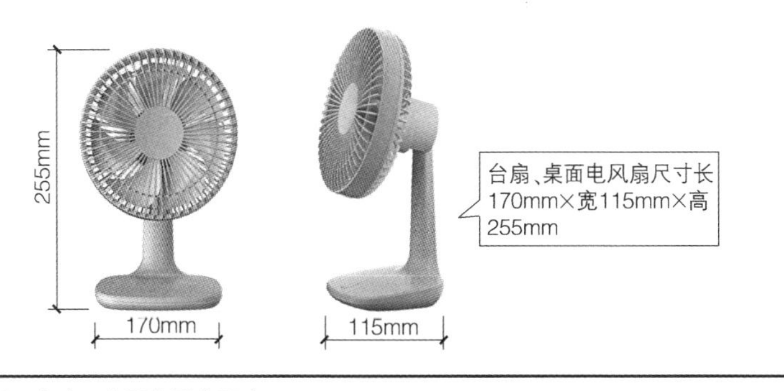

255mm
170mm
115mm
台扇、桌面电风扇尺寸长170mm×宽115mm×高255mm

图20.2 台扇、桌面电风扇尺寸

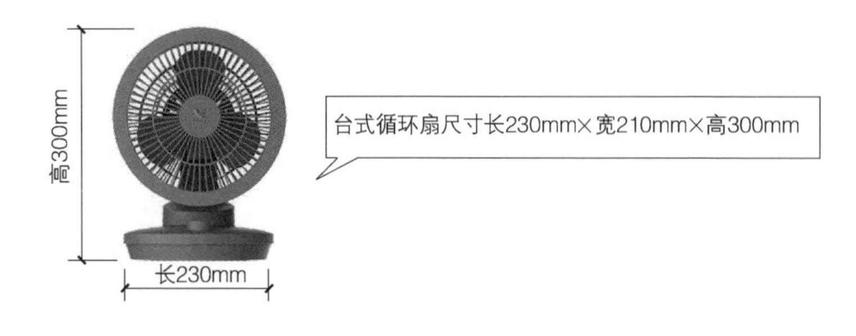
高300mm
台式循环扇尺寸长230mm×宽210mm×高300mm
长230mm

图 20.3　台式循环扇尺寸

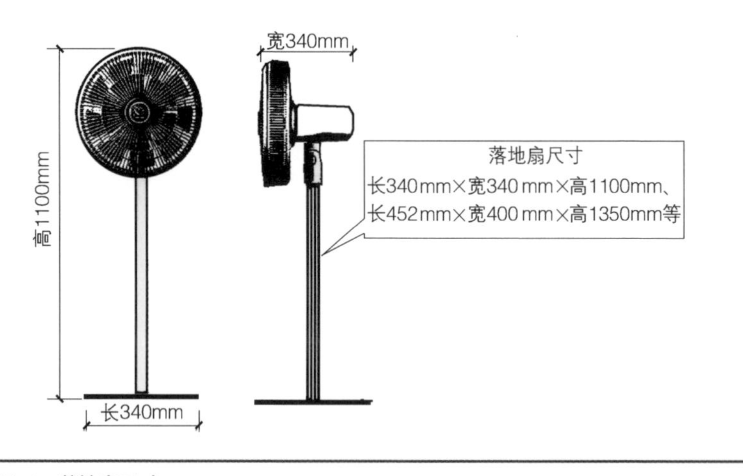
宽340mm
高1100mm
落地扇尺寸
长340mm×宽340 mm×高1100mm、
长452mm×宽400 mm×高1350mm等
长340mm

图 20.4　落地扇尺寸

20.3 路由器尺寸

路由器的功率越大，则发射越远。路由器的传输率越大，则速度越快。路由器常见传输率通常有 54M、100M、150M、300M、1000M（M 是 Mbps 的简称，中文名是比特率）等。

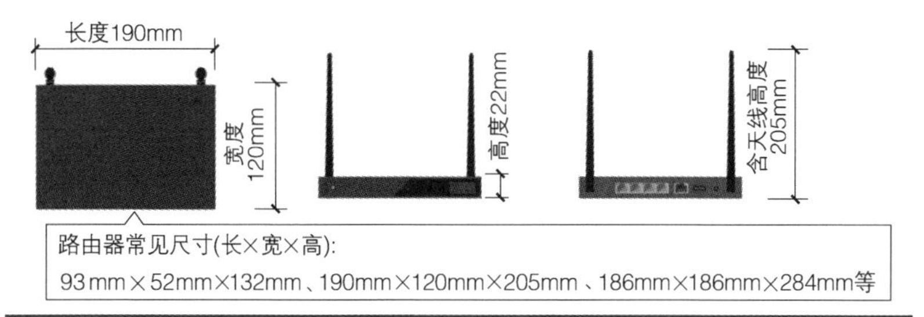
长度190mm
宽度
120mm
高度22mm
含天线高度
205mm
路由器常见尺寸(长×宽×高):
93 mm × 52mm×132mm 、190mm×120mm×205mm 、186mm×186mm×284mm等

图 20.5　路由器尺寸

20.4　调制解调器的尺寸

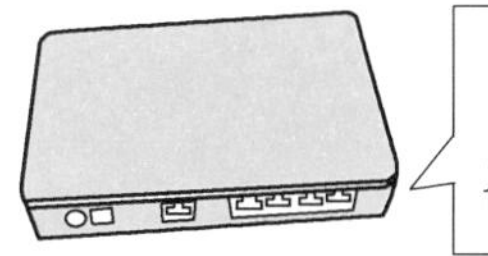
调制解调器的尺寸(长×宽×高):
200mm×150mm×30mm、199mm ×155mm×34mm、
275mm ×140mm×32mm、134mm× 115mm× 27mm、
176mm ×138.5 mm×28mm 等

图 20.6　调制解调器的尺寸

20.5　台式电脑主机尺寸

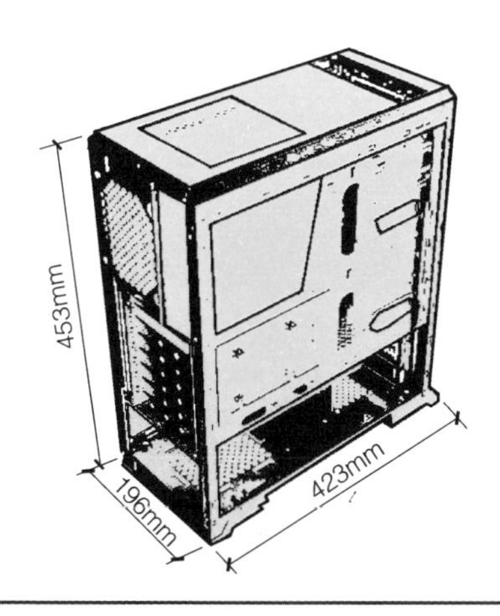
453mm
196mm
423mm

图 20.7　台式电脑主机尺寸

20.6 显示器尺寸

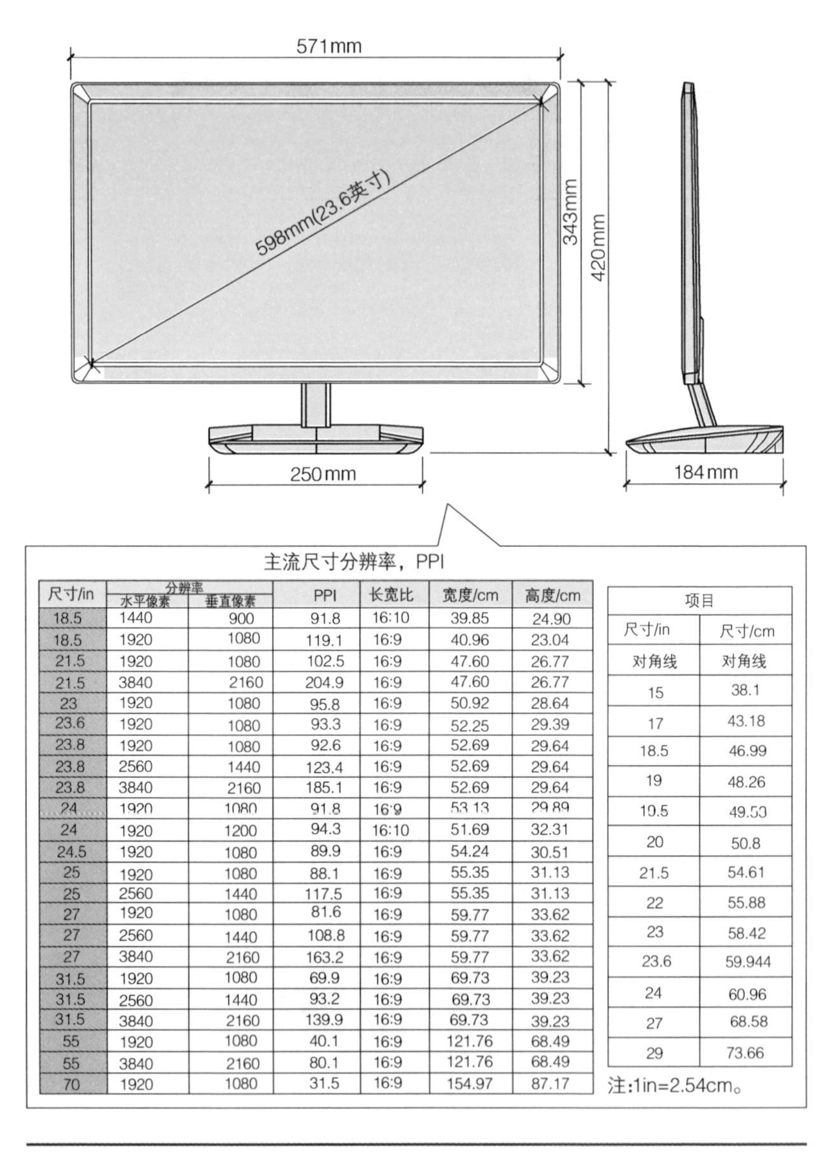

571mm
598mm(23.6英寸)
343mm
420mm
250mm
184mm

主流尺寸分辨率，PPI

尺寸/in	分辨率		PPI	长宽比	宽度/cm	高度/cm
	水平像素	垂直像素				
18.5	1440	900	91.8	16:10	39.85	24.90
18.5	1920	1080	119.1	16:9	40.96	23.04
21.5	1920	1080	102.5	16:9	47.60	26.77
21.5	3840	2160	204.9	16:9	47.60	26.77
23	1920	1080	95.8	16:9	50.92	28.64
23.6	1920	1080	93.3	16:9	52.25	29.39
23.8	1920	1080	92.6	16:9	52.69	29.64
23.8	2560	1440	123.4	16:9	52.69	29.64
23.8	3840	2160	185.1	16:9	52.69	29.64
24	1920	1080	91.8	16:9	53.13	29.89
24	1920	1200	94.3	16:10	51.69	32.31
24.5	1920	1080	89.9	16:9	54.24	30.51
25	1920	1080	88.1	16:9	55.35	31.13
25	2560	1440	117.5	16:9	55.35	31.13
27	1920	1080	81.6	16:9	59.77	33.62
27	2560	1440	108.8	16:9	59.77	33.62
27	3840	2160	163.2	16:9	59.77	33.62
31.5	1920	1080	69.9	16:9	69.73	39.23
31.5	2560	1440	93.2	16:9	69.73	39.23
31.5	3840	2160	139.9	16:9	69.73	39.23
55	1920	1080	40.1	16:9	121.76	68.49
55	3840	2160	80.1	16:9	121.76	68.49
70	1920	1080	31.5	16:9	154.97	87.17

项目	
尺寸/in	尺寸/cm
对角线	对角线
15	38.1
17	43.18
18.5	46.99
19	48.26
19.5	49.53
20	50.8
21.5	54.61
22	55.88
23	58.42
23.6	59.944
24	60.96
27	68.58
29	73.66

注:1in=2.54cm。

图 20.8　显示器尺寸

20.7 燃气灶尺寸

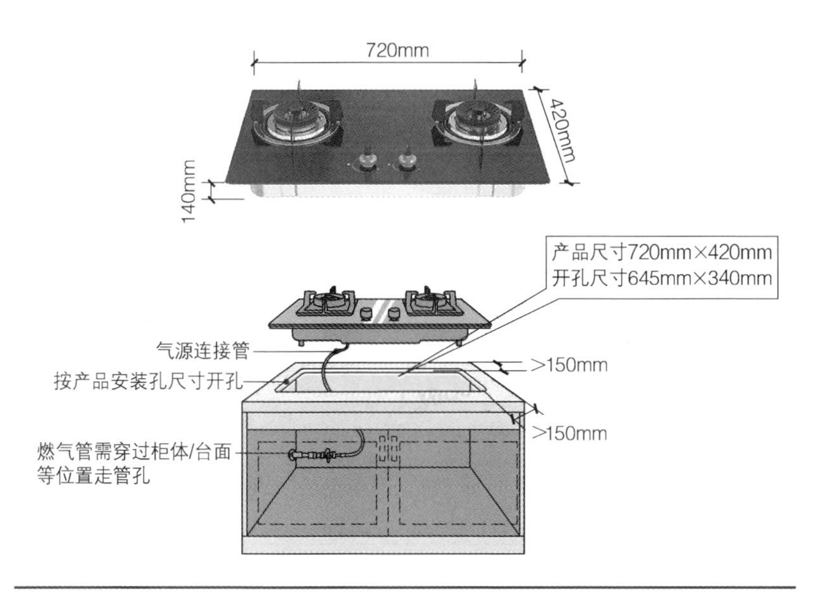

720mm
420mm
140mm
产品尺寸720mm×420mm
开孔尺寸645mm×340mm
气源连接管
按产品安装孔尺寸开孔
>150mm
>150mm
燃气管需穿过柜体/台面等位置走管孔

图 20.9 燃气灶尺寸

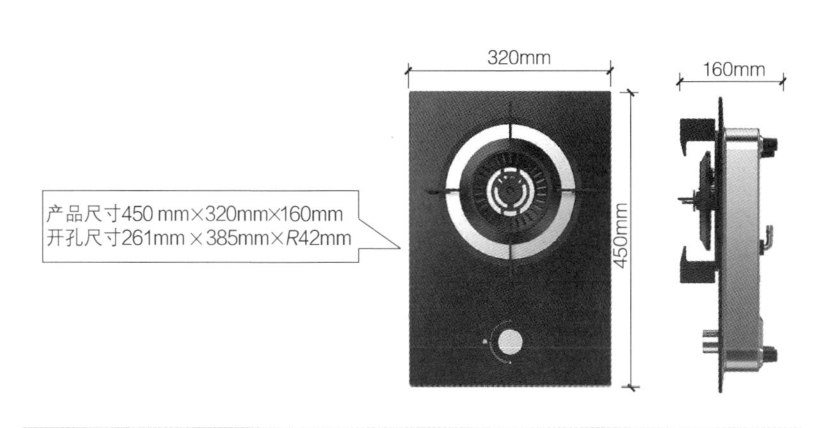

320mm
160mm
产品尺寸450 mm×320mm×160mm
开孔尺寸261mm ×385mm×R42mm
450mm

图 20.10 单灶

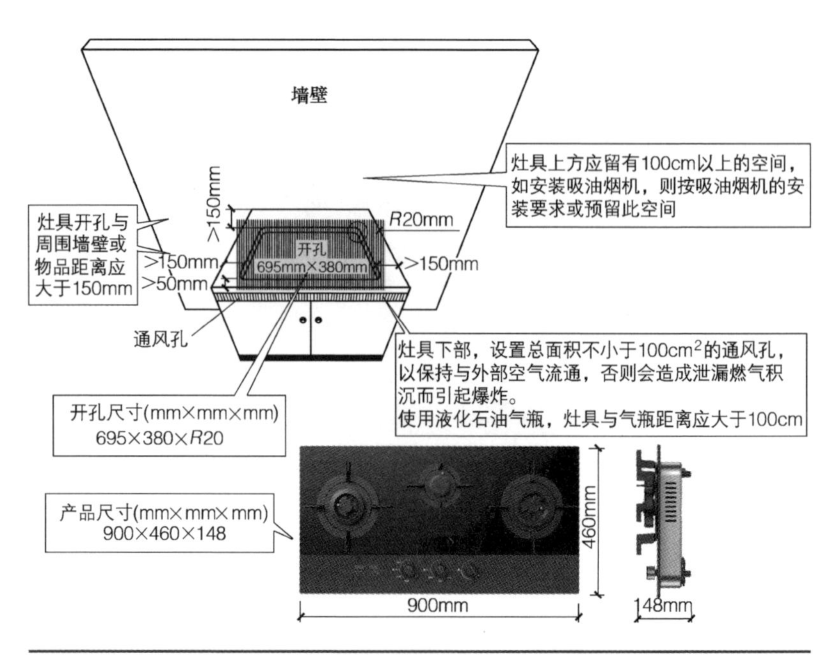
墙壁
灶具上方应留有100cm以上的空间，如安装吸油烟机，则按吸油烟机的安装要求或预留此空间
>150mm
R20mm
灶具开孔与周围墙壁或物品距离应大于150mm
开孔
695mm×380mm
>150mm
>150mm
>50mm
通风孔
灶具下部，设置总面积不小于100cm²的通风孔，以保持与外部空气流通，否则会造成泄漏燃气积沉而引起爆炸。
使用液化石油气瓶，灶具与气瓶距离应大于100cm
开孔尺寸(mm×mm×mm)
695×380×R20
产品尺寸(mm×mm×mm)
900×460×148
460mm
900mm
148mm

图 20.11　3 个灶眼嵌入式燃气灶

表 20.1　燃气灶有关尺寸、数据

项目	尺寸与数据
4.2kW、2 个灶眼嵌入式燃气灶	产品尺寸长 720mm× 宽 420mm× 高 142mm、开孔尺寸长 645mm× 宽 340mm 等
4.2kW 大火力、2 个灶眼嵌入式燃气灶	产品尺寸长 720mm× 宽 420mm× 高 140mm、开孔尺寸长 645mm× 宽 340mm×*R*20mm 等
4.5kW、2 个灶眼嵌入式燃气灶	产品尺寸长 720mm× 宽 420mm× 高 135mm、开孔尺寸长 645mm× 宽 340mm 等
5kW、2 个灶眼嵌入式燃气灶	产品尺寸长 720mm× 宽 420mm× 高 135mm、开孔尺寸长 645mm× 宽 340mm×*R*20mm 等
5kW 单灶	产品尺寸长 450mm× 宽 320mm× 高 150mm，开孔尺寸长 385mm× 宽 261mm×*R*42mm 等
3 个灶眼嵌入式燃气灶	产品尺寸长 900mm× 宽 460mm× 高 148mm、开孔尺寸长 700mm× 宽 385mm 等

20.8 集成烟灶尺寸

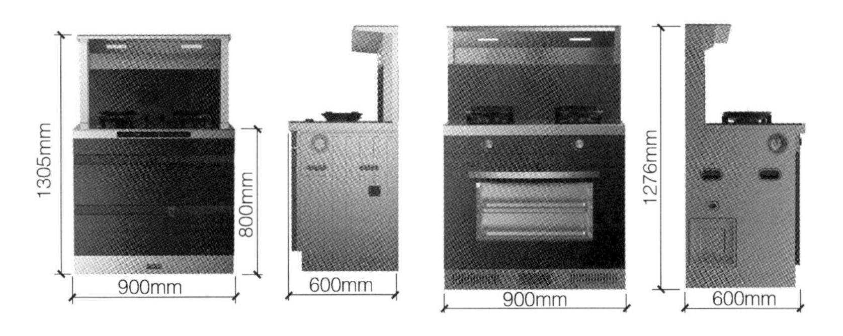
1305mm
800mm
900mm
600mm
900mm
1276mm
600mm

图 20.12　集成烟灶尺寸

20.9 电淘气灶

某款电淘气灶产品尺寸长 800mm× 宽 450mm× 高 150mm。

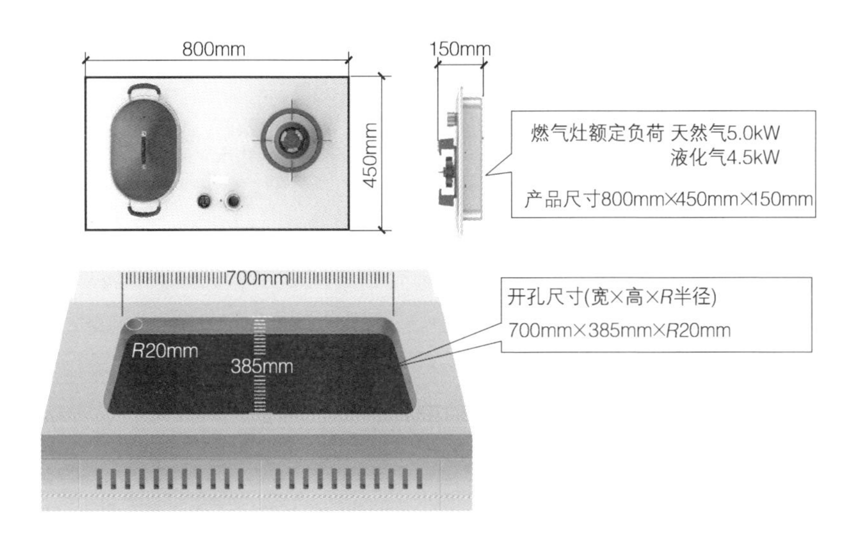
800mm
450mm
150mm
燃气灶额定负荷 天然气5.0kW
液化气4.5kW
产品尺寸800mm×450mm×150mm
700mm
R20mm
385mm
开孔尺寸(宽×高×R半径)
700mm×385mm×R20mm

图 20.13　电淘气灶

20.10 电饭煲尺寸

表 20.2 电饭煲有关尺寸、数据

项目	尺寸与数据
额定功率 380W，容量 1.6L	产品参考尺寸长 230mm× 宽 292mm× 高 203mm 等
额定功率 600W，容量 2L	产品参考尺寸长 294mm× 宽 230mm× 高 203mm 等
额定功率 650W，容量 5 L	产品参考尺寸长 281mm× 宽 283mm× 高 285mm 等
额定功率 760W，容量 4L	产品参考尺寸长 385mm× 宽 286mm× 高 230mm 等
额定功率 770W，容量 5L	产品参考尺寸长 393mm× 宽 287mm× 高 256mm 等
额定功率 860W，容量 5L	产品参考尺寸长 384mm× 宽 291mm× 高 242mm 等
额定功率 1000W，容量 3L	产品参考尺寸长 314mm× 宽 257mm× 高 241mm 等
额定功率 1250W，容量 4L	产品参考尺寸长 368mm× 宽 300mm× 高 244mm 等
额定功率 1300W，容量 4L	产品参考尺寸长 367mm× 宽 290mm× 高 224mm 等

↘ 速看贴士——电饭煲（锅）适合人数

★ 1.6L 电饭煲（锅），一般适合人数 1 ~ 2 人。

★ 2L 电饭煲（锅），一般适合人数 1 ~ 4 人。

★ 3L 电饭煲（锅），一般适合人数 3 ~ 4 人。

★ 4L 电饭煲（锅），一般适合人数 2 ~ 7 人。

★ 5L 电饭煲（锅），一般适合人数 5 ~ 8 人。

20.11 电压力锅尺寸

表 20.3 电压力锅有关尺寸、数据

项目	尺寸与数据
额定功率 1000W，容量 5L	产品参考尺寸长 320mm× 宽 320mm× 高 310mm 等
额定功率 800W，容量 4L	产品参考尺寸长 300mm× 宽 260mm× 高 290mm 等
额定功率 1000W，容量 4.8L	产品参考尺寸长 312mm× 宽 303mm× 高 296mm 等
额定功率 1000W，容量 6L	产品参考尺寸长 342mm× 宽 304mm× 高 316mm 等

↘ 速看贴士——电压力锅适合人数

★额定功率 1000W，容量 4.8L，一般适用人数 2 ~ 8 人。

★额定功率 1000W，容量 5L，一般适用人数 2 ~ 8 人。

20.12 电蒸锅、豆浆机尺寸

表 20.4 电蒸锅、豆浆机有关尺寸、数据

项目	尺寸与数据
额定功率 1300W，三层容量 10L 电蒸锅	产品参考尺寸长 335mm× 宽 297mm× 高 351mm 等
额定功率 1000W，容量 8L 电蒸锅	产品参考尺寸长 301mm× 宽 251mm× 高 294mm 等
额定功率 360W，二层容量 0.6L 电蒸锅	产品参考尺寸长 145mm× 宽 145mm× 高 155mm 等
额定功率 1100W，容量 1.2L 的豆浆机	产品参考尺寸长 238mm× 宽 174mm× 高 313mm 等

20.13 消毒碗柜尺寸

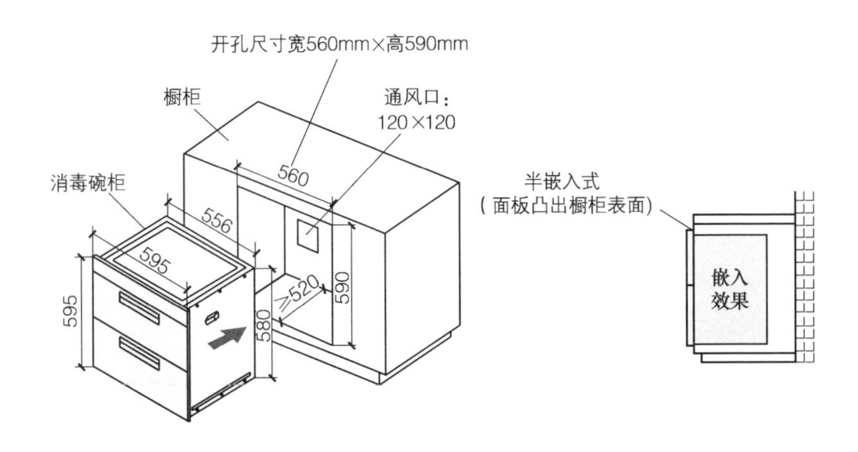
开孔尺寸宽560mm×高590mm
橱柜
通风口：
120×120
消毒碗柜
560
556
595
595
≥520
590
580
半嵌入式
（面板凸出橱柜表面）
嵌入
效果

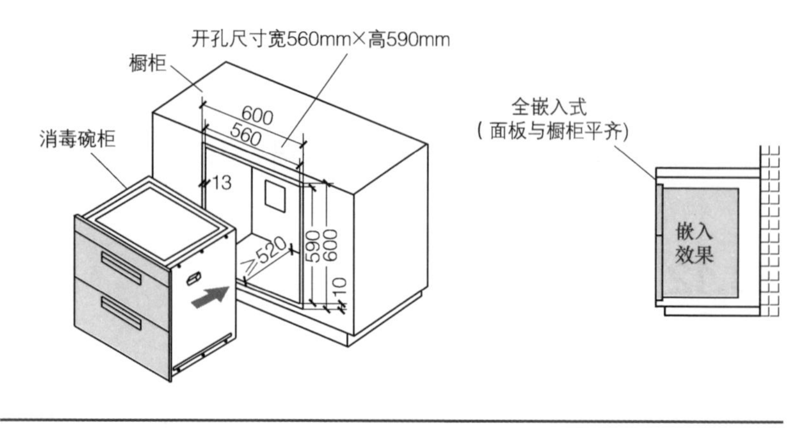
开孔尺寸宽560mm×高590mm
橱柜
消毒碗柜
600
560
13
590
600
≥520
10
全嵌入式
（面板与橱柜平齐）
嵌入
效果

图 20.14　消毒碗柜尺寸

表 20.5　消毒碗柜有关尺寸、数据

项目	尺寸与数据
容量 30L 消毒碗柜	产品参考尺寸长 398mm× 宽 410mm× 高 378mm 等
小型立式容量 77L 消毒碗柜	产品参考尺寸长 419mm× 宽 338mm× 高 790mm 等
容量 77L 消毒碗柜	产品参考尺寸长 419mm× 宽 338mm× 高 790mm 等
容量 77L 立式消毒碗柜	产品参考尺寸长 432mm× 宽 338mm× 高 790mm 等
容量 86L 消毒碗柜	产品参考尺寸长 595mm× 宽 430mm× 高 630mm、开孔尺寸宽 560mm× 高 610mm 等
容量 91L 消毒碗柜	产品参考尺寸长 595mm× 宽 430mm× 高 598mm 等
容量 94L 立式消毒碗柜	产品参考尺寸长 419mm× 宽 338mm× 高 948mm 等
容量 110L 消毒碗柜	产品参考尺寸长 595mm× 宽 510mm× 高 595mm、开孔尺寸宽 560mm× 高 590mm。另外一款容量 110L 消毒碗柜，产品参考尺寸长 595mm× 宽 480mm× 高 595mm、开孔尺寸宽 600mm× 高 600mm

20.14 侧吸式吸油烟机尺寸

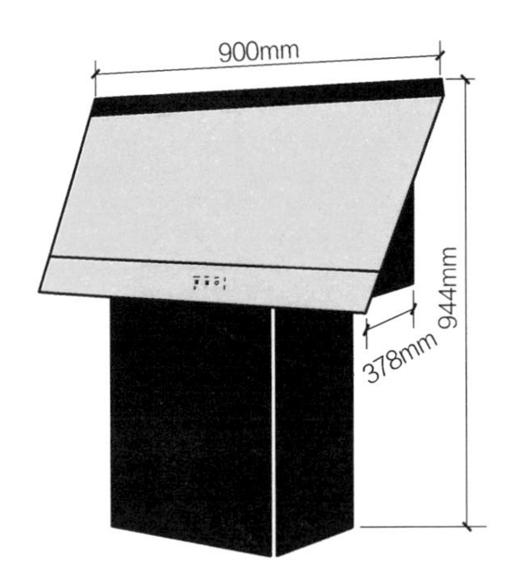
900mm
944mm
378mm

图 20.15 侧吸式吸油烟机尺寸

表 20.6 侧吸式吸油烟机有关尺寸、数据

项目	尺寸与数据
17m³ 侧吸式吸油烟机	出风口内径 180mm、排烟管外径 200mm，长 896mm× 宽 416mm× 高 606mm 等
20m³ 侧吸式吸油烟机	出风口内径 180mm、排烟管外径 200mm，长 895mm× 宽 416mm× 高 622mm 等
21m³ 侧吸式吸油烟机	出风口内径 180mm、排烟管外径 190mm，长 895mm× 宽 416mm× 高 622mm 等
22m³ 侧吸式吸油烟机	出风口内径 180mm、排烟管外径 190mm，长 895×mm 宽 416mm× 高 622mm 等
23m³ 侧吸式吸油烟机	出风口内径 180mm、排烟管外径 190mm，长 900mm× 宽 412mm× 高 635mm 等
24m³ 侧吸式吸油烟机	出风口内径 180mm、排烟管外径 190mm，长 896mm× 宽 460mm× 高 575mm 等

↘ 速看贴士——选购吸油烟机

★可以根据喜好选择吸油烟机的款式，并且考虑与橱柜的搭配。

★如果厨房面积只有 4 ~ 6m²，则应选择小尺寸的吸油烟机，一般为 70 ~ 80cm。

★如果厨房面积只有 6 ~ 10m²，则应选择正常尺寸的吸油烟机，一般为 80 ~ 90cm。

★如果厨房面积有 10m² 以上，或者开放式厨房，则最好选择大尺寸的欧式吸油烟机，一般为 90cm 左右。

20.15 欧式吸油烟机尺寸

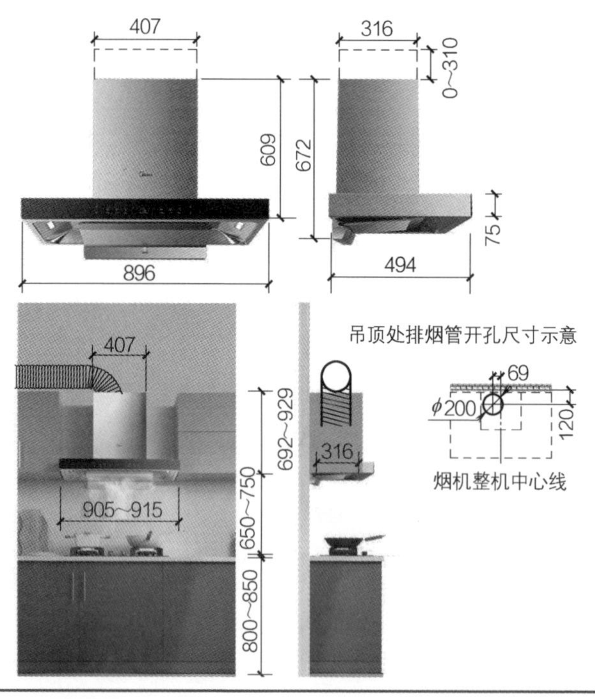
407
316
0~310
609
672
75
896
494
407
692~929
650~750
800~850
905~915
316
吊顶处排烟管开孔尺寸示意
69
φ200
120
烟机整机中心线

图 20.16 欧式吸油烟机尺寸

表 20.7 欧式吸油烟机有关尺寸、数据

项目	尺寸与数据
17m³ 欧式顶吸式油烟机	产品参考尺寸长 896mm× 宽 480mm× 高 510mm 等
21m³ 欧式顶吸式油烟机	产品参考尺寸长 895mm× 宽 460mm× 高 587mm 等。出风口内径 180mm。排烟管外径 190mm
24m³ 欧式吸油烟机	产品参考尺寸长 896mm× 宽 494mm× 高 672mm 等

20.16 热风烘干机、洗碗机尺寸

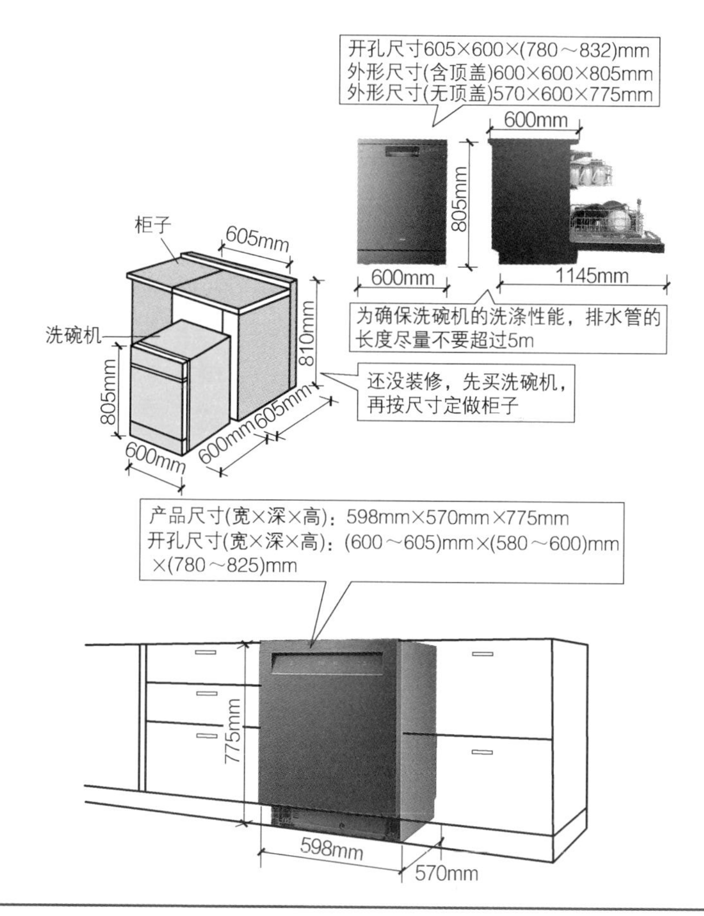
开孔尺寸605×600×(780～832)mm
外形尺寸(含顶盖)600×600×805mm
外形尺寸(无顶盖)570×600×775mm
600mm
805mm
600mm
1145mm
为确保洗碗机的洗涤性能，排水管的长度尽量不要超过5m
柜子
605mm
810mm
洗碗机
805mm
600mm
600mm
605mm
还没装修，先买洗碗机，再按尺寸定做柜子
产品尺寸(宽×深×高)：598mm×570mm×775mm
开孔尺寸(宽×深×高)：(600～605)mm×(580～600)mm×(780～825)mm
775mm
598mm
570mm

图 20.17 热风烘干机、洗碗机尺寸

表 20.8 热风烘干机、洗碗机有关尺寸、数据

项目	尺寸与数据
最大耗水量 10L 的洗碗机	产品参考尺寸长 500mm× 宽 595mm× 高 595mm 等
最大耗水量 15L 的洗碗机	产品参考尺寸长 500mm× 宽 595mm× 高 595mm 等
最大耗水量 20L 的洗碗机	产品参考尺寸长 598mm× 宽 573mm× 高 775mm 等
最大耗水量 21L 的热风烘干机	产品参考尺寸长 597mm× 宽 601mm× 高 806mm 等

20.17 蒸烤机尺寸

表 20.9 蒸烤机有关尺寸、数据

项目	尺寸与数据
烧烤功率 1100W 的嵌入式蒸汽烤箱	腔体尺寸长 405mm× 宽 385mm× 高 210mm、产品参考尺寸长 595mm× 宽 525mm× 高 454mm
功率 1800W 的蒸烤机	腔体尺寸长 350mm× 宽 300mm× 高 200mm、产品参考尺寸长 420mm× 宽 410mm× 高 340mm
功率 1800W 的蒸烤机	腔体尺寸长 350mm× 宽 300mm× 高 200mm、产品参考尺寸长 420mm× 宽 445mm× 高 325mm
功率 1900W 的蒸烤机	腔体尺寸长 350mm× 宽 300mm× 高 200mm、产品参考尺寸长 420mm× 宽 410mm× 高 340mm

20.18 家用微波炉的尺寸

表 20.10 家用微波炉有关尺寸、数据

项目	尺寸与数据
额定功率 600W、容量 20L 的微波炉	产品尺寸长 440mm× 宽 370mm× 高 258mm 等
额定功率 800W、容量 10L 的微波炉	产品尺寸长 364mm× 宽 236mm× 高 195mm 等
额定功率 900W、额定输出功率 900W、容量 23L 的微波炉	产品尺寸长 502mm× 宽 413mm× 高 302mm 等
额定功率 1000W、容量 9L 的微波炉	产品尺寸长 232mm× 宽 267mm× 高 333mm 等

续表

项目	尺寸与数据
额定功率 1250W、额定输出功率 800W、容量 20L 的微波炉	产品尺寸长 459mm× 宽 395mm× 高 286mm 等
额定功率 1390W、容量 26L 的微波炉	产品尺寸长 480mm× 宽 400mm× 高 348mm 等
容量 50L 的嵌入式微波炉	产品尺寸长 595mm× 宽 568mm× 高 454mm 等
额定功率 1400W、容量 14L 的微波炉	产品尺寸长 392mm× 宽 320mm× 高 226mm 等
额定功率 1500W、容量 32L 的微波炉	产品尺寸长 502mm× 宽 380mm× 高 325mm 等
额定功率 1500W、容量 35L 的微波炉	产品尺寸长 502mm× 宽 380mm× 高 325mm 等
额定功率 1800W、容量 38L 的微波炉	产品尺寸长 535mm× 宽 405mm× 高 355mm 等
额定功率 2000W、容量 6L 的微波炉	产品尺寸长 385mm× 宽 286mm× 高 208mm 等
额定功率 2400W、容量 56L 的微波炉	产品尺寸长 595mm× 宽 595mm× 高 550mm 等
容量 15L 的微波炉	产品尺寸长 334mm× 宽 358mm× 高 322mm 等

20.19 电烤箱的尺寸

容量 34L 的家用嵌入式蒸汽烤箱，产品尺寸长 595mm× 宽 525mm× 高 454mm 等。

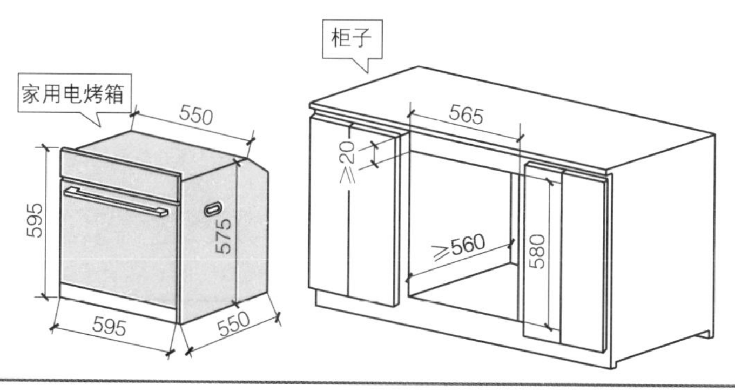
家用电烤箱
550
595
575
595
550
柜子
565
≥20
≥560
580

图 20.18 电烤箱的尺寸

20.20 电炖盅（锅）尺寸

表 20.11　电炖盅（锅）有关尺寸、数据

项目	尺寸与数据
额定功率 280W、容量 4L 的家用电炖盅（锅）	产品尺寸长 292mm× 宽 312mm× 高 287mm 等
额定功率 280W、容量 5L 的家用电炖盅（锅）	产品尺寸长 312mm× 宽 260mm× 高 315mm 等
额定功率 300W、容量 2.2L 的家用电炖盅（锅）	产品尺寸长 347mm× 宽 256mm× 高 249mm 等
额定功率 650W、容量 0.8L 的家用电炖盅（锅）	产品尺寸长 237mm× 宽 177mm× 高 224mm 等

速看贴士——电炖盅（锅）适用人数

★额定功率 650W、容量 0.8L 的家用电炖盅（锅），一般适用人数 1 ~ 3 人。

20.21 燃气热水器尺寸

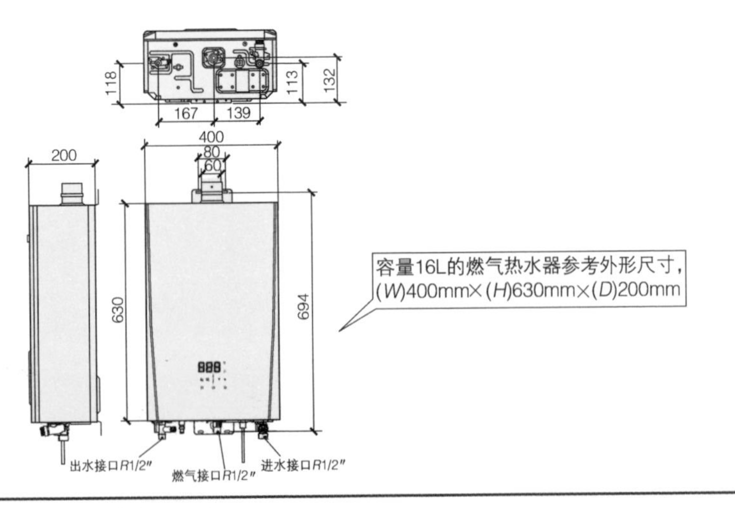
118
167
139
113
132
400
80
60
200
630
694
容量16L的燃气热水器参考外形尺寸，
(W)400mm×(H)630mm×(D)200mm
出水接口R1/2″
燃气接口R1/2″
进水接口R1/2″

图 20.19　燃气热水器尺寸

表 20.12　燃气热水器有关尺寸、数据

项目	尺寸与数据
容量 16L 的燃气热水器	参考外形尺寸（$W\times H\times D$）：360mm×575mm×100mm、360mm×590mm×150mm、400mm×630mm×200mm、380mm×532mm×150mm 等
容量 12L 的燃气热水器	参考外形尺寸（$W\times H\times D$）：360mm×575mm×130mm、350mm×590mm×150mm、360mm×575mm×100mm、380mm×532mm×150mm 等

表 20.13　燃气热水器燃气种类代号与额定供气压力

燃气种类	代号	燃气额定供气压力 /Pa
天然气	10T、12T	2000
液化石油气	19Y、20Y、22Y	2800

↘ 速看贴士——热水器的选择

★热水器的容量需根据用户的住宅结构、使用需求两方面来考虑。根据用水点（水龙头、花洒）的多少、用水点与热水器（出水口）距离的远近来考虑。

★一般而言，一卫一厨的家庭，可以选择 10 ~ 11L 的热水器。如果考虑花洒、水龙头同时使用热水，则建议选择 13L 的热水器。

★两卫一厨的家庭，则可以选择 13 ~ 16L 的热水器。如果考虑多个用水点同时使用热水，则建议选择容量更大一些的热水器。

★如果家庭使用的是大花洒，则建议尽量选择容量大一些的热水器。

20.22 电热水器尺寸

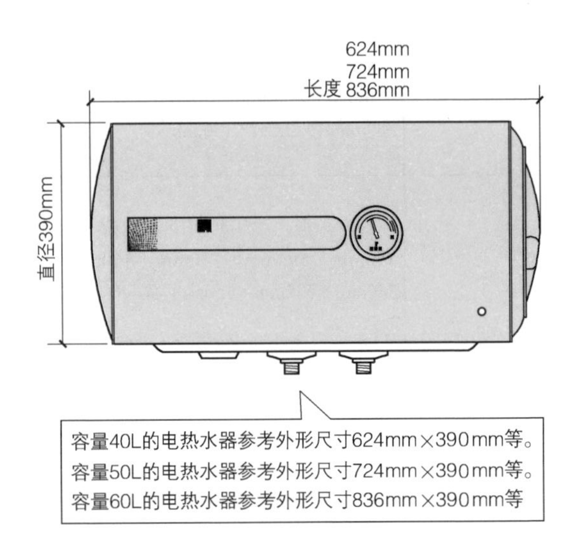
624mm
724mm
长度 836mm
直径390mm
容量40L的电热水器参考外形尺寸624mm×390mm等。
容量50L的电热水器参考外形尺寸724mm×390mm等。
容量60L的电热水器参考外形尺寸836mm×390mm等

图 20.20　电热水器尺寸

表 20.14　电热水器有关尺寸、数据

项目	尺寸与数据
容量 40L 的电热水器	参考外形尺寸：588mm×414mm×408mm（功率 1800kW）等
容量 50L 的电热水器	参考外形尺寸：739mm×420mm×468mm（功率 2000kW/3000kW）、739mm×390mm×390mm（功率 2000kW）、692mm×414mm×408mm（功率 1800kW）等
容量 60L 的电热水器	参考外形尺寸：866mm×430mm×510mm（功率 2000/3000kW）、外形尺寸 843mm×420mm×468mm（功率 2000/3000kW）、外形尺寸 796mm×414mm×408mm（功率 1800kW）等

20.23 热水器煤气表的选择

一台 10L 的热水器，满负荷的情况下耗气量 $2m^3/h$（天然气）。24L

的热水器再乘以 2.4 就可以了，即 4.8m³/h。考虑到煤气表的最大流量比公称流量大 1.5 倍，也就是说要保证 24L 热水器满负荷工作，煤气表的流量必须大于 3.2m³/h。由于煤气表没有 3.2m³ 的规格，2.5m³ 的上一个规格是 4m³，所以选用 4m³ 的煤气表可以满足 24L 热水器在冬天的情况下三个卫生间同时使用的要求。

20.24 浴霸尺寸

表 20.15 浴霸有关尺寸、数据

项目	尺寸与数据
PTC 发热体、额定功率 2450W 的照明风暖浴霸	参考尺寸 300mm×300mm
双电机、PTC 发热体、额定功率 2450W 的照明风暖新风浴霸	参考尺寸 300mm×600mm 等
四灯经典机型、额定功率 1180W 的照明灯暖浴霸	参考尺寸 305mm×305mm 等
四灯经典机型、额定功率 1180W 的照明灯暖浴霸	参考尺寸 305mm×305mm 等
额定功率 2440W 的浴霸	参考尺寸 300mm×600mm×120mm 等
额定功率 2650W 的浴霸	参考尺寸 300mm×600mm×90mm 等

20.25 电冰箱尺寸

表 20.16 电冰箱有关尺寸、数据

项目	尺寸与数据
单开门电冰箱尺寸（深 × 宽 × 高）	620mm×555mm×1665mm、660mm×531mm×1503mm、625mm×565mm×1705mm、625mm×565mm×1775mm 等
双开门电冰箱尺寸（深 × 宽 × 高）	650mm×635mm×1710mm、736mm×890mm×1770mm、736mm×890mm×1770mm、770mm×910mm×1770mm 等

续表

项目	尺寸与数据
总容积 301L 以上，冷冻室容积 100L 以上的双开门冰箱	一般尺寸在 730mm×910mm×1780mm 等
总容积 301L 以上，冷冻室容积 80 ～ 100L 左右的双开门冰箱	一般尺寸在 920mm×820mm×1800mm 等
总容积 600L 左右，冷冻室容积 100L 左右的双开门冰箱	一般尺寸在 1770mm×920mm×740mm 等
双开门冰箱（有左右 2 扇门，开启方向相对）	宽度尺寸通常在 850 ～ 1000mm，高度 1700 ～ 1900mm 等
双开门冰箱（有上下 2 扇门，开启方向相同）	宽度尺寸通常在 600mm 左右，高度 1400 ～ 1700mm 等
总容积 213L 电冰箱	产品尺寸长 544mm× 宽 595mm× 高 1725mm 等
总容积 215L 电冰箱	产品尺寸长 544mm× 宽 595mm× 高 1759mm 等
总容积 323L 电冰箱	产品尺寸长 613mm× 宽 673mm× 高 1870mm 等
总容积 425L 电冰箱	产品尺寸长 753mm× 宽 658mm× 高 1818mm 等
总容积 478L 电冰箱	产品尺寸长 668mm× 宽 833mm× 高 1775mm 等
总容积 549L 电冰箱	产品尺寸长 658mm× 宽 910mm× 高 1793mm 等
总容积 606L 电冰箱	产品尺寸长 911mm× 宽 706mm× 高 1780mm 等

20.26 冰柜尺寸

表 20.17　冰柜有关尺寸、数据

项目	尺寸与数据
总容积 203 L 电冰柜	产品尺寸长 945mm× 宽 542mm× 高 850mm 等
总容积 220 L 电冰柜	产品尺寸长 1089mm× 宽 574mm× 高 910mm 等
总容积 271 L 电冰柜	产品尺寸长 1189mm× 宽 629mm× 高 910mm 等
总容积 521 L 电冰柜	产品尺寸长 1530mm× 宽 735mm× 高 900mm 等

20.27 直筒洗衣机尺寸

直筒洗衣机尺寸（长×宽×高）：500mm×510mm×888mm、520mm×530mm×890mm、520mm×615mm×935mm、740mm×438mm×920mm 等。

20.28 滚筒洗衣机尺寸

表 20.18 滚筒洗衣机有关尺寸、数据

项目	尺寸与数据
滚筒式洗衣机尺寸（长×宽×高）	840mm×595mm×570mm、850mm×595mm×398mm、850mm×595mm×535mm、850mm×595mm×590mm 等
全自动滚筒洗衣机（容量 3kg）	产品尺寸长 310mm× 宽 480mm× 高 600mm 等
全自动滚筒洗衣机（容量 7.2kg）	产品尺寸长 400mm× 宽 595mm× 高 850mm 等
全自动滚筒洗衣机（容量 8kg）	产品尺寸长 565mm× 宽 595mm× 高 850mm 等
全自动滚筒洗衣机（容量 10kg）	产品尺寸长 530mm× 宽 595mm× 高 850mm 等

20.29 波轮洗衣机尺寸

表 20.19 波轮洗衣机有关尺寸、数据

项目	尺寸与数据
全自动波轮洗衣机（容量 5.5kg）	产品尺寸长 525mm× 宽 515mm× 高 900mm 等
全自动波轮洗衣机（容量 7.5kg）	产品尺寸长 525mm× 宽 515mm× 高 920mm 等
全自动波轮洗衣机（容量 8kg）	产品尺寸长 525mm× 宽 515mm× 高 920mm 等
全自动波轮洗衣机（容量 9kg）	产品尺寸长 565mm× 宽 550mm× 高 920mm 等
全自动波轮洗衣机（容量 10kg）	产品尺寸长 565mm× 宽 550mm× 高 955mm、长 620mm× 宽 580mm× 高 980mm 等

20.30 双缸洗衣机尺寸

表 20.20　双缸洗衣机有关尺寸、数据

项目	尺寸与数据
双缸洗衣机（容量 7kg）	产品尺寸长 770mm× 宽 430mm× 高 880mm 等
双缸洗衣机（容量 8kg）	产品尺寸长 761mm× 宽 448mm× 高 885mm 等
双缸洗衣机（容量 12kg）	产品尺寸长 870mm× 宽 512mm× 高 972mm 等

20.31 壁挂式 / 挂式空调尺寸

表 20.21　壁挂式 / 挂式空调有关尺寸、数据

项目	尺寸与数据
挂式空调尺寸（宽 × 深 × 高）	795mm×211mm×272mm、900mm×200mm×308mm 等
1 匹空调内机	产品尺寸长 900mm× 宽 190mm× 高 305mm
1.5 匹空调内机	产品尺寸长 1100mm× 宽 420mm× 高 320mm

速看贴士——壁挂式 / 挂式空调的适用面积

★ 1.5 匹空调，R32 冷媒，制冷适用面积 15 ~ 23m^2，制热适用面积 17 ~ 23m^2。

★ 1 匹空调，R32 冷媒，制冷适用面积 11 ~ 17m^2，制热适用面积 13 ~ 17m^2。

20.32 落地式空调尺寸

表 20.22　落地式空调有关尺寸、数据

项目	尺寸与数据
立式空调尺寸（宽 × 深 × 高）	530mm×310mm×1810mm、500mm×278mm×1820mm 等
空调室外机尺寸（高 × 宽 × 深）	（530 ～ 600）mm×800mm×400mm 等

速看贴士——落地式空调的适用面积

★ 2 匹空调，R32 冷媒，制冷适用面积 23 ~ 34m²，制热适用面积 27 ~ 36m²。

★ 2 匹空调，R32 冷媒，空调柜机长 510mm × 宽 315mm × 高 1780mm。

20.33 移动空调尺寸

表 20.23 移动空调有关尺寸、数据

项目	尺寸与数据
小 1 匹单冷移动空调	产品尺寸长 329mm× 宽 318mm× 高 634mm 等
1 匹单冷移动空调	产品尺寸长 355mm× 宽 345mm× 高 703mm 等
1.5 匹单冷移动空调	产品尺寸长 467mm× 宽 397mm× 高 765mm 等

速看贴士——移动空调的适用面积

★小 1 匹单冷移动空调，R290 冷媒，制冷适用面积 10 ~ 15m²。

★ 1 匹单冷移动空调，制冷适用面积 11 ~ 17m²。

★ 1.5 匹单冷移动空调，R410A 冷媒，制冷适用面积 15 ~ 23m²。

20.34 中央空调尺寸

表 20.24 中央空调有关尺寸、数据

项目	尺寸与数据
中央空调（多联机 4 匹一拖三）	产品尺寸长 946mm× 宽 420mm× 高 810mm、长 960mm× 宽 395mm× 高 1323mm 等
中央空调（多联机 5 匹一拖四）	产品尺寸长 951mm× 宽 382mm× 高 1333mm、长 960mm× 宽 395mm× 高 1323mm 等

续表

项目	尺寸与数据
中央空调（多联机大 6 匹一拖五）	产品尺寸长 951mm× 宽 382mm× 高 1333mm、长 960mm× 宽 395mm× 高 1323mm 等
中央空调（多联机 6 匹一拖四）	产品尺寸长 951mm× 宽 382mm× 高 1333mm、长 960mm× 宽 395mm× 高 1323mm 等
中央空调（多联机 7 匹一拖六）	产品尺寸长 960mm× 宽 395mm× 高 1323mm 等

速看贴士——中央空调的适用面积

★中央空调（多联机 4 匹一拖三），适用面积 70 ~ 90m^2。

★中央空调（多联机 5 匹一拖四），适用面积 80 ~ 100m^2。

★中央空调（多联机大 6 匹一拖五），适用面积 120 ~ 160m^2。

★中央空调（多联机 6 匹一拖四），适用面积 100 ~ 140m^2。

★中央空调（多联机 7 匹一拖六），适用面积 140 ~ 180m^2。

20.35 液晶电视常规尺寸

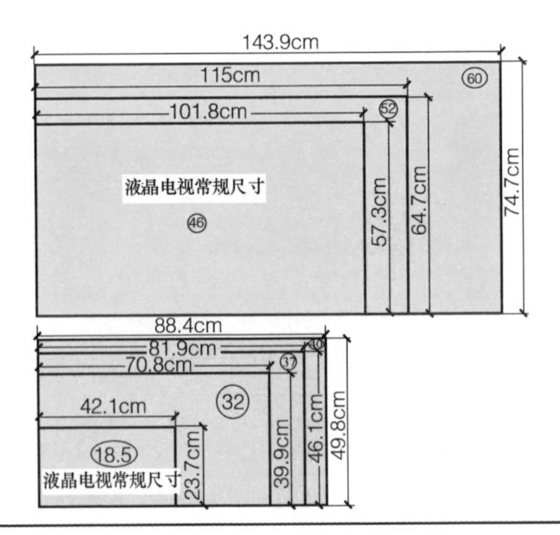
143.9cm
115cm
60
101.8cm
52
液晶电视常规尺寸
46
57.3cm
64.7cm
74.7cm
88.4cm
81.9cm
40
70.8cm
37
32
42.1cm
18.5
液晶电视常规尺寸
23.7cm
39.9cm
46.1cm
49.8cm

图 20.21 液晶电视常规尺寸

20.36 台式饮水机尺寸

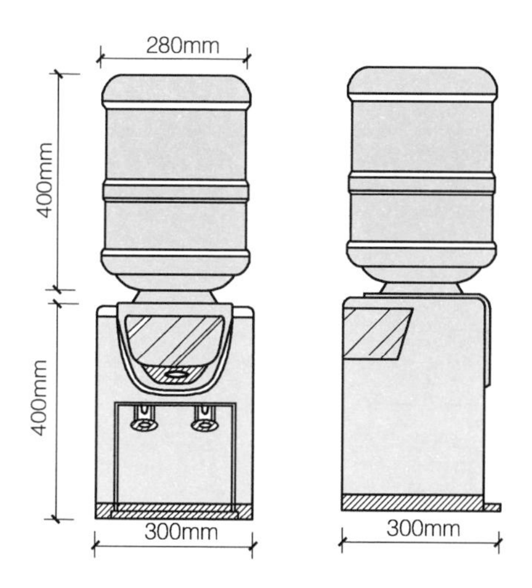

280mm
400mm
400mm
300mm
300mm

图 20.22　台式饮水机尺寸

20.37 电水壶尺寸

图 20.23　电水壶

表 20.25 电水壶有关尺寸、数据

项目	尺寸与数据
电水壶（1.5L、额定功率 1500W）	产品参考尺寸长 226mm× 宽 150mm× 高 243mm 等
电水壶（1.7L、额定功率 1800W）	产品参考尺寸长 220mm× 宽 150mm× 高 250mm 等

20.38 采暖炉的选择

表 20.26 采暖炉有关尺寸、数据

项目	尺寸与数据
建筑面积在 50 ～ 100m^2 的房屋	应选用额定输出功率为 15 ～ 18kW 的采暖炉
建筑面积在 100 ～ 130m^2 的房屋	应选用额定输出功率为 18 ～ 22kW 的采暖炉
建筑面积在 130 ～ 150m^2 的房屋	应选用额定输出功率为 24 ～ 26kW 的采暖炉
建筑面积在 150 ～ 190m^2 的房屋	应选用额定输出功率为 26 ～ 30kW 的采暖炉
建筑面积在 190 ～ 230m^2 的房屋	应选用额定输出功率为 30 ～ 35kW 的采暖炉
建筑面积在 230 ～ 300m^2 的房屋	应选用额定输出功率为 35 ～ 42kW 的采暖炉

速看贴士——根据生活热水需求来选择

★根据生活热水需求来选择，一个花洒需求可以选择 15 ~ 22kW 采暖炉。一个花洒 + 一个龙头，可以选择 22 ~ 26kW 采暖炉。两个花洒 + 一个龙头，可以选择 30 ~ 35kW 采暖炉。如果同时使用，需要采暖和生活用水兼顾，最好根据最高标准来选择，宜大不宜小。

20.39 采暖炉燃气表具的选择

选择燃气表的容量（也就是燃气表耗气量 / 小时），与燃气种类、采暖炉功率有关。

表 20.27 采暖炉燃气表具的选择

型号	人工煤气 TG（4000kcal/m^3）	天然气 NG（9000kcal/m^3）
RSB-18UC 采暖炉	≈ 4m^3/h	≈ 2m^3/h
RSB-22UC 采暖炉	≈ 5m^3/h	≈ 2.5m^3/h
RSB-26UC 采暖炉	≈ 6m^3/h	≈ 3m^3/h
RSB-30UC 采暖炉	≈ 7m^3/h	≈ 3.5m^3/h
RSB-35UC 采暖炉	≈ 9m^3/h	≈ 4m^3/h

说明：该表中的数字是采暖炉热负荷最大时的耗气量。人工煤制气要求表具容量较大，天然气要求的表具容量相对较小。

参考文献

[1] GB/T 14779—1993. 坐姿人体模板功能设计要求 .

[2] GB/T 13547—1992. 工作空间人体尺寸 .

[3] GB/T 13379—2008. 视觉工效学原则 室内工作场所照明 .

[4] DB22/T 1667—2012. 橱柜门板 .

[5] GB/T 24507—2020. 浸渍纸层压实木复合地板 .

[6] GB/T 24508—2020. 木塑地板 .

[7] LY/T 2876—2017. 人造板定制衣柜技术规范 .

[8] GB/T 50002—2013. 建筑模数协调标准 .

[9] JG/T 219—2017. 住宅厨房家具及厨房设备模数系列 .